元素名と記号

原子番号	元素名	元素記号	原子番号	元素名	元素記号
1	Hydrogen (水素)	H	60	Neodymium (ネオジム)	Nd
2	Helium (ヘリウム)	He	61	Promethium-145 (プロメチウム)	Pm
3	Lithium (リチウム)	Li	62	Samarium (サマリウム)	Sm
4	Beryllium (ベリリウム)	Be	63	Europium (ユウロピウム)	Eu
5	Boron (ホウ素)	B	64	Gadolinium (ガドリニウム)	Gd
6	Carbon (炭素)	C	65	Terbium (テルビウム)	Tb
7	Nitrogen (窒素)	N	66	Dysprosium (ジスプロシウム)	Dy
8	Oxgen (酸素)	O	67	Holmium (ホルミウム)	Ho
9	Fluorine (フッ素)	F	68	Erbium (エルビウム)	Er
10	Neon (ネオン)	Ne	69	Thulium (ツリウム)	Tm
11	Sodium (ナトリウム)	Na	70	Ytterbium (イッテルビウム)	Yb
12	Magnesium (マグネシウム)	Mg	71	Lutetium (ルテチウム)	Lu
13	Aluminium (アルミニウム)	Al	72	Hafnium (ハフニウム)	Hf
14	Silicon (ケイ素)	Si	73	Tantalum (タンタル)	Ta
15	Phosphorus (リン)	P	74	Tungsten (タングステン)	W
16	Sulfur (硫黄)	S	75	Rhenium (レニウム)	Re
17	Chlorine (塩素)	Cl	76	Osmium (オスミウム)	Os
18	Argon (アルゴン)	Ar	77	Iridium (イリジウム)	Ir
19	Potassium (カリウム)	K	78	Platinum (白金)	Pt
20	Calcium (カルシウム)	Ca	79	Gold (金)	Au
21	Scandium (スカンジウム)	Sc	80	Mercury (水銀)	Hg
22	Titanium (チタン)	Ti	81	Thallium (タリウム)	Tl
23	Vanadium (バナジウム)	V	82	Lead (鉛)	Pb
24	Chromium (クロム)	Cr	83	Bismuth (ビスマス)	Bi
25	Manganese (マンガン)	Mn	84	Polonium (ポロニウム)	Po
26	Iron (鉄)	Fe	85	Astatine (アスタチン)	At
27	Cobalt (コバルト)	Co	86	Radon (ラドン)	Rn
28	Nickel (ニッケル)	Ni	87	Francium (フランシウム)	Fr
29	Copper (銅)	Cu	88	Radium-226 (ラジウム)	Ra
30	Zinc (亜鉛)	Zn	89	Actinium (アクチニウム)	Ac
31	Gallium (ガリウム)	Ga	90	Thorium (トリウム)	Th
32	Germanium (ゲルマニウム)	Ge	91	Protactinium (プロトアクチニウム)	Pa
33	Arsenic (ヒ素)	As	92	Uranium (ウラン)	U
34	Selenium (セレン)	Se	93	Neptunium (ネプツニウム)	Np
35	Bromine (臭素)	Br	94	Plutonium-244 (プルトニウム)	Pu
36	Krypton (クリプトン)	Kr	95	Americium-243 (アメリシウム)	Am
37	Rubidium (ルビジウム)	Rb	96	Curium-247 (キュリウム)	Cm
38	Strontium (ストロンチウム)	Sr	97	Berkelium-247 (バークリウム)	Bk
39	Yttrium (イットリウム)	Y	98	Californium-251 (カリホルニウム)	Cf
40	Zirconium (ジルコニウム)	Zr	99	Einsteinium (アインスタイニウム)	E
41	Niobium (ニオブ)	Nb	100	Fermium (フェルミウム)	Fm
42	Molybdenum (モリブデン)	Mo	101	Mendelevium (メンデレビウム)	Md
43	Technetium-99 (テクネチウム)	Tc	102	Nobelium (ノーベリウム)	No
44	Ruthenium (ルテニウム)	Ru	103	Lawrencium (ローレンシウム)	Lr
45	Rhodium (ロジウム)	Rh	104	Rutherfordium (ラザホージウム)	Rf
46	Palladium (パラジウム)	Pd	105	Dubnium (ドブニウム)	Db
47	Silver (銀)	Ag	106	Seaborgium (シーボーギウム)	Sg
48	Cadmium (カドミウム)	Cd	107	Bohrium (ボーリウム)	Bh
49	Indium (インジウム)	In	108	Hassium (ハッシウム)	Hs
50	Tin (スズ)	Sn	109	Meitnerium (マイトネリウム)	Mt
51	Antimony (アンチモン)	Sb	110	Darmstadtium (ダームスタチウム)	Ds
52	Tellurium (テルル)	Te	111	Roentgenium (レントゲニウム)	Rg
53	Iodine (ヨウ素)	I	112	Copernicium (コペルニシウム)	Cn
54	Xenon (キセノン)	Xe	113	Nihonium (ニホニウム)	Nh
55	Caesium (セシウム)	Cs	114	Flerovium (フレロビウム)	Fl
56	Barium (バリウム)	Ba	115	Moscovium (モスコビウム)	Mc
57	Lanthanum (ランタン)	La	116	Livermorium (リバモリウム)	Lv
58	Cerium (セリウム)	Ce	117	Tennessine (テネシン)	Ts
59	Praseodymium (プラセオジム)	Pr	118	Oganesson (オガネソン)	Og

Inorganic Chemistry in Pharmaceutical Sciences

薬学のための無機化学

桜井 弘 編著

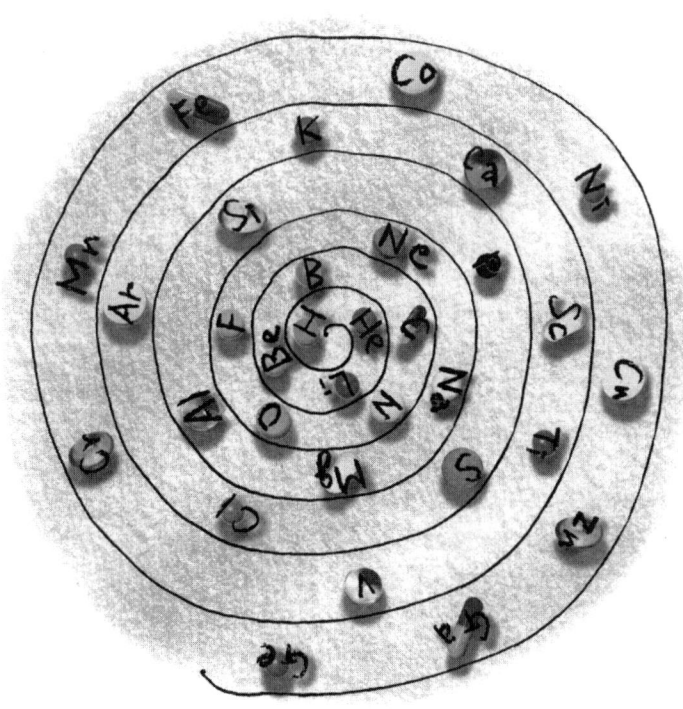

化学同人

———————— 執筆担当 ————————

石津　　隆　福山大学薬学部教授　薬博
　　　　　　（1章　担当）

樋口　恒彦　名古屋市立大学大学院薬学研究科教授　薬博
　　　　　　（2章，6章　担当）

宮岡　宏明　東京薬科大学薬学部准教授　薬博
　　　　　　（3章　担当）

桜井　　弘　京都薬科大学名誉教授　薬博
　　　　　　（はじめに，4章，7章，11章，おわりに　担当）

津波古充朝　神戸薬科大学特任教授　理博
　　　　　　（5章　担当）

中山　尋量　神戸薬科大学薬学部教授　理博
　　　　　　（5章　担当）

根矢　三郎　千葉大学大学院薬学研究院教授　工博
　　　　　　（8章，10章　担当）

鐵見　雅弘　前摂南大学薬学部教授　工博
　　　　　　（9章，12章　担当）

執筆順

まえがき

　本書『薬学のための無機化学』は，これから薬学を学ぶすべての学生諸君にとって基礎専門科目となる無機化学を身につけるためにつくられた教科書である．

　古代エジプト，アラビア，インドそして中国に源流をもち，21世紀の最先端の材料化学や生命化学の基本の原理を形成するに至る「無機化学」の考え方，原理そして技術を短時間で学ぶことは，大いなる努力を必要とすると思われる．しかし本書では，無機化学を短時間で要領よく学べるように，無機化学の歴史，考え方，原理，技術そして現代における意味がわかりやすく，そして親しみやすく執筆されている．

　薬学における無機化学は，生命科学や医療と深い関係をもっているため，近年新しい学問として発展した「生物無機化学」をも含むことになる．そのため本書では，従来の基本原理と知識を扱った章に続いて，次の章には，その応用として関連する「生物無機化学」の成果を配置し，基本と現代的応用を連続して交互に学べるよう工夫されている．各頁の左右のあきには，「薬学教育モデル・コアカリキュラム」に対応したキーワードを日本語と英語で併記しているのみならず，「無機化学」に親しめるよう短いコメントや歴史上著名な科学者の写真や似顔絵を加えるようにした．とくに，薬剤師を目指す学生諸君のために，日本薬局方の代表的な方法や考え方を解説するとともに，各章末には過去に出題された国家試験問題から代表的な問題やさらに理解を深めるための問題を取りあげ，解答には多少の解説を加え，各章をより一層理解できるようにした．

　薬学は基礎と応用の幅が広い学問であり，そのため学ばなければならない科目が多数あり，歴史的にも現代的にもきわめて重要な考え方，方法論，技術を提供している．それらの中でも，「無機化学」は21世紀の生命化学，材料化学，医療化学との境界がますます増大する様相を示している．「無機化学」の知識なしでは，現代の薬学を語り得ないといっても過言ではないであろう．「あらゆる化学は元素の化学から始まる」との認識から「無機化学」を学んでいただければ幸いである．

　本書の作製にあたり，わが国や世界各国で出版されている多数の無機化学に関する書籍や教科書を参考にさせていただいたり，引用させていただいた．これらの執筆者や出版社の皆様に心からお礼申し上げる．

　終わりに，本書の出版にあたり心血を注いでご努力下さり，また惜しみない協力をいただいた化学同人編集部の稲見國男さんとスタッフの皆様に心から深く感謝申し上げる．

2005年1月

著者一同

目 次

はじめに：なぜ無機化学を学ぶのか ……………………………… 桜井　弘…1

第1章　原子と分子 …………………………………………………… 石津　隆…7
1.1　元素と原子　7
- 1.1.1　原子の構造　7
- 1.1.2　原子スペクトル　7
- 1.1.3　ボーアの水素原子理論　9
- 1.1.4　電子の波動性　10
- 1.1.5　四つの量子数　12
- 1.1.6　原子の電子配置　12

1.2　周期表　14
1.3　元素の一般的性質　14
- 1.3.1　原子とイオンの大きさ　15
- 1.3.2　イオン化エネルギー　16
- 1.3.3　電子親和力　17
- 1.3.4　電気陰性度　17

1.4　化学結合と分子の構造　18
- 1.4.1　イオン結合　18
- 1.4.2　共有結合　19
- 1.4.3　金属結合　20
- 1.4.4　水素結合　20
- 1.4.5　ファンデルワールス力　20
- 1.4.6　共有結合の方向性　20

【演習問題】　22

第2章　生体関連分子の構造と特性 ………………………………… 樋口恒彦…25
2.1　生体分子の構造と特徴　25
- 2.1.1　タンパク質・ペプチド　25
- 2.1.2　金属を含む補酵素　28
- 2.1.3　核酸　29
- 2.1.4　糖質　30
- 2.1.5　脂質　31

2.2　酸素分子や活性酸素の構造と特徴　32
- 2.2.1　酸素分子　32
- 2.2.2　活性酸素種　33
- 2.2.3　生体内における活性酸素種の生成と毒性　35
- 2.2.4　抗酸化酵素・抗酸化性物質　35

【演習問題】　36

第3章　元素の化学 …………………………………………………… 宮岡宏明…39
3.1　元素の種類　39
3.2　典型元素　39
- 3.2.1　水素　39
- 3.2.2　アルカリ金属　40
- 3.2.3　2族元素　41
- 3.2.4　13族元素　43
- 3.2.5　14族元素　44
- 3.2.6　15族元素　46
- 3.2.7　16族元素　48
- 3.2.8　17族元素　50
- 3.2.9　希ガス　52

3.3　遷移元素　53
- 3.3.1　第一遷移系列元素　54
- 3.3.2　第二および第三遷移系列元素　56
- 3.3.3　12族元素　57

3.4 希土類元素 59
3.5 貴金属元素 59
【演習問題】60

第4章　生体必須元素の摂取と生理作用　………………桜井　弘…63
4.1 生体必須元素 63
4.2 生体必須元素の生理作用 63
 4.2.1 生体元素の分類 63
 4.2.2 必須微量元素の定義 66
 4.2.3 生命にとって金属元素はなぜ必要か？ 66
 4.2.4 ヒトの内なる海の元素の多様性 67
 4.2.5 必須微量元素はなぜ微量で有効か？ 68
 4.2.6 元素の必須性発見の歴史と現代の必須元素欠乏症 69
 4.2.7 必須元素の生理作用 69
4.3 生体必須元素の有毒元素 72
 4.3.1 必須元素の必要性と必要量 72
 4.3.2 有毒元素 73
 4.3.3 元素間相互作用 75
4.4 生体必須元素の摂取量 76
 4.4.1 必須元素の摂取に関する用語 76
 4.4.2 必須元素の摂取状況 77
【演習問題】78

第5章　錯体化学　………………………津波古充朝・中山尋量…81
5.1 無機化合物と金属錯体 81
5.2 配位化合物 82
5.3 原子価結合理論 83
5.4 結晶場理論 86
5.5 分子軌道法 89
5.6 立体化学 90
5.7 錯体の安定性（安定度定数）91
【演習問題】92

第6章　生体関連金属錯体　………………………………樋口恒彦…95
6.1 生体の機能に関連する金属錯体 95
6.2 金属を含むタンパク質・酵素 95
 6.2.1 酸素の運搬・貯蔵をするタンパク質 95
 6.2.2 酸化酵素 96
 6.2.3 抗酸化酵素 97
 6.2.4 電子伝達をする金属タンパク質 97
 6.2.5 金属の輸送と貯蔵をするタンパク質 97
6.3 金属を含む医薬品 99
 6.3.1 金属を含む医薬品 99
 6.3.2 放射性医薬品 100
 6.3.3 磁気共鳴画像診断（MRI）に用いる造影剤 101
【演習問題】101

第7章　水および非水溶液中の無機化合物 ……………桜井　弘…103

- 7.1 溶液と溶解度　*103*
  - 7.1.1 濃度の表現　*103*
  - 7.1.2 溶解度の表現　*105*
  - 7.1.3 溶質と溶媒　*106*
- 7.2 酸と塩基の定義　*109*
  - 7.2.1 歴史の流れと酸・塩基の考え方　*109*
  - 7.2.2 ピアソンのHSAB理論　*110*
- 7.3 酸と塩基の強さ　*113*
  - 7.3.1 水溶液中の酸の強さ　*113*
  - 7.3.2 水溶液における塩基の強さ　*115*
  - 7.3.3 pHの定義　*116*
  - 7.3.4 化学種とpH分布　*117*
  - 7.3.5 pH緩衝液　*118*
- 【演習問題】　*120*

第8章　細胞と細胞膜 ……………根矢三郎…123

- 8.1 非水溶媒と生体　*123*
  - 8.1.1 非水溶媒　*123*
  - 8.1.2 クラウンエーテル　*125*
  - 8.1.3 ポルフィリン　*127*
  - 8.1.4 ヘムを含まない金属錯体　*129*
- 8.2 細胞と細胞膜　*130*
  - 8.2.1 Na^+, K^+-ATPアーゼと H^+, K^+-ATPアーゼ　*131*
  - 8.2.2 Ca^{2+}-ATPアーゼ　*132*
  - 8.2.3 神経細胞の刺激伝達　*132*
  - 8.2.4 イオノホア　*133*
  - 8.2.5 シデロホア　*134*
- 【演習問題】　*135*

第9章　無機化合物の酸化と還元 ……………鐵見雅弘…137

- 9.1 酸化と還元　*137*
- 9.2 酸化還元反応の基礎　*137*
- 9.3 酸化還元電位　*139*
- 9.4 生体内の酸化還元　*141*
  - 9.4.1 生物学的酸化還元反応　*141*
  - 9.4.2 酸化還元電位の測定　*142*
  - 9.4.3 活性酸素種の化学　*145*
- 【演習問題】　*148*

第10章　生体酸化還元系 ……………根矢三郎…151

- 10.1 生体の酸化還元系　*151*
- 10.2 ミトコンドリアの電子伝達系　*151*
  - 10.2.1 食物から生体エネルギーへ　*151*
  - 10.2.2 呼吸鎖の仕組み　*151*
  - 10.2.3 電子の移動経路　*153*
- 10.3 ミクロソームの薬物代謝系　*157*
  - 10.3.1 歴史と背景　*157*
  - 10.3.2 シトクロムP-450　*157*
  - 10.3.3 抱合化による薬物排出　*161*
- 【演習問題】　*162*

第11章　無機イオンの定性反応 ……………………桜井　弘…165
　11.1　無機イオン定性反応の意味　165
　11.2　金属イオンの系統的分離　165
　11.3　日本薬局方で用いられている金属イオンの定性反応　166
　【演習問題】　166

第12章　無機化合物の命名法 ……………………鐡見雅弘…169
　12.1　化合物の命名　169
　12.2　二元化合物　169
　　12.2.1　元素の酸化数が一つの場合　169
　　12.2.2　元素の酸化数が二つ以上ある場合　170
　　12.2.3　ハロゲン化水素酸　172
　12.3　三元以上の多元化合物の命名法　173
　　12.3.1　水酸化物　173
　　12.3.2　オキソ酸　173
　　12.3.3　陽イオンと異種多原子陰イオンとからなる塩（主として酸素酸塩）　174
　　12.3.4　酸性塩　174
　　12.3.5　複塩　174
　12.4　配位化合物（錯体）　175
　　12.4.1　配位子　175
　　12.4.2　錯体　176
　【演習問題】　177

おわりに：21世紀を担う無機化学 ……………………桜井　弘…179

索　引 ……………………193

参考図書　183

付表1：元素の共有結合半径　185

付表2：イオン半径　186

付表3：元素の第一イオン化エネルギー　187

付表4：ポーリングの電気陰性度値　188

付表5：代表的な無機の酸　189

付表6：無機物質の定性反応　191

表見返し：周期表，元素名と記号

裏見返し：原子の電子配置

はじめに：なぜ無機化学を学ぶのか

夜空に遠く輝く星々を見ていると，いつとはなしに「宇宙とは？」，「物質とは？」，「生命とは？」そして「人間とは？」との問に吸い込まれていく．

約46億年前にこの宇宙に姿を現した「水の惑星・地球」に，人類（原人）が生まれたのは70〜40万年前のことであった．以来人類は進化を続け，地球上のあらゆる物質を利用してきた．地上の物質を利用する中で，紀元前6世紀にイオニアのミレトスでは，"物質のもとになるもの"として「元素」という概念が生まれた．「これ以上細分化できないもの」としての「元素」の明確な定義を与えたのは，18世紀後半に生まれたラヴォアジェであった．そして歴史上はじめて純粋な元素が発見され，記録されたのは「リン」であった（1669年）．現代のわれわれは，100種を超える「元素」が地球上で発見されたり，人工的に合成されることを知っている．

一方，現代のわれわれは，われわれの体が多数の元素から構成されていることを知り，それらのいくつかは生命にとって必須である，つまりどれか一つでも欠乏すると生命や健康がおびやかされることも知っている．

これからわれわれが学ぼうとする「無機化学」は，科学の中で最も古く，そして最も幅広く，人類の知恵と努力の結晶としての化学の一大分野をなす学問である．化学は伝統的には「無機化学」，「有機化学」と「物理化学」に分類されている．そして「無機化学」はいまや100種を超える元素の特性と反応性を対象とする学問である．

古代エジプト，アラビア，インドそして中国に起源をもつ「無機化学」は，周辺の諸科学と協同して，日々の生活に用いる道具，先端機器の材料，医薬品などの物質をつくりだす一方，化学の基礎をなす「物質観」をもつ

Key Word

無機化学 inorganic chemistry,
有機化学 organic chemistry,
物理化学 physical chemistry

ラヴォアジェ（Antoine Laurent Lavoisier, 1743〜1794），フランスの化学者．

Key Word

元素 element, 薬学のための無機化学 inorganic chemistry in pharmaceutical sciences, ビッグバン big bang, 中性子 neutron, 陽子 proton, 電子 electron, 水素 hydrogen, 宇宙 space, 核反応 nuclear reaction

ドルトン (John Dalton, 1766〜1844), 英国の化学者, 物理学者. 近代化学の基礎を確立.

モーズリー (Hennry Gwyn Moseley, 1887〜1915), 英国の物理学者.

ボーア (Niels Henrik David Bohr, 1885〜1962), デンマークの原子物理学者. 1922年ノーベル物理学賞受賞.

シュレーディンガー (Erwin Schrödinger, 1887〜1961), オーストリアの理論物理学者. 1933年ノーベル物理賞受賞.

$^1_1H + ^{12}_6C \longrightarrow ^{13}_7N + \gamma$
$^{13}_7N \longrightarrow ^{13}_6C + e^+ + \nu$
$^1_1H + ^{13}_6C \longrightarrow ^{14}_7N + \gamma$
$^1_1H + ^{14}_7N \longrightarrow ^{15}_8O + \gamma$
$^{15}_8O \longrightarrow ^{15}_7N + e^+ + \nu$
$^1_1H + ^{15}_7N \longrightarrow ^{12}_6C + ^4_2He$

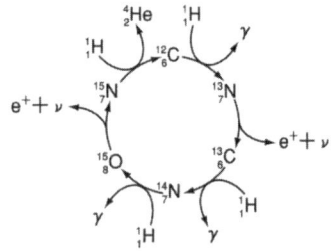

図1　CNOサイクル

くりあげてきた．たとえば，ドルトンの原子説，メンデレーエフの周期表，モーズリーの法則，ボーアの原子模型，シュレーディンガーの波動方程式など．これらの法則は，生命・健康における「元素」のあり方や無機元素を含む医薬品創製のための原理を提供してきた．

本書「薬学のための無機化学」は，生命・健康・医薬品をターゲットとする「無機化学」を概説することを目的としている．現代のわれわれはなぜ「無機化学」を学ばねばならないのか？　あらゆる化学の原点であり原流である「無機化学」を学ぶことは，薬学における諸化学を総体的に理解するためには欠くことのできないことである．

地球上のあらゆる物質・生命は多数の元素から構成されていることは現在に生きるわれわれは知っている．いわば自明の理として受けている．しかし，「これらの元素はなぜ地球上に存在しているのか」を理解しておくことは，「生命とは何か？」を考えることと同等に重要なことである．「無機化学」を学ぶにあたり，まず「元素誕生の物語」からはじめよう．

いまから200〜100億年前には，いかなる物質も存在しなかった．エネルギーのみがあった．このエネルギーが突然大爆発（ビックバン）し，超高密度の始原物質が出現した．すなわち，中性子のかたまりが膨張し，陽子と電子に分解し，それらが結合して水素が誕生した．これが宇宙のはじまりであった．この水素が圧縮され，星ができ，さらに収縮して内部が高密度となりさまざまな核反応が始まった．4個の水素原子から1個のヘリウム（^4_2He）ができた．

$^1_1H + ^1_1H \longrightarrow ^2_1H + e^+ + \nu$
$^1_1H + ^2_1H \longrightarrow ^3_2He + \gamma$
$^3_2He + ^3_2He \longrightarrow ^4_2He + 2\,^1_1H$

ヘリウムが反応して^8_4Beを経て炭素（$^{12}_6C$）ができた．

$^4_2He + ^4_2He \rightleftharpoons ^8_4Be$
$^4_2He + ^8_4Be \longrightarrow ^{12}_6C + \gamma$

この炭素からCNOサイクル（図1）によって，窒素や酸素が生まれた．このサイクルの途中でできた^{13}Nや^{15}Oがさまざまな反応を繰り返し，より重い元素がつくられた．Ne-NaサイクルやMg-Alサイクルを繰り返しながら鉄やニッケルがつくられた．鉄（^{56}Fe）は安定な元素であるが，さまざまな核反応から放出される中性子が鉄に吸収されて鉄より重い元素がつくられていった．このような元素生成の機構は，現代のリングサイクロトロンによってつくられるRIビームを用いて解明されてきた．

宇宙における元素の存在比を図2に示した．H，He，C，OやFeが多いことがわかる．元素の存在は，上に述べた元素の誕生の歴史を物語って

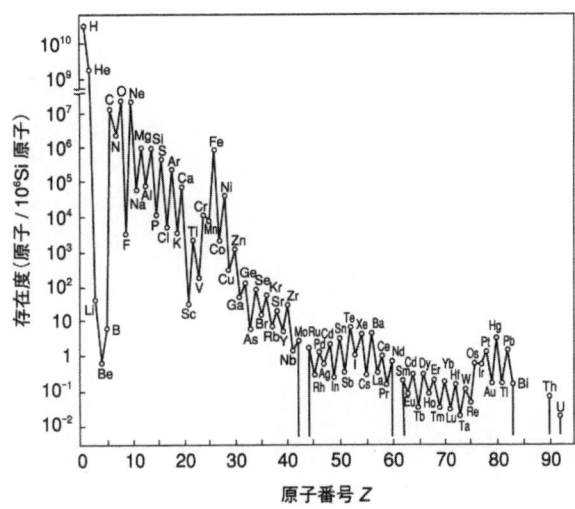

図2 元素の宇宙存在度（Si原子 10^6 当たりの原子数）と原子番号との関係

〔『日本環境図譜』，半谷高久 監修，大竹千代子 編，共立出版 (1978)，p. 203〕

いると同時に，これらはわれわれの体の中に多く含まれる元素でもある．すなわち，われわれの体は宇宙創成そのものと理解される．図2などから，（1）偶数核が奇数核よりも多いこと，（2）偶数核の中で，陽子の数または中性子の数が2，8，20，28，50，82，126の元素が，ほかの元素に比べて存在比が大きいことがわかる．これらの数を魔法の数とよんでいる．この規則性は，元素の化学的性質を示す周期性とは関係なく，原子核の構造に基づいている．つまり原子核がつくられたときのエネルギーの差に基づいている．

こうして多数の元素が宇宙でつくられ，われわれの地球には100種類を超える元素が見つけられている．これらの元素を，原子量の小さいものから順に並べると一定の規則性があることに気づいたのは英国人のニューランズであった（1864年）．八番目ごとに類似の性質の元素がくるので音階律とよんだ．この後，ドイツのマイヤーは原子量と原子容との関係をグラフにすると極大と極小が五か所に周期的に現れることを見いだした（1868年）．その翌年，ロシアのメンデレーエフは63種の元素について，元素の性質が原子量の周期関数として表されることを見いだして，周期表を発表した．彼はこの周期表を用いて，まだ未発表の元素を予告した．しかし，いくつかの欠陥もあった．モーズリーは，アルミニウムから金までの元素の特性X線を測定し，元素の原子番号と特性X線の波長との間には規則正しい関係があることを見いだした（1913年）．このモーズリーの法則から，原子番号は原子量の軽いものから順に並べるのではなく，原子核のもつ正電荷または電子の数の増加の順を示すものであることを示した．これによ

Key Word

リングサイクロトロン ring cyclotron，魔法の数 magic number，化学的性質 chemical property，原子核 atomic nucleus（複数 nuclei），原子量 atomic weight，原子容 atomic volume，周期表 periodic table，波長 wavelength，原子番号 atomic number，正電荷 positive charge

原子番号＝陽子数
質量数＝陽子数＋中性子数

ニューランズ（John Alxander Reina Newlands, 1837〜1898）

マイヤー（Julius Lothar Meyer, 1830〜1895），ドイツの物理学者，化学者．

メンデレーエフ（Dmitry Ivanovich Mendeleev, 1835〜1907），ロシアの化学者．

2004年にわが国の理化学研究所の加速器グループは，^{70}Zn粒子を加速して^{209}Biにぶつけると^{278}113番元素が生成されることを発見した．寿命は0.0003秒であった．

アルカリ金属元素	アルカリ土類金属元素	遷移元素									典型元素					ハロゲン元素	希ガス元素
1	2	3	4	5	6	7	8	9	10	11	12	13	14	15	16	17	18
1 H																	2 He
3 Li	4 Be											5 B	6 C	7 N	8 O	9 F	10 Ne
11 Na	12 Mg											13 Al	14 Si	15 P	16 S	17 Cl	18 Ar
19 K	20 Ca	21 Sc	22 Ti	23 V	24 Cr	25 Mn	26 Fe	27 Co	28 Ni	29 Cu	30 Zn	31 Ga	32 Ge	33 As	34 Se	35 Br	36 Kr
37 Rb	38 Sr	39 Y	40 Zr	41 Nb	42 Mo	43 Tc	44 Ru	45 Rh	46 Pd	47 Ag	48 Cd	49 In	50 Sn	51 Sb	52 Te	53 I	54 Xe
55 Cs	56 Ba	57 La	72 Hf	73 Ta	74 W	75 Re	76 Os	77 Ir	78 Pt	79 Au	80 Hg	81 Tl	82 Pb	83 Bi	84 Po	85 At	86 Rn
87 Fr	88 Ra	89 Ac	104 Rf	105 Db	106 Sg	107 Bh	108 Hs	109 Mt	110 Ds	111 Rg	112 Cn	113 Nh	114 Fl	115 Mc	116 Lv	117 Ts	118 Og

ランタノイド	58 Ce	59 Pr	60 Nd	61 Pm	62 Sm	63 Eu	64 Gd	65 Tb	66 Dy	67 Ho	68 Er	69 Tm	70 Yb	71 Lu
アクチノイド	90 Th	91 Pa	92 U	93 Np	94 Pu	95 Am	96 Cm	97 Bk	98 Cf	99 Es	100 Fm	101 Md	102 No	103 Lr

図3　元素の周期表

表1　元素発見の歴史

年代	発見された元素数	発見された元素数の合計	元素名
古代	11	11	C, S, Fe, Cu, Ag, Sn, Sb, Pt, Au, Pb, Hg
中世	1	12	As
17世紀	1	13	P
1725～1749	2	15	Co, Zn
1750～1774	8	23	Ni, Bi, Mg, H, O, N, Cl, Mn
1775～1799	10	33	Mo, W, Te, Zr, U, Sr, Ti, Y, Be, Cr
1800～1824	18	51	V, Nb, Ta, Pd, Rh, Ce, Cs, Ir, Na, K, B, Ca, Ba, I, Li, Se, Cd, Si
1825～1849	7	58	Al, Br, Ru, Th, La, Tb, Er
1850～1874	5	63	Cs, Rb, Tl, In, He
1875～1899	20	83	Ga, Yb, Sc, Sm, Ho, Tm, Gd, Pr, Nd, F, Ge, Dy, Eu, Ar, Ne, Kr, Xe, Po, Ra, Ac
1900～1924	4	87	Rn, Lu, Pa, Hf
1925～1949	9	96	Re, Fr, **Tc, At, Np, Pu, Am, Cm, Pm**
1950～1974	10	106	**Bk, Cf, Es, Fm, Md, Lr, No, Rf, Db, Sg**
1975～1999	6	112	**Bh, Mt, Hs, Ds, Rg, Cn**
2000～今日	6	118	**Nh, Fl, Lv, Og, Mc, Ts**

太字は人工元素

ってメンデレーエフの周期表は，物理的根拠を得たことになった．このモーズリーの法則によって，HからUまでの92元素の存在が確認された．完成された周期表は，化学を学び研究するものの原点である．2014年現在，118個の元素が確認されており，名称がつけられているのは116番目までである（図3）．

地球上で元素が発見された歴史をながめて見よう（表1）．17世紀までに合計14種の元素が，18世紀には15種，19世紀には43種そして，20世紀には41種の元素が発見されている．これらの元素を組み合わせることにより無数ともいえる化合物が天然にまた人工的に合成され，そして発見されてきた．また19世紀以後，化学が進歩し多数の化合物が人工的に合成され，化学原料素材，製品，医薬品として広く用いられるようになった．本書の随所でこれらの化合物を学ぶことになる．そして，20世紀後半から今日に至るまで，これまで未知であった元素の新性質や高度な物質が発見されたり，合成されたり，また新しい現象や理論が発見されたりした．

たとえば，次のような例をあげることができる．

(1) 原子力エネルギーの開発に必要な遷移金属元素やランタノイド元素（ZnやHf）（中性子吸収剤）
(2) エレクトロニクスやコンピュータ製作の素材としての半導体（Ge, Ga, In, Se など）
(3) 疾病診断と治療のための ^{99m}Tc やタバコの煙の検出のための ^{241}Am
(4) 有機キセノン化合物の発見
(5) 銅，ランタノイド様元素およびアルカリ土類元素を含む高温超電導化合物，たとえば YBa$_2$Cu$_3$O$_{7-x}$（x = 約0.1）の開発
(6) 炭素元素のみを含む球状化合物フラーレンの発見と円筒状化合物カーボンナノチューブの発見（図4）
(7) 原子価結合や分子軌道理論に基づく無機イオン化合物における共鳴構造の証明，たとえば硝酸イオンの共鳴構造

> **Key Word**
> フラーレン fullerene, カーボンナノチューブ carbon nanotube, 原子価結合理論 valence bond theory, 分子軌道理論 molecular orbital theory, 共鳴構造 resonance structure, 結晶場理論 crystal field theory, 活性酸素種 reactive oxygen species, 毒性元素 toxic element

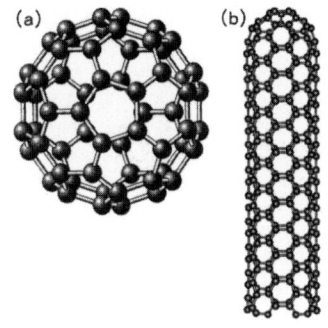

図4 (a) フラーレン C$_{60}$ および (b) カーボンナノチューブの構造

(8) d 軌道電子をもつ遷移元素の化学における結晶場理論や配位子場理論の展開
(9) 酸素分子に由来する活性酸素種の発見，たとえば・OH, ・O$_2^-$, ^{1}O$_2$ と疾病との関連性
(10) NO や CO 分子の新しい生理・薬理作用の発見
(11) 毒性元素（Hg, Pb, Cd, Se, Ag など）の生体内挙動の新解釈,

・OH ヒドロキシルラジカル
・O$_2^-$ スーパーオキシドアニオンラジカル
^{1}O$_2$ 一重項酸素
NO 一酸化窒素
CO 一酸化炭素

表 2　ラット肝臓中の水銀およびセレンの濃度
（山根靖弘他，1977）

処　置	生存率 (%)	濃度 (μg/g 組織)	
		水銀	セレン
対照	100	0.06	1.57
$HgCl_2$	0	6.59	1.43
$HgCl_2$ + Na_2SeO_4	100	44.40	17.52
Na_2SeO_4	100	—	2.94

たとえば Hg と Se の共存による相互の毒性の消去現象（表2）

(12) 金属元素を含む医薬品の開発：シスプラチン（Pt），オーラノフィン（Au），スクラルファート（Al），ポラプレジンク（Zn）など

(13) 酸化チタン（TiO_2）の光触媒作用：TiO_2 に紫外線が当たると最終的にヒドロキシルラジカル（・OH）が生成し，有機化合物が分解される．この作用を利用して，大気浄化，脱臭，浄水や抗菌などに実用化されている．

これらの無機化学領域における新しい発見・発明を理解し，それらを基礎として無機医薬品を扱うためには，われわれは無機化学の基本理念とその応用について習熟する必要がある．

　本書は，この目的で書かれたと同時に，薬剤師を目指す学生諸君にとって新しいカリキュラムの枠組みの中で十分に理解を得られるよう親切かつ平易に執筆されている．さあ無機化学を思う存分勉強し，明日への基をつくろう！

1 原子と分子

1.1 元素と原子

地球上には，すでに114種類の元素が存在し，また人工的に合成できることがわかっている．元素は原子から成り立ち，原子同士が結合すると分子ができる．第1章では，原子と分子の基本的性質をきっちりと学ぶこととする．

1.1.1 原子の構造

現在知られているすべての原子は，中心の原子核とそれを取り囲む電子から成り立っている．さらに，原子核は陽子と，通常，中性子をもっている．すなわち，原子はこれら三つの基本的な粒子，電子，陽子，そして中性子からできている．陽子は1単位の正電荷（$+1.60218\times10^{-19}$ C*）をもち，中性子は電気的に中性である．したがって，原子核全体としてはつねに正電荷をもっている．逆に，電子は1単位の負電荷（-1.60218×10^{-19} C）をもっていて，電子の数は陽子の数と同数存在するので，原子全体としては，電気的に中性である．陽子あるいは電子の数を原子番号という．

電子の重さ（9.10938×10^{-31} kg）は陽子の重さの約1/1836に相当する．また，陽子の質量（1.67262×10^{-27} kg）と中性子の質量（1.67493×10^{-27} kg）はほぼ等しい．したがって，陽子と中性子が原子の質量の大部分を占め，原子の質量は原子核に集中している．原子核内に存在する陽子と中性子の数の和を質量数と規定している．

1.1.2 原子スペクトル

負電荷をもつ電子は静電的な引力により正の電荷をもつ原子核に引きつ

Key Word

元素 element, 原子 atom, 原子核 atomic nucleus, 陽子 proton, 分子 molecule, 電子 electron, 中性子 neutron, 質量数 mass number, 原子番号 atomic number

* Cは電気量の単位であり，クーロンという．

Key Word

励起状態 excited state, 基底状態 ground state, 波数 wave number

けられているため,原子核の周囲に束縛されて存在する.このとき,原子核の近くの電子は低いポテンシャルエネルギーをもち,逆に原子核から遠くに存在する電子は高いポテンシャルエネルギーをもっている.いま,電子にエネルギーを与えると,電子が励起されて原子核との距離が大きくなり,通常より高いエネルギー準位に遷移する.これを励起状態という.エネルギーを除くと電子はもとの基底状態に戻るが,その際に,励起状態と基底状態のエネルギーの差は光という形で放出される.このエネルギー差 ΔE は,光の振動数を ν および波長を λ とすると式 (1.1) のように表すことができる.ここで,h はプランク(Planck)定数 6.626×10^{-34} J s であり,c は光の真空中の速度 2.9979×10^8 m s^{-1} である.

$$\Delta E = h\nu = h\frac{c}{\lambda} \tag{1.1}$$

低圧の水素気体が封入された管の中で放電を行うと,光が放射される.これを分光器により分散させると,可視部から紫外部にかけて図 1.1 に示すいくつかの線スペクトルが観測される.これをバルマー(Balmer)系列という.さらにそれ以外にも,紫外部および赤外部に,ライマン(Lyman)系列,パッシェン(Paschen)系列,ブラケット(Brackett)系列,プント(Pfund)系列といわれる線スペクトルが観測される.

これらの線スペクトルの振動数 ν および波長 λ が詳細に測定された結果,リュードベリにより単純な実験式 (1.2) が導きだされた.波数 $\tilde{\nu}$ は,波長の逆数 ($1/\lambda$) に相当する値であり,分光法ではよく用いられる.ここで,R はリュードベリ定数とよばれ,水素では 1.0968×10^7 m^{-1} という値をとる.

$$\tilde{\nu} = R\left(\frac{1}{n_1^2} - \frac{1}{n_2^2}\right) \tag{1.2}$$

プランク(Max Karl Ernst Ludwig Planck, 1858〜1947),ドイツの理論物理学者.量子論確立,1918 年ノーベル物理学賞受賞.

バルマー(Johann Jakob Balmer, 1825〜1898),スイスの物理学者,数学者.

ライマン(Thedore Lyman, 1874〜1954),アメリカの物理学者.

パッシェン(Louis Carl Heinrich Friedrich Paschen, 1865〜1947),ドイツの実験物理学者.

ブラケット(Patrick Maynard Stuart Brackett, 1897〜1974),イギリスの物理学者.1948 年ノーベル物理学賞受賞.

リュードベリ(Johannes Robert Rydberg, 1854〜1919),スウェーデンの物理学者.

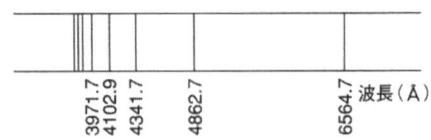

図 1.1 水素原子のバルマー系列の線スペクトル

	測定領域		
ライマン(Lyman)系列	紫外領域	$n_1=1$	$n_2=2, 3, 4, \cdots$
バルマー(Balmer)系列	可視・紫外領域	$n_1=2$	$n_2=3, 4, 5, \cdots$
パッシェン(Paschen)系列	赤外領域	$n_1=3$	$n_2=4, 5, 6, \cdots$
ブラケット(Brackett)系列	赤外領域	$n_1=4$	$n_2=5, 6, 7, \cdots$
プント(Pfund)系列	赤外領域	$n_1=5$	$n_2=6, 7, 8, \cdots$

1.1.3 ボーアの水素原子理論

水素原子の原子スペクトルが，不連続な線スペクトルを与えるという事実については，明快な説明はできなかった．しかし，1913年にボーアは大胆な理論を展開することによりこの問題を解決した．ボーアは水素原子では原子核（陽子）を中心として，電子が特定のエネルギー準位に対応する半径をもった円軌道上を回転運動すると考えた．さらに，この軌道上の電子の角運動量 $m_e v r$ は $h/2\pi$ の整数倍であり，この状態では電子はエネルギーを放出することはないと仮定した．

$$m_e v r = n\frac{h}{2\pi} \tag{1.3}$$
$$n = 1, 2, 3, \cdots$$

ここで，m_e は電子の質量，v は回転速度，r は円軌道の半径である．さらに，ボーアの仮定をもとにして，軌道の半径 r および軌道上の電子のエネルギー E は，それぞれ式 (1.4) および式 (1.5) で表された．e は電子の電荷である．

$$r = \frac{n^2 h^2}{4\pi^2 e^2 m_e} \tag{1.4}$$

$$E = -\frac{2\pi^2 m_e e^4}{n^2 h^2} \tag{1.5}$$

ここで，n は主量子数といわれ，1から始まる正の整数である．これによって量子化された条件のもと，各軌道の半径 r とエネルギー E が計算される．水素原子の基底状態では原子核から最も内側の軌道，すなわち $n=1$ の軌道の半径は $r=0.0529$ nm（0.529 Å）となる．これはボーアの半径といわれ，原子の大きさの目安となっている．このとき，電子がもつエネルギー E は -13.605 eV である．

さらにボーアは，電子が一つの軌道上にあるかぎりはエネルギーの放出あるいは吸収は起こらないが，電子が一つの軌道から別の軌道に移るときには，移動する二つの軌道間のエネルギー差に等しいエネルギーを放出するか，または吸収すると考えた．そこで，電子が軌道 n_1 から軌道 n_2 へ遷移するときのエネルギー差 ΔE は式 (1.6) で表された．

$$\Delta E = E_{n_2} - E_{n_1} = \left(-\frac{2\pi^2 m_e e^4}{n_2^2 h^2}\right) - \left(-\frac{2\pi^2 m_e e^4}{n_1^2 h^2}\right)$$
$$= \frac{2\pi^2 m_e e^4}{h^2}\left(\frac{1}{n_1^2} - \frac{1}{n_2^2}\right) \tag{1.6}$$

さらに，波数 $\tilde{\nu}$ については式 (1.7) で表された．

$$\Delta E = h\nu = h\frac{c}{\lambda} = hc\tilde{\nu}$$
$$\tilde{\nu} = \frac{2\pi^2 m_e e^4}{ch^3}\left(\frac{1}{n_1^2} - \frac{1}{n_2^2}\right) \tag{1.7}$$

Key Word

エネルギー準位 energy level, 角運動量 angular momentum, 量子化 quantize, ボーアの半径 Bohr radius

ボーア（Niels Henrik David Bohr, 1885～1962），デンマークの物理学者．1922年ノーベル物理学賞受賞．

1 Å $=10^{-10}$ m $=10^{-1}$ nm

オングストローム（Anders Jonas Ångström, 1814～1874），スウェーデンの物理学者．

ハイゼンベルクの不確定性原理
Heisenberg uncertainty principle

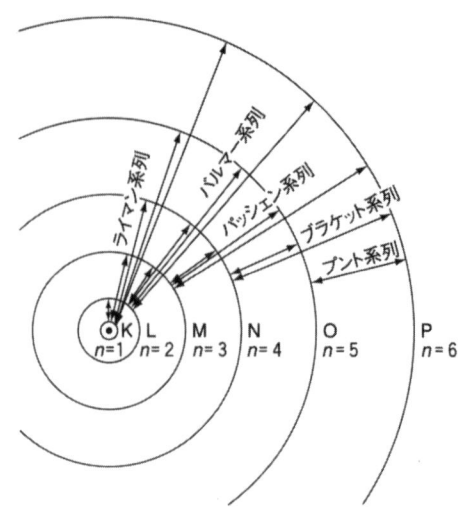

図 1.2　水素の軌道と各系列

式 (1.7) は式 (1.2) と同じ型となる．水素原子のとき，この式の係数 $R(2\pi^2 m_e e^4/ch^3)$ は $1.0974 \times 10^7 \mathrm{m}^{-1}$ となり，リュードベリ定数 R とよく一致する．このボーアの水素原子理論により，水素の原子スペクトルが理論的に確立された．各系列とエネルギーの遷移をまとめると図 1.2 のようになる．

1.1.4　電子の波動性

光についてはすでに，粒子と波の二面性をもっていると考えられていたが，1924 年にド・ブロイは，電子についても粒子としての性質ばかりではなく，波としての性質ももち，二面性があると考えた．電子に波としての性質があるなら，原子核を中心として特定の軌道上を回転運動している電子にも波が存在するはずである．この波の波長 λ は，光の場合と同様に次式で表される．さらに，ボーアの仮定による式 (1.3) を導入すると，式 (1.8) が得られた．ここで，m_e は電子の質量，v は速度，r は円軌道の半径，h はプランク定数，n は主量子数である．

ド・ブロイ (Louis Victor de Broglie, 1892～1987), フランスの理論物理学者．1929 年ノーベル物理学賞受賞．

$$\lambda = \frac{h}{m_e v} = \frac{hr}{m_e vr} = \frac{2\pi r}{n} \qquad \therefore\ 2\pi r = n\lambda \qquad (1.8)$$

すなわち，電子が軌道運動する際の円軌道の円周は，電子に付随した波の波長の整数倍に等しいときにのみ安定に存在できることを示している．

このように電子は粒子性と波動性の二面性をもっているため，電子の位置をより正確に決めようとすれば電子の運動量がより不正確になり，逆に電子の運動量をより正確に決めようとすれば電子の位置がより不正確になる．このことは，ハイゼンベルクの不確定性原理として示された．この原理によれば，電子の位置と運動量を同時に正確に測定することは不可能で

ハイゼンベルク (Werner Karl Heisenberg, 1901～1976), ドイツの理論物理学者．1932 年ノーベル物理学賞受賞．

あり，電子の位置を決める際の不確実さを Δx，運動量を測定したときの不確実さを Δp_x とすると，この二つの間にはつねに式（1.9）が成り立つ．

$$\Delta x \cdot \Delta p_x \geq h \tag{1.9}$$

シュレーディンガーの波動方程式 Schrödinger wave equation, 原子軌道 atomic orbital

したがって，位置や速度が正確にわかった軌道上を電子が動いているという考え方は，電子をある一定の空間内に見いだせる確率という考え方に変える必要があった．そこで，シュレーディンガーは電子の波動性に着目し，電子の挙動を表す波動方程式を次のように示した．ここで E は電子の全エネルギー，V は電子のポテンシャルエネルギーであり x, y, z は系の座標である．ψ は波動関数であり，1個の電子が波として振舞う様子を数学的に表している．

$$\frac{\partial^2 \psi}{\partial x^2} + \frac{\partial^2 \psi}{\partial y^2} + \frac{\partial^2 \psi}{\partial z^2} + \frac{8\pi^2 m_e}{h^2}(E-V)\psi = 0 \tag{1.10}$$

ここで波動関数の二乗 ψ^2 は一定体積内に電子が存在する確率を表している．したがって，原子内の電子は原子核のまわりの一定の軌跡を運動しているというように考えるのではなく，電子が原子核の周囲の漠然とした空間を運動していると考える．この空間を原子軌道という．原子軌道には球形のs軌道，亜鈴形のp軌道，二重亜鈴形のd軌道，そして複雑な形をもつf軌道がある（図1.3）．s, p, d, f は，それぞれ sharp, principal, diffuse, fundamental という分光学の用語に由来している．

シュレーディンガー（Erwin Schrödinger, 1887～1961），オーストリアの理論物理学者．1933年ノーベル物理学賞受賞．

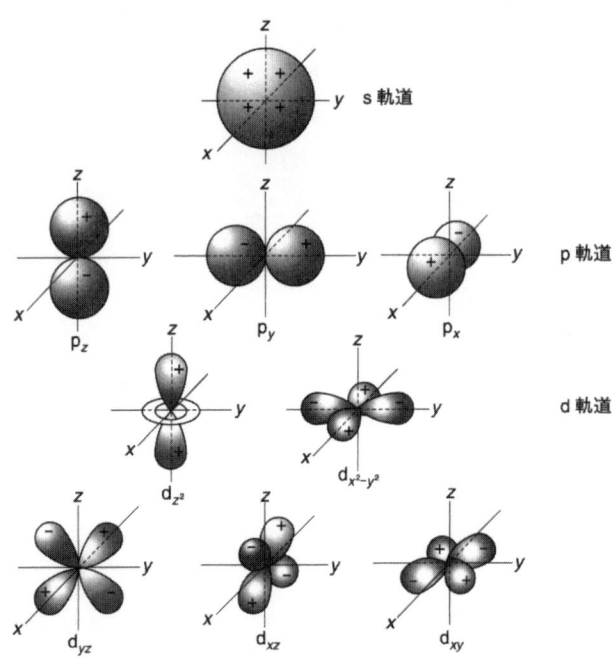

図1.3 s, p, d軌道

Key Word

主量子数 principal quantum number, 方位量子数 azimuthal quantum number, 磁気量子数 magnetic quantum number, スピン量子数 spin quantum number, 自転（スピン）spin, パウリの排他律 Pauli exclusion principle

1.1.5 四つの量子数

原子がもっている電子のエネルギー状態を規定するものとして，次の四つの量子数がある．

（1）**主量子数**：n で表される正の整数であり，軌道の大きさやエネルギーの大きさを規定している．不連続のエネルギー準位をもつ，原子核周囲の同心円状の軌道は内側から外側に向かって，$n=1, 2, 3, 4, \cdots$ であり，それぞれ，K殻，L殻，M殻，N殻，$\cdots$と示されることもある．

（2）**方位量子数**：l で表され，$l=0, 1, 2, 3, \cdots(n-1)$ という n 個の値をとる．原子軌道の形を規定していて，$l=0$ はs軌道，$l=1$ はp軌道，$l=2$ はd軌道，$l=3$ はf軌道に相当する．

（3）**磁気量子数**：m で表され，$m=l, (l-1), \cdots 0, \cdots -(l+1), -l$ という $(2l+1)$ 個の値をとる．原子を磁場内においた場合，スペクトル線が分裂することによるものであり，特定方向に対する軌道の傾きを規定している．

（4）**スピン量子数**：s で表され，$s=+1/2, -1/2$ の二つの値をとる．電子自身の時計方向か反時計方向の自転（スピン）方向を規定している．

1.1.6 原子の電子配置

主量子数 n，方位量子数 l および磁気量子数 m の三つの量子数によって電子が収容される軌道が決められる．さらに各軌道には電子が2個まで入ることができるが，その際の自転の方向はスピン量子数 s によって規定される．ここで，「同じ原子内において四つの量子数がまったく同じ組合せをもつ電子は存在できない」というパウリの排他律がある．この原理によれば，主量子数 n の電子殻には最多で $2n^2$ 個の電子が収容されることになる（表1.1）．

また，基底状態における原子において，電子はエネルギー準位の低い原

表1.1 四つの量子数

殻 \ 量子数	主量子数 n	方位量子数 l	磁気量子数 m	スピン量子数 s	原子軌道	電子の数 $2n^2$
K	1	0	0	$-1/2, +1/2$	1s	2
L	2	0	0	$-1/2, +1/2$	2s	2 } 8
		1	$-1, 0, +1$	$-1/2, +1/2$	2p	6
M	3	0	0	$-1/2, +1/2$	3s	2 } 18
		1	$-1, 0, +1$	$-1/2, +1/2$	3p	6
		2	$-2, -1, 0, +1, +2$	$-1/2, +1/2$	3d	10
N	4	0	0	$-1/2, +1/2$	4s	2 } 32
		1	$-1, 0, +1$	$-1/2, +1/2$	4p	6
		2	$-2, -1, 0, +1, +2$	$-1/2, +1/2$	4d	10
		3	$-3, -2, -1, 0, +1, +2, +3$	$-1/2, +1/2$	4f	14

子軌道から順次入っていく．図1.4より，電子が軌道を満たす順番は1s，2s，2p，3s，3p，4s，3d，4pとなることがわかる．まず，水素は1s軌道に1個の電子を収容する．次に，2個の電子をもつヘリウムは，それぞれの電子が（$n=1$, $l=0$, $m=0$, $s=-1/2$），（$n=1$, $l=0$, $m=0$, $s=+1/2$）という四つの量子数をもち，スピン量子数 s が $-1/2$ と $+1/2$ という互いに逆向きのスピンをもつ電子2個が1s軌道に配置される．図1.4の順番に従い，電子は順次軌道を満たしていくが，2p軌道のように同じエネルギー準位で磁気量子数 m の値が異なる三つの軌道（p_x, p_y, p_z）が存在する場合には，電子は相互の反発を避けるため，できるだけほかの軌道に入るようになる．しかも，スピン量子数は同じ値をとる．すなわち，電子はできるだけ電子対をつくらないように軌道に配置される．これをフントの規則という．たとえば，窒素原子では3個の電子が三つの2p軌道に平行スピンをもつように1個ずつ配置される（図1.5）．

アルゴンでは1s，2s，2p，3s，3p軌道が18個の電子で満たされるまでは，主量子数の順番に電子が詰まっていくが，原子番号19のカリウムでは3d軌道を飛び越えて4s軌道に電子が入る．これは4s軌道が3d軌道よりエネルギー準位が低いためである．次のカルシウムで4s軌道が満たされてしまうと，スカンジウムからは3d軌道を満たし始める．スカンジウムから銅までの元素は，最外殻である4s軌道に電子をもち，一つ内側の殻の3d軌道に順次電子が満たされていく．これらの9元素を第一遷移元素という．同様に，ストロンチウムでは5s軌道が満たされたあと4d軌道に電子が満たされる．イットリウムからは4d電子が順次満たされ，銀までの9元素を第二遷移元素という．さらに，バリウムでは6s軌道に電子が満たされたのち，電子が4f軌道および5d軌道を満たしてい

Key Word
電子対 electron pair，フントの規則 Hund's rule

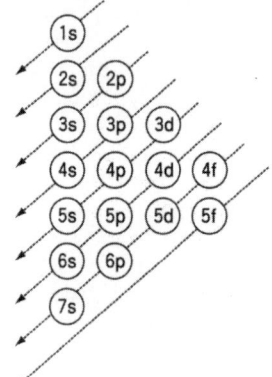

図1.4 電子が軌道を満たしていく順序

パウリ（Wolfgang Pauli, 1900～1958），オーストリア生まれのアメリカの物理学者．1945年排他律の研究によりノーベル物理学賞受賞．

フント（G. Friendrich Hund, 1896～1997），ドイツの理論物理学者．

元素記号	原子番号	電子配置	1s	2s	2p	3s
H	1	$1s^1$	↑			
He	2	$1s^2$	↑↓			
Li	3	$1s^2 2s^1$	↑↓	↑		
Be	4	$1s^2 2s^2$	↑↓	↑↓		
B	5	$1s^2 2s^2 2p^1$	↑↓	↑↓	↑ ○ ○	
C	6	$1s^2 2s^2 2p^2$	↑↓	↑↓	↑ ↑ ○	
N	7	$1s^2 2s^2 2p^3$	↑↓	↑↓	↑ ↑ ↑	
O	8	$1s^2 2s^2 2p^4$	↑↓	↑↓	↑↓ ↑ ↑	
F	9	$1s^2 2s^2 2p^5$	↑↓	↑↓	↑↓ ↑↓ ↑	
Ne	10	$1s^2 2s^2 2p^6$	↑↓	↑↓	↑↓ ↑↓ ↑↓	
Na	11	$1s^2 2s^2 2p^6 3s^1$	↑↓	↑↓	↑↓ ↑↓ ↑↓	↑

図1.5 第一周期および第二周期元素の電子配置

Key Word

ランタノイド lanthanoids, アクチノイド actinoids, 周期律 periodic law, 周期表 periodic table, 典型元素 representative element, 遷移元素 transition element, アルカリ金属 alkali metal, アルカリ土類金属 alkali earth metal, s-ブロック元素 s-block element, ハロゲン halogen, 希ガス rare gas, p-ブロック元素 p-block element, d-ブロック元素 d-block element, f-ブロック元素 f-block element, 内部遷移元素 inner transition element

く一連の元素群を第三遷移元素という．このうちランタンからルテニウムまでの15元素をランタノイドと，またアクチニウムからローレンシウムまでの15元素をアクチノイドという（裏見返し参照）．

1.2 周期表

　元素の化学的性質は核外電子の配列，とくに最外殻電子の配置に依存している．この最外殻電子の配置に周期性があるため，元素の性質も周期的に変わっていく．これを周期律といい，元素を原子番号の順に並べることによって，周期表ができている（表見返し）．したがって，同じ族に属する元素は互いに類似した性質を示す．1族，2族，および12族～18族の元素を典型元素といい，3族～11族の元素を遷移元素という．

　1族は最外殻に1個のs電子をもつ元素群であり，アルカリ金属といい，2族は最外殻に2個のs電子をもつ元素群で，アルカリ土類金属という．これらをあわせてs-ブロック元素という．

　次に，13族は最外殻に3個の電子（s電子2個とp電子1個）をもち，最外殻の電子配置はns^2np^1となる．同様に，14族，15族，16族，17族，18族はそれぞれ最外殻の電子配置として，ns^2np^2, ns^2np^3, ns^2np^4, ns^2np^5, ns^2np^6をもつ．17族元素はハロゲンという．18族元素は希ガスあるいは不活性ガスといい，化学的に安定な性質である．例外として，ヘリウムは$1s^2$という電子配置であるが希ガス元素である．これらを合わせてp-ブロック元素という．周期表の各周期は1族のアルカリ金属で始まり，18族の希ガス元素で終わるように構成されている．

　3族から12族までの10元素はd軌道が満たされてゆく元素であり，d-ブロック元素といわれている．また，f軌道が満たされてゆく元素をf-ブロック元素といい，4f軌道が満たされてゆくランタノイド，および5f軌道が満たされてゆくアクチノイドがある．しかし，これらの電子配置は完全に規則的ではない．また，最外殻から二つ内側の殻を満たしていくことから，f-ブロック元素は内部遷移元素ともよばれている．f-ブロック元素については周期表の枠内に納めることができず，別枠に収容されている．

1.3 元素の一般的性質

　原子の物理的および化学的性質は，電子殻の電子配置，とくに最外殻の電子配置に依存するものが非常に多い．したがって，周期性を示すものが多くなってくる．周期表の優れた点は，このような元素の物理的および化学的性質を予測することができることにある．ここでは，元素の化学的性質を決める最も重要なパラメータである原子とイオンの大きさ，イオン化ポテンシャル，電子親和力，電気陰性度を周期表と対比させながら記述する．

1.3 元素の一般的性質

1.3.1 原子とイオンの大きさ

　原子の大きさとは，原子核の周囲に存在する電子が占めている空間の大きさである．そのため原子の大きさは，形成される化学結合の種類により大きく異なる．原子が共有結合，金属結合あるいはイオン結合をつくるとき，その結合軸上で占める半径を，それぞれ共有結合半径，金属結合半径およびイオン半径という．さらに，イオン半径には陽イオン半径と陰イオン半径がある．ただし，結合距離は化学結合の種類だけで決まるのではなく，結合している相手の原子の性質や，原子価（酸化数），配位数，あるいは結合の多重度などによっても変化する．

　それに対して，希ガス原子のように原子が化学結合を形成していないときはファンデルワールス半径で表される．これは原子がほかの原子とそれ以上近づくことができない距離，すなわち最近接距離（接触原子間距離）に基づいて，同種原子の場合，最近接距離の1/2になる．

　原子から1個またはそれ以上の電子を除去することにより陽イオンが形成される場合，残りの電子に対する原子核の荷電（核電荷）の相対的な比が増加するため，電子はより強く原子核に引きつけられるようになる．そのため陽イオン半径は対応する原子の共有結合半径や金属イオン半径よりも小さくなる．また，陽イオンの電荷が多くなればなるほど，その大きさは小さくなる．

　逆に，原子に1個またはそれ以上の電子が付加されることにより陰イオンが形成される場合は，電子に対する核電荷の相対的な比は減少するため，原子核が電子を引きつける力は弱くなる．その結果，陰イオン半径は対応する原子の共有結合半径よりも大きくなる．付加される電子が多くなればなるほど，すなわち陰イオンの電荷が多くなればなるほどその大きさは大きくなる．また，陰イオン半径はファンデルワールス半径とほぼ同じくらいである．

　一般に，陽イオン半径＜共有結合半径＜金属結合半径＜ファンデルワールス半径≒陰イオン半径という関係にある．

　典型元素における陽イオン半径（p.186，付表2参照），共有結合半径（p.185，付表1参照），およびファンデルワールス半径は，周期表の同一周期については18族（希ガス元素）を除くと，1族（アルカリ金属元素）から17族（ハロゲン元素）の順に小さくなる．これは，核電荷が増加することにより，外殻電子が原子核に引き寄せられるようになるためである．同一周期内に遷移元素または内部遷移元素があるとき，この縮小の傾向はさらに顕著になる．

　また，同一族では，周期が増えるほど結合半径は大きくなる．これは最外殻軌道半径が拡張するため，核荷電の最外殻電子を引きつける力が減少するためである．

共有結合半径 covalent bond radius，金属結合半径 metallic bond radius，イオン半径 ionic bond radius，ファンデルワールス半径 van der Waals radius

ファンデルワールス（Johannes Diderik van der Waals, 1837～1923），オランダの物理学者．1910年ノーベル物理学賞受賞．

Key Word

イオン化エネルギー ionization energy, 遮蔽効果 shielding effect

1.3.2 イオン化エネルギー

原子にエネルギーを与えていくと，原子内の電子は基底状態からエネルギー準位の高い軌道に移る．さらにエネルギーを与えると電子は完全に原子殻から離れ，原子は陽イオンとなる．このように気体状の中性原子から電子を取り去るのに要するエネルギーをイオン化エネルギーといい，単位には $kJ\,mol^{-1}$ を用いる．原子から1個，2個および3個の電子を取り去るのに必要なエネルギーをそれぞれ，第一イオン化エネルギー，第二イオン化エネルギーおよび第三イオン化エネルギーという．

$$M + E (第一イオン化エネルギー) \longrightarrow M^+ + e^-$$
$$M^+ + E (第二イオン化エネルギー) \longrightarrow M^{2+} + e^-$$
$$M^{2+} + E (第三イオン化エネルギー) \longrightarrow M^{3+} + e^-$$

イオン化エネルギーに影響をおよぼす因子としては，原子の大きさ，原子核の電荷，内部電子殻の遮蔽効果，および除去される電子の種類などである．

一般に，小さい原子の電子はその原子核によって強く結びつけられているのに対して，大きい原子の電子は弱く結びつけられている．このため，イオン化エネルギーは原子の大きさが増すと減少する．一つの周期の典型元素については，イオン化エネルギーは周期表の左から右の順に増加する．この傾向は同一周期の遷移元素内でも見られる．

ただし，周期の左から右への増加傾向は完全に規則正しいわけではない．リチウムからネオンあるいはナトリウムからアルゴンへと第一イオン化エネルギーが増加している．ところが，ベリリウムの後のホウ素およびマグネシウムの後のアルミニウムでは低い値になっている．これは電子が属する軌道の形によるものである．球形のs軌道の電子は亜鈴形のp軌道の電子よりも原子核近くに存在するため，より強く引きつけられており除去が困難である．そのため，s-ブロック元素からp-ブロック元素へと移ると，第一イオン化エネルギーが小さくなる．

さらに，窒素およびリンの第一イオン化エネルギーが高くなっているのは，p軌道を三つの電子で半分充填した安定な電子配置をもっているためである．

また，周期表中の同一族については，イオン化エネルギーは上から下にしたがって減少する．これは原子の大きさの増加に加えて，電子殻が増えるために，内側の電子殻の電子による遮蔽効果のため，核電荷が最外殻電子を引きつける力が弱くなるためである（p. 187, 付表3参照）．

1.3 元素の一般的性質

表 1.2 第二周期の各元素の電子親和力

第二周期元素	Li	Be	B	C	N	O	F	Ne
電子親和力 (kJ mol^{-1})	57	−66	15	121	−31	142	333	−92

Key Word

電子親和力 electron affinity, 電気陰性度 electronegativity

1.3.3 電子親和力

中性の気体状原子に電子を付け加えるときに放出されるエネルギーを電子親和力という．単位としては kJ mol^{-1} を用いる（表 1.2 参照）．通常は1価の陰イオンが形成される．

電子親和力は原子の大きさの増大とともに減少する．

$$X + e^- \longrightarrow X^- + E \text{（電子親和力）}$$

第二周期の各元素の電子親和力に見られるように，多くの原子はエネルギーを放出する．しかし，s 軌道が二つの電子で満たされ p 軌道が空軌道になっているベリリウムや，p 軌道が半分満たされている窒素，および希ガスの安定な電子配置をもつネオンではエネルギーを吸収する．

1.3.4 電気陰性度

化合物内で結合をつくる原子が自ら電子を引きつける尺度を電気陰性度という．電気陰性度の計算法としてはポーリングの方法とマリケンの方法がよく知られている．2個の原子AとBが共有結合によって結合したA—B分子について考える．まず，2個の原子AおよびBが同じ電気陰性度であり，100％共有結合でできているとすれば，A—Bの結合エネルギーは，A—Aの結合エネルギーとB—Bの結合エネルギーの幾何平均で表されるものとする．しかし，一般的にはAまたはBのいずれかに電子が引きつけられて電子密度は片寄っているため，単なる幾何平均で表すことはできない．そこでAとBが異なった電気陰性度をもつ場合には，共有結合にイオン性が生じるため，結合エネルギーは幾何平均よりも大きくなる．ポーリングはこの大きくなる分 Δ が電気陰性度を求めるための基礎になると考えた．Aの電気陰性度（x_A）とBの電気陰性度（x_B）の差と Δ との間には式（1.11）が成り立つとした．

$$|x_A - x_B| = 0.102 \sqrt{\Delta} \tag{1.11}$$

たとえば，フッ化水素 H—F では，H—H および F—F の結合エネルギーは，それぞれ 433 kJ mol^{-1} および 140 kJ mol^{-1} である．したがって，その相乗（幾何）平均は $\sqrt{433 \times 140} = 246$ kJ mol^{-1} となる．実際に測定した H—F の結合エネルギー 617 kJ mol^{-1} との差 Δ は 371 kJ mol^{-1} になる．フッ素原子については電気陰性度を 4.0 と定めると，水素原子の電気陰性

ポーリング（Linus Carl Pauling, 1901〜1994），アメリカの化学者．1954年ノーベル化学賞受賞，1962年ノーベル平和賞受賞．

マリケンによる電気陰性度（x^M）の定義
$x^M = \{(イオン化エネルギー) + (電子親和力)\}/2$
x^M とポーリングの x とは $x^M = 3.15 x$ の関係にある．

マリケン（Robert Sanderson Mulliken, 1896〜1986），アメリカの化学者，物理学者．1966年ノーベル化学賞受賞．

Key Word

化学結合 chemical bond, イオン結合 ionic bond, 共有結合 covalent bond, 金属結合 metallic bond

度が 2.1 であると求められる．ほかの元素についても同様の方法により電気陰性度を求めている（p. 188，付表 4 参照）．

二つの原子 X と Y の間で形成される結合は，多くの場合，純粋な共有結合 X－Y と純粋なイオン結合 X^+Y^- の中間である．X と Y の電気陰性度が大きく異なるときはイオン結合としての性質が強くなるのに対して，電気陰性度が等しいかほぼ同じときには共有結合としての性質が強くなる．ポーリングは X と Y の電気陰性度の差が約 1.7 のとき，その結合のイオン性は 50％ であるとした．

一般的には，同一周期内の元素では，希ガス元素を除くと，左から右の順に電気陰性度は増大する傾向にあり，同じ族の元素では上から下へと減少する傾向にある．そのため，電気陰性度の最も大きな元素は周期表の右上に位置するフッ素であり，最も電気陰性度の小さな元素は左下に位置するフランシウムである．

1.4 化学結合と分子の構造

単原子分子として存在する希ガス元素を除いて，元素は特殊な条件下でない限り単一な原子として存在することはなく，いくつかの原子が集まり分子をつくる．その際，原子と原子の間には化学結合が形成される．生成してくる分子のエネルギーは，分子を構成している個々の原子のエネルギーに比べて小さくならなければならない．化学結合の形成に関与するのは，おもに原子内の最外殻電子である．化学結合をつくる際，最外殻電子を失ったり，得たり，共有することにより，希ガスの電子配置，オクテットをとると安定になる．化学結合にはおもに，イオン結合，共有結合，および金属結合がある．元素を，電子を失いやすい「電気陽性元素」と電子を得やすい「電気陰性元素」の二つの群に分類すると，これらの結合は次のように表すことができる．

電気陽性元素 ＋ 電気陰性元素 ⟶ イオン結合
電気陰性元素 ＋ 電気陰性元素 ⟶ 共有結合
電気陽性元素 ＋ 電気陽性元素 ⟶ 金属結合

1.4.1 イオン結合

電気陽性元素であるリチウム原子は電子配置 $1s^2 2s^1$ をもっている．電子 1 個を失うことにより，リチウムイオン Li^+ となり安定な希ガスのヘリウムと同じ $1s^2$ という電子配置をもつようになる．逆に，電気陰性元素であるフッ素原子は電子配置 $1s^2 2s^2 2p^5$ をもち，電子 1 個を得てフッ化物イオン F^- となり，安定な希ガスのネオンと同じ電子配置 $1s^2 2s^2 2p^6$ となる．そこで，電子 1 個がリチウム原子からフッ素原子に移動すること

により，リチウムイオン Li$^+$ とフッ化物イオン F$^-$ が形成される．そして互いに反対の電荷をもつため静電引力によりイオン結合がつくられ，フッ化リチウム Li$^+$F$^-$ が生成する．最外殻電子のみを示すと，次のように図示される．

Key Word

非共有電子対 unshared electron pair, 配位結合 coordination bond

一つの原子の陰イオンは元素名の語尾を変え，〇〇化物イオンとよぶ．F$^-$ はフッ化物イオンとよび，決してフッ素イオンとよばないことに注意！ 一方，陽イオンは元素名称を変えずに，そのまま，〇〇イオンとよぶ．この方法を用いると，イオンの電荷の違いが容易に区別できる．

Li   ·F̈:   ⟶   [Li]$^+$ [:F̈:]$^-$
リチウム原子　フッ素原子　　　リチウムイオン　フッ化物イオン

1.4.2 共有結合

　電気陰性元素である二つの塩素原子 Cl が共有結合により塩素分子 Cl$_2$ をつくる場合を考える．塩素原子は電子配置 $1s^2 2s^2 2p^6 3s^2 3p^5$ をもち，アルゴンの電子配置 $1s^2 2s^2 2p^6 3s^2 3p^6$ に比べて電子が1個不足している．そこで，二つの塩素原子が互いに他方の塩素原子の電子1個を共有すると安定なアルゴンの電子配置をとるようになる．共有結合を"ダッシュ"で表示し，ダッシュ1本につき一対の電子がその両端の原子によって共有されているとすると，Cl$_2$ は，次のように図示される．

:C̈l·　 ·C̈l:　⟶　:C̈l:C̈l:　　Cl—Cl
塩素原子　塩素原子　　　　塩素分子

　アンモニア分子 NH$_3$ では，1個の窒素原子と3個の水素原子が三つの共有結合をつくっている．窒素原子と水素原子はそれぞれネオンおよびヘリウムという希ガスの電子配置をもつようになる．その際，窒素原子には結合に関与しない一対の電子が存在する．これを，非共有電子対，または孤立電子対という．このアンモニア分子に，水素イオン H$^+$ が結合してアンモニウムイオン NH$_4^+$ となる反応について考えてみる．アンモニア分子の窒素原子の非共有電子対を，電子をもたない水素イオン H$^+$ に提供することによりアンモニウムイオンが生成する．その際，形成されるのが配位結合である．このように，結合に必要な電子対を一方の原子のみが提供する場合を配位結合という．配位結合は電子を与える原子から電子を受け取る原子への矢印で表すこともある．しかし，いったんアンモニウムイオンができると配位結合によりできたN—Hと共有結合によるN—Hとは区別がつかず，まったく等価であるため，矢印で示されることはない．

非共有電子対
↓
H:N̈:H　＋　H$^+$　⟶　[H:N̈:H]$^+$ すなわち [H—N—H]$^+$
　H　　　　　　　　　　H　　　　　　　　H
アンモニア分子　水素イオン　　アンモニウムイオン

Key Word

自由電子 free electron, 双極子 dipole, 水素結合 hydrogen bond, ファンデルワールス力 van der Waals force

1.4.3 金属結合

通常の金属は，多数の同種の金属原子が接触して並ぶことにより結晶をつくっている．そのとき金属原子の最外殻の電子は，原子核による結合力が小さくなっていて，原子核から離れて結晶内を自由に動きまわるようになる．その結果，この電子は自己の原子核のみと相互作用しているのではなく，結晶内で非局在化し，すべての原子核と平等に相互作用するようになる．このような電子を自由電子という．自由電子を放出した金属原子は金属陽イオンとなり，自由電子によって引きつけられ，規則的に配列するようになる．このような自由電子と金属陽イオンとの間の静電気的な引力により形成されるのが金属結合である．

1.4.4 水素結合

水素原子が窒素，酸素，フッ素のような電気陰性度の非常に大きい原子 X に結合すると，分子内に $H^{\delta+}-X^{\delta-}$ という強い双極子を生じる．そのため一つの分子と別の分子との間に $\cdots H^{\delta+}-X^{\delta-}\cdots H^{\delta+}-X^{\delta-}\cdots$ からなる弱い結合を生じる．これを水素結合という．

水素結合は沸点をはじめとする物理的性質に大きな影響を与える．分子構造が類似した分子では，通常分子量が大きくなるにしたがって沸点が高くなるのが一般的である．しかし，16 族の水素化合物 H_2O，H_2S，H_2Se，H_2Te の沸点を比較してみると，H_2O の沸点がほかに比べて著しく高くなっている．これは水素結合により分子間力が異常に強くなっているためである．

1.4.5 ファンデルワールス力

メタンやベンゼンのように無極性分子，あるいはヘリウム，ネオン，アルゴンのような希ガスにおいても，ある瞬間において電子は動いているため，分子内に一時的な電子の片寄りが生じ，弱い双極子を形成する．これが周囲の分子の双極子を誘起させる．こうして生成した双極子同士が分子間で引き合うことにより生じる非常に弱い電気的な引力をファンデルワールス力という．

1.4.6 共有結合の方向性

2 個の電子を共有することによりできる共有結合では，結合に関与する原子の軌道同士が重なる．このため，共有結合に方向性が生まれる．球形の s 軌道は方向性をもたないが，p 軌道には互いに直交する三つの軌道 p_x，p_y，p_z がある．さらに，d 軌道および f 軌道においても固有の方向性がある．また，場合によっては共有結合を形成する前に，あらかじめ結合に関与する軌道が再編成されて新しい軌道となった後，ほかの原子と結

合することがある．この現象を混成といい，新たに生じた軌道を混成軌道という．混成軌道は結合する相手の原子の軌道との重なりが最大になるように，しかも結合電子対同士の反発が最小になるような方向性をもつ等価な軌道として形成される．

Key Word
混成 hybridization, 混成軌道 hybrid orbital

フッ化ベリリウム BeF_2 について考えてみる．この分子の中心原子であるベリリウムの基底状態の電子配置は不対電子をもたないため共有結合を形成することはできない．そこで，2s軌道の電子1個が2p軌道へと励起する必要がある．これにより2個の不対電子が生じ，二つの共有結合をつくることが可能になる．しかし，この状態で2個のフッ素原子の2p軌道が，ベリリウムの2s軌道および2p軌道とそれぞれ重なり合うと，二つの等価なフッ化ベリリウム分子 F—Be—F の共有結合に差異が生じることになる．

そこで，最外殻の二つの軌道，すなわち一つのs軌道と一つのp軌道が合成され，新たに二つの等価な sp 混成軌道が形成される．この二つの sp 混成軌道は互いに一直線状に 180° をなす．これにより，結合電子対同士の反発は最小になる．さらに，この二つの sp 混成軌道にそれぞれのフッ素の2p軌道が重なり合って，フッ化ベリリウム BeF_2 分子が形成される（図1.6）．

次に，フッ化ホウ素 BF_3 について考えてみる．中心原子であるホウ素原子の基底状態では不対電子の数は1個である．したがって，一つの共有結合しかつくることができない．そこで2s軌道の電子の1個を2p軌道に励起することにより，励起状態では3個の不対電子をもつようになる．そこで，一つのs軌道と二つのp軌道が混成され，新たに三つの等価な sp^2 混成軌道がつくられる．それぞれは互いに 120° をなし，結合電子対同士の反発は最小になる．この三つの sp^2 混成軌道にそれぞれフッ素の2p軌道が重なり合って，フッ化ホウ素分子 BF_3 が形成される（図1.7）．

メタン分子 CH_4 の中心原子である炭素原子は，基底状態では，2p軌道に2個の不対電子をもっている．2s軌道の電子の1個を2p軌道に励起することにより，4個の不対電子をもつようになる．そこで一つのs軌道

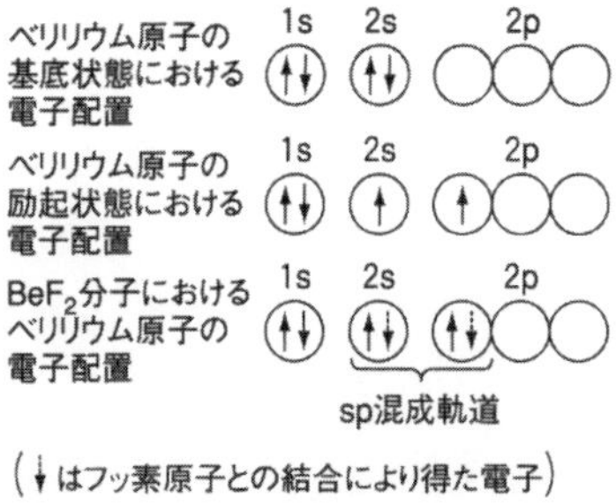

図1.6 sp 混成軌道

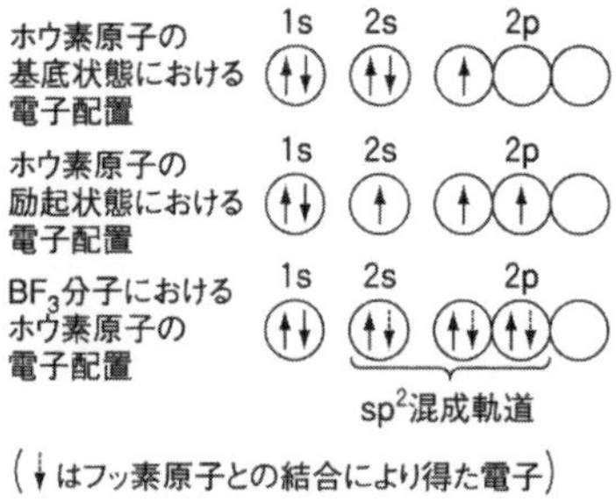

図1.7 sp^2 混成軌道

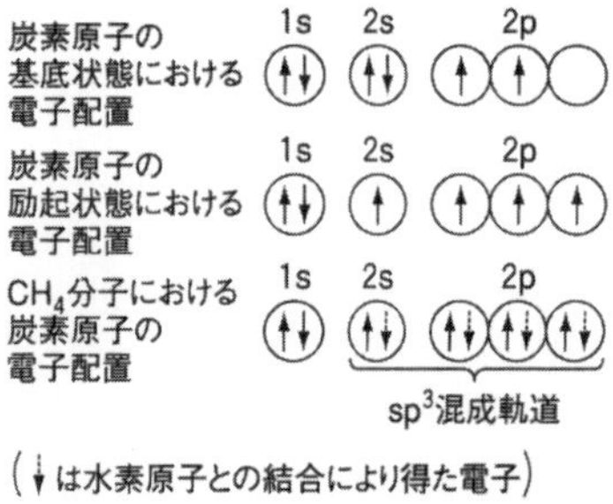

図1.8 sp^3 混成軌道

と三つのp軌道が混成すると,四つの等価な sp³ 混成軌道ができる.sp³ 混成軌道は互いに 109°28′ をなしている.これらの sp³ 混成軌道にそれぞれ水素の 1s 軌道が重なり合ってメタン分子 CH₄ が形成される(図 1.8).

さらに,d 軌道が関与する混成軌道としては dsp², sp³d, d²sp³, sp³d² 混成軌道などがある.

演習問題

問題1.1 原子の構造に関する記述のうち,正しいものの組合せはどれか.
a 殻において,主量子数が n の殻には電子が n^2 個まで入れる.
b 原子核は二種類の粒子からなるが,そのうち正電荷をもつものを陽子,電気的に中性なものを中性子とよび,陽子と中性子の重さはほとんど同じである.
c 方位量子数 $l=0$ の軌道は 1 個であるが,$l=1$ の軌道は 2 個の軌道からなる.
d 0 族元素の最外殻電子は He を除き,化学的に安定な s^2p^6 の電子配置をもっている.

 1 (a, b)   2 (a, c)   3 (a, d)
 4 (b, c)   5 (b, d)   6 (c, d)

問題1.2 炭素と同じ第二周期の元素に関する次の記述の正誤について,正しい組合せはどれか.
a これらの原子の 2s, 2p, 2d 軌道には電子が存在する.
b ホウ素は炭素よりも電気陰性度が小さく,酸素は窒素や炭素よりも電気陰性度が大きい.
c 炭素,窒素,酸素,フッ素の水素化化合物において,C—H 結合の分極が最も小さく,N—H,O—H,F—H の順に大きくなる.
d ネオンは炭素やホウ素と同じ周期の元素であるが,希ガスの一つであり,化学的にきわめて安定な元素である.

	a	b	c	d
1	誤	正	正	正
2	正	正	誤	正
3	誤	誤	正	正
4	誤	正	正	誤
5	正	誤	誤	誤

問題1.3 化学結合および相互作用に関する記述のうち,正しいものの組合せはどれか.
a アンモニアやフッ化水素の沸点は,それぞれ 15 族,17 族のほかの水素化物の沸点と比べて異常に高い.これは強い分子間水素結合をしているためである.
b 原子間で電子を共有することにより形成される結合には,共有結合とイオン結合がある.
c アンモニアの窒素原子の非共有電子対は,プロトンや金属陽イオンと,配位結合を形成する.
d アセトンが水に溶けやすいのは,疎水性相互作用のためである.

 1 (a, b)   2 (a, c)   3 (a, d)
 4 (b, c)   5 (b, d)   6 (c, d)

解 答

1.1 正解:5
 a 主量子数が n の殻には,電子を最大 $2n^2$ 個まで入れることができる.
 b 正しい.
 c 方位量子数 l の軌道の数は $(2l+1)$ 個であることから,$l=0$ の軌道(s 軌道)は 1 個であるが,$l=1$ の軌道(p 軌道)は 3 個の軌道からなる.
 d 正しい.He の電子配置は $1s^2$ である.

1.2 正解:1
 a 2d 軌道という軌道は存在しない.

b　正しい．電気陰性度は，希ガスを除いて，周期表中の一つの周期において右に行くほど大きくなる．
　　c　正しい．直接結合している二つの原子の電気陰性度の差が大きいと分極も大きくなる．
　　d　正しい．
1.3　正解：2
　　a　正しい．電気陰性度の大きな原子と水素が共有結合により結合してできた分子は分子間水素結合をつくり，高い沸点をもつようになる．
　　b　原子間で電子を共有することにより形成される結合には，共有結合と配位結合がある．
　　c　正しい．
　　d　アセトンが水に溶けやすいのは，アセトン分子と水分子の間で分子間水素結合をつくるためである．

2 生体関連分子の構造と特性

2.1 生体分子の構造と特徴

第1章では,原子と分子の基本的性質を学んだ.ヒトを含めてあらゆる生物は実に数多くの有機化合物と無機化合物とから成り立っており,それらが複雑に組み合わさり機能を発揮することにより「生きている」状態をつくりだしている.生体の構造と機能を維持するために多種類のタンパク質,核酸 (DNA と RNA),糖類,脂質その他さまざまな分子が存在している.第2章では,これらの生体分子の基礎を学ぶこととする.

Key Word

タンパク質 protein,ペプチド peptide

2.1.1 タンパク質・ペプチド

タンパク質は,およそ20種類のL-α-アミノ酸が脱水縮合した高分子であり,生体を構成する主要な分子である.図2.1のように,アミノ基が結

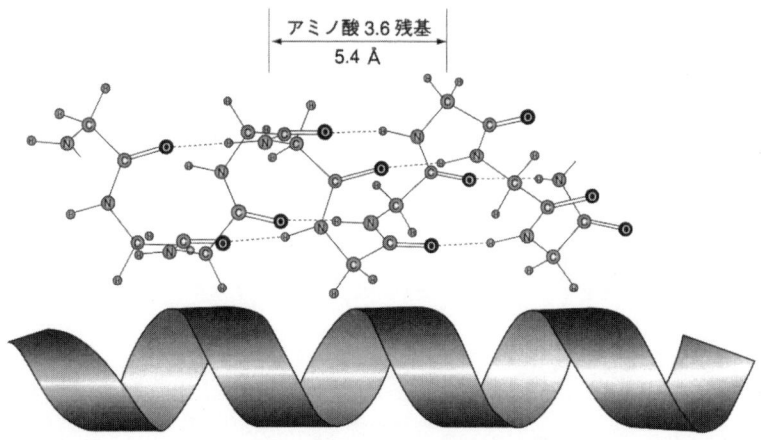

図 2.1　タンパク質中の α ヘリックス構造

表2.1　L-α-アミノ酸

性質	名称（略表記）	R=	性質	名称	R=
疎水性	グリシン (Gly, G)	H	塩基性	リジン (Lys, K)	$H_2N-CH_2-CH_2-CH_2-CH_2-$
	アラニン (Ala, A)	CH_3		ヒスチジン (His, H)	(イミダゾール-CH₂-)
	バリン (Val, V)	$(H_3C)_2CH-$			
	ロイシン (Leu, L)	$(H_3C)_2CH-CH_2-$	中性で極性	セリン (Ser, S)	$HO-CH_2-$
	イソロイシン (Ile, I)	$H_3C-CH(CH_3)-CH_2... $		トレオニン (Thr, T)	$HO-CH(CH_3)-$
	フェニルアラニン (Phe, F)	(Ph-CH₂-)		グルタミン (Gln, Q)	$H_2N-CO-CH_2-CH_2-$
	トリプトファン (Trp, W)	(インドール-CH₂-)		アスパラギン (Asn, N)	$H_2N-CO-CH_2-$
	メチオニン (Met, M)	$H_3C-S-CH_2-CH_2-$		アルギニン (Arg, R)	グアニジノ基-(CH₂)₃-
	プロリン (Pro, P)	(ピロリジン環)			
酸性	グルタミン酸 (Glu, E)	$HOOC-CH_2-CH_2-$			
	アスパラギン酸 (Asp, D)	$HOOC-CH_2-$			
	チロシン (Tyr, Y)	$HO-C_6H_4-CH_2-$			
	システイン (Cys, C)	$HS-CH_2-$			

合した炭素は一定の立体中心構造をもち，R（表2.1）は，疎水性，親水性，酸性あるいは塩基性のアミノ酸残基である．

疎水性アミノ酸には，Rがアルキル基の Ala，Val，Leu および Ile と，芳香族の Phe と Trp とがある．またチオエーテル構造をもつメチオニン（Met）も疎水性が高い．生体分子が存在する水溶媒中では，この疎水基同士の相互作用が重要である．

中性の極性アミノ酸には，Ser，Thr，および Gln，Asn，Arg があげられる．ヒドロキシル基をもつことにより，水をはじめとする極性分子との相互作用が現れる．Arg のグアニジノ基はつねにプロトン化した状態で安定である．

塩基性をもつアミノ酸には，Lys および His がある．イミダゾール基は金属イオンへの配位性が強く，金属を含むタンパク質中では金属イオンの配位子として作用している．

酸性アミノ酸には Glu，Asp，Tyr，Cys がある．カルボン酸は中性付近ではアニオン型となっている．Cys は弱酸性のチオール基を有するが，チオール基は遷移金属や亜鉛イオンと親和性が高く，生体内配位子として機能している．

タンパク質は，20種類のアミノ酸の組合せによってきわめて多様な構造と機能を示す．たとえば，酵素は非常に優れた触媒として働き，情報伝達に関連するタンパク質では特定の分子が接近したときのみ情報伝達ができるようになっている．配位子と金属イオンとの間には，結合に有利な組み合せが知られている．表2.2のように，配位子と金属イオンについてハード性の高いもの同士，ソフト性の高いもの同士は強い結合をつくる．このため，配位子と金属イオンとの結合には選択性が生ずる．

アミノ酸が脱水縮合することにより，ペプチド（アミノ酸がおよそ50以下）やタンパク質が生成される．このアミド結合で連なる高分子は，らせん構造（αヘリックス）（図2.1）やシート構造（βシートなど）などの規則的な構造をとり，これらが組み合わさることによりタンパク質の三

表2.2 配位子および金属イオンのソフト・ハード性

性質	配位子（塩基）	金属イオン（酸）
ハード性が高い	COO$^-$ (Glu, Asp, Tyr, Ser, Thr)	Na$^+$, K$^+$, Mg^{2+}, Ca^{2+}, Mn^{2+}, Al^{3+}, Fe^{3+}
中間的性質	イミダゾール (His)	Fe^{2+}, Cu^{2+}, Zn^{2+}, Pb^{2+}
ソフト性が高い	R−S$^-$ (Cys), R−S−R′ (Met)	Cu$^+$, Au$^+$, Hg$^+$, Cd^{2+}, Pt^{2+}, Hg^{2+}

Key Word

補酵素 coenzyme, ヘム heme, クロロフィル chlorophyll, シアノコバラミン cyanocobalamin

次元構造が形成される．

2.1.2 金属を含む補酵素

触媒機能を発現するタンパク質である酵素には20種類のアミノ酸とそれらの残基が利用されているが，アミノ酸残基のみではまかないきれない化学反応もあるため，それを補う補酵素を必要とする酵素も少なくない．ビタミン類などがそれにあたり，多種存在することが知られている．これらのいくつかを紹介する．

（1）ヘ　ム：ヘムは鉄を含む錯体であり，ヘモグロビンをはじめとする多くのタンパク質に含まれ，多くの機能を発現する．図2.2のように環状分子ポルフィリンの中心にある4個の窒素原子と鉄イオンが配位して錯体を形成している．420 nm付近に強い光吸収を示す紫赤色あるいは赤色の色素である．これがアポタンパク質（補欠分子族や金属を欠いたタンパク質）に取り込まれ，Hisのイミダゾール基などが鉄イオンに配位する．この鉄イオン上で酸素の吸脱着や酸化還元など多様な化学反応が進行する．

（2）クロロフィル：高等植物やラン藻類などの葉緑素であるクロロフィルは可視光を強く吸収し，光合成において重要な役割を果たしている．ポルフィリンとほぼ同様な構造をもち，二重結合が一つ還元されたジヒドロポルフィリン環にマグネシウムイオンが配位した錯体である（図2.3）．電子の共鳴系が大きいため可視光の吸収が容易であり，光合成に有利な特性を有している．

（3）ビタミンB_{12}（シアノコバラミン）：ビタミンB_{12}はコバルトを含む金属錯体である．ポルフィリン環より環内の炭素数が一つ少ないコリン環の中心にコバルトイオンが結合し，分子内にあるベンズイミダゾール基の窒素が軸配位子として結合し赤色をしている（図2.4）．軸配位子Rがシアノ基の場合はシアノコバラミン（ビタミンB_{12}）とよばれる．酵素中ではS-アデノシルメチオニンがRとして結合し，生体内ではまれな金属

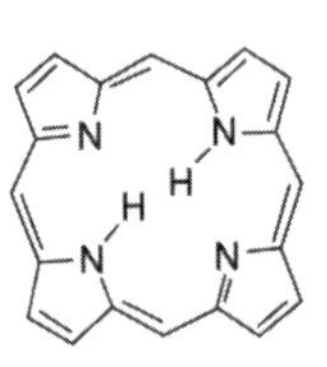

図2.2　ポルフィリンとヘム

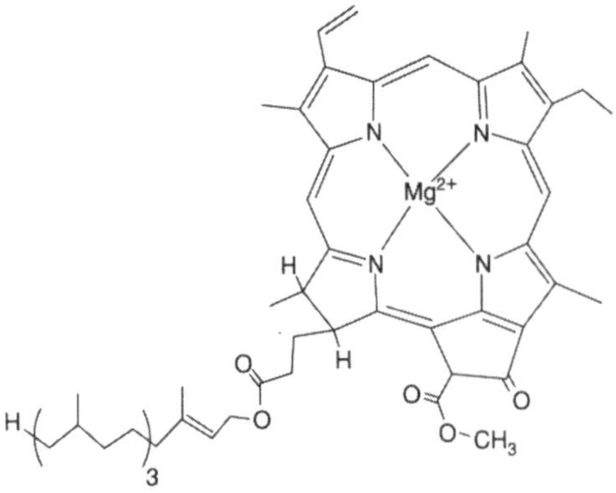

図2.3　クロロフィルa（chlorophyll a）の構造

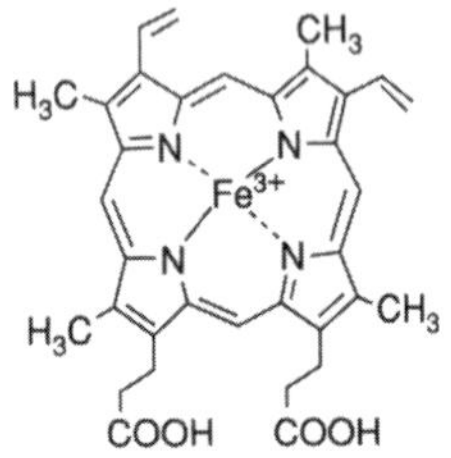

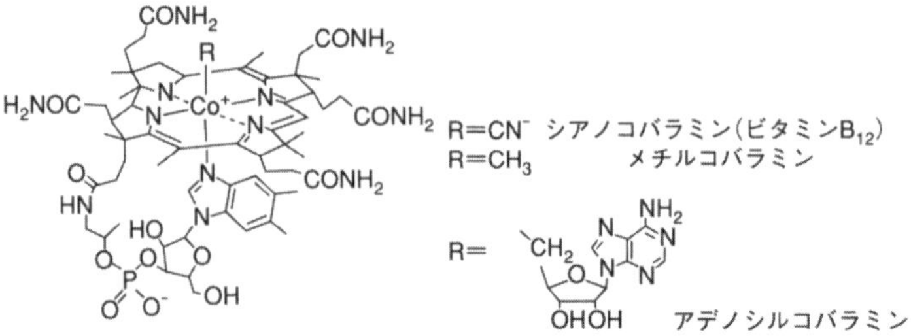

図2.4　シアノコバラミン（ビタミンB_{12}）の構造

$R=CN^-$　シアノコバラミン（ビタミンB_{12}）
$R=CH_3$　メチルコバラミン
$R=$　アデノシルコバラミン

一炭素結合をもつ有機金属化合物である．酵素反応ではこのCo—C結合がいったんラジカル的に開裂し，それが基質の水素を引き抜いて基質ラジカルをつくり，それが炭素骨格の転位を行い水素ラジカルが再結合して転位体が得られる．このように転位反応を触媒する酵素の活性中心でビタミンB_{12}は機能している．

2.1.3 核　酸

　生物の基本設計図であるDNAは，図2.5に示すように核酸塩基とデオキシリボースが結合した四種類のヌクレオシドがリン酸を介し脱水縮合で連なった高分子である．リン酸部分はジエステル構造になりアニオン性を帯びている．アデニン（A）とチミン（T），グアニン（G）とシトシン（C）の組合せがそれぞれ水素結合によりとくに強い複合体を形成する（図2.6）．細胞内では通常は相補的な二本鎖を形成しており，らせん状（ヘリックス）の構造をとっているが，これは水素結合によってそれぞれ塩基対をつくることによる（図2.7）．この塩基の配列情報が翻訳され生命現象の源となっている．DNAの遺伝子情報からタンパク質への翻訳の過程ではRNAが重要な役割を果たしている．

　RNAでは，DNAのチミンに当たる塩基がメチル基の少ないウラシルであり，糖部分はリボースでありDNAのものに比べヒドロキシル基が一つ多い（図2.8）．また，ATPやサイクリックAMPなどは単量体で重要な機能を担っている（図2.9）．ATPは，種々のタンパク質のリン酸化をするキナーゼなどの基質として使われるが，**コファクター**としてマグネシウムイオンが必要であり，5位のリン酸部位に作用することが知られている．

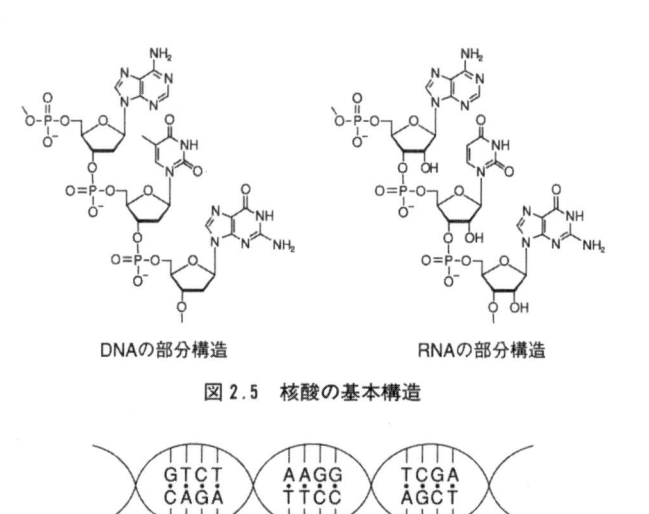

図2.5　核酸の基本構造

図2.7　DNA二本鎖の模式図

Key Word

核酸 nucleic acid, DNA deoxyribonucleic acid, RNA ribonucleic acid

図2.6　水素結合による塩基対の形成

コファクター（補因子）　酵素の本体であるタンパク質が，それだけでは酵素活性がまったくないか十分に強くなく，ある別の物質を加えることで十分な活性を示すようになることがある．このような補助的な役割を果たすものをコファクター（補因子）とよぶ．コファクターは本来その酵素とともにあって活性に必須な因子である．

図2.8　ヌクレオシド

Key Word

糖質 sugar

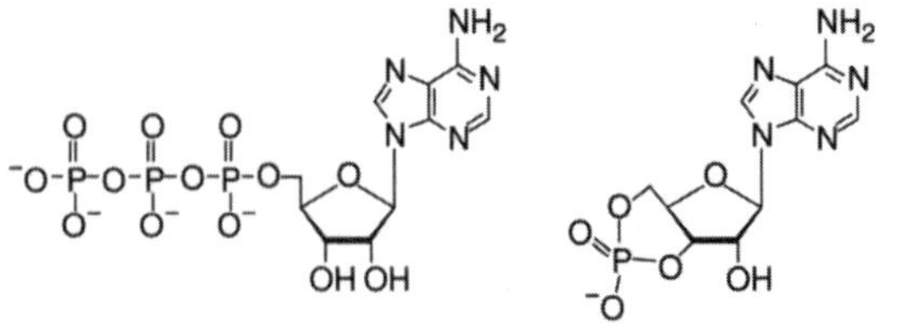

アデノシン三リン酸（ATP）　　サイクリックAMP（cAMP）

図 2.9　リン酸化アデノシン

このようにアルカリ金属やアルカリ土類金属は核酸のリン酸基部分や糖のヒドロキシル基と相互作用をするが，ソフト性をもつ遷移金属では塩基部分のヘテロ原子（N, O）と配位する傾向がある．

2.1.4　糖　質

糖質は，食物における炭水化物としてなじみ深く，代謝されると熱やエネルギーに変換され生命活動に使われる．エネルギー貯蔵物質として存在するデンプンやグリコーゲン，あるいは組織を形づくるためのセルロースはどれも単糖類であるグルコースが脱水縮合により連なった多糖とよばれる高分子化合物である（図2.10）．グルコースは糖質の中でも最も基本的で重要なものである．ショ糖も身近な糖質であり，グルコースとフルクトースが結合した二糖類である．これら単糖や二糖類などの低分子糖は一分子に多くのヒドロキシル基を有し，水溶性が高い．糖が数個程度結合した分子はオリゴ糖とよばれ，その中には細胞表面でタンパク質に結合した形で露出し，**細胞間の認識**などの役割を担うものがある．

核酸の糖部分であるリボースや，デオキシリボースも重要な糖であり五単糖類である．

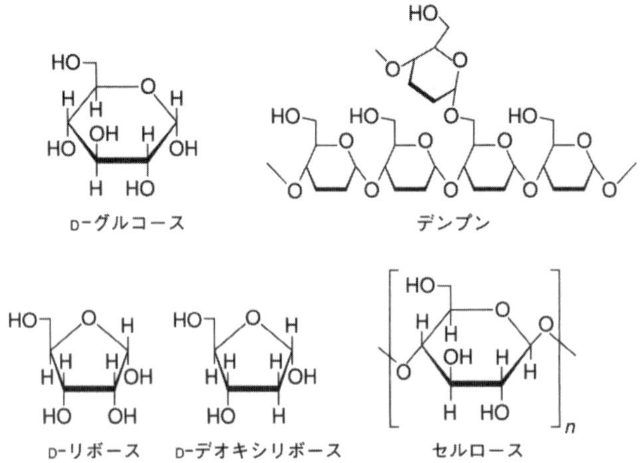

細胞間の認識　多細胞生物において細胞同士が，制御された協同作用を行うためにお互いをいかなる細胞であるかをそれぞれの細胞表面の特異的構造などによって見分けることを細胞間の認識という．この認識によって，免疫応答における自己・非自己の識別，特定の機能をもった細胞への分化，組織形成などの重要な生体反応が引き起こされる．特異的構造の重要なものとして糖鎖があげられる．

D-グルコース　　デンプン

D-リボース　　D-デオキシリボース　　セルロース

図 2.10　糖質の構造

2.1.5 脂質

脂質は一般に疎水性が高く，細胞膜の主成分でありまた脂肪組織に貯蔵される効率のよいエネルギー源でもある．おもな構成成分としては長鎖脂肪酸からなるトリグリセリドとリン脂質，およびコレステロールなどがある．これらは分子の大部分が疎水性の炭化水素でできているため，水には溶けにくく親油性である．長鎖脂肪酸はエネルギー源としても重要である．脂肪酸には飽和脂肪酸と二重結合をもつ不飽和脂肪酸がある（図2.11）．二重結合はほとんどの場合，シス構造をとっている．同じ炭素数の場合，不飽和脂肪酸のほうが飽和脂肪酸よりも融点が低い．

グリセリンのヒドロキシル基に脂肪酸がエステル結合したトリアシルグリセリン（トリグリセリド）はエネルギー貯蔵物質として脂肪細胞に蓄えられる（図2.12）．グリセリンの1位と2位に脂肪酸がエステル結合し，

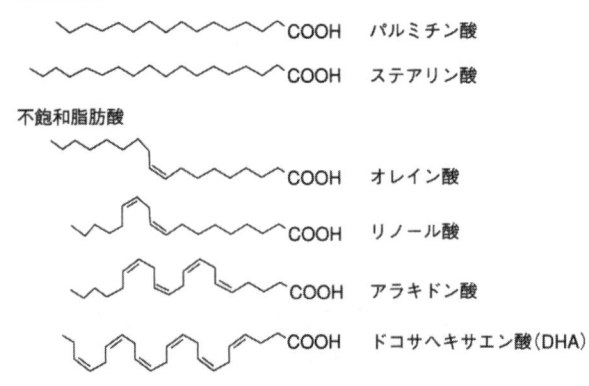

Key Word
脂質 lipid

図 2.11 代表的な脂肪酸

ドコサヘキサエン酸のような二重結合の多い高度不飽和脂肪酸は酸化されやすい性質のため精製が難しいが，混合物に銀イオンを作用させ銀錯体として単離精製し，後に銀イオンを解離させると高純度のものが容易に得られる．

図 2.12 トリアシルグリセロールおよびリン脂質

Key Word

酸素分子 molecular oxygen, ビラジカル biradical

ステロイド骨格

コレステロール

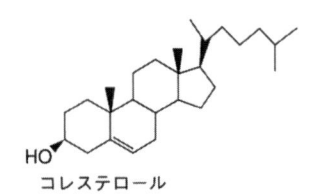

図2.13 ステロイドの基本構造

[†1] 20℃で100 mLの水にガスとして3.1 mL溶解.

[†2] ビラジカル（・O—O・）

3位にリン酸基が結合してさらに極性の分子が結合したものがリン脂質であり，細胞の脂質二重膜のおもな構成成分である．

またコレステロールをはじめとするステロイド（図2.13）は，細胞膜の重要な構成成分である以外にも各種のホルモンとして機能している．

脂質の中にはカロテンやビタミンAのように補欠分子族として，またプロスタグランジンのようにホルモンとして働くものも知られている．

2.2 酸素分子や活性酸素の構造と特性

2.2.1 酸素分子

酸素分子は生命維持に必須である．呼吸により生体内に取り込まれ，エネルギー生成や生合成に使われる重要な分子である．酸素分子は地球上の空気中に約21％含まれ，窒素分子に比べるとはるかに高い反応性をもっている．酸素原子同士が二重結合で結びついた無色の気体である酸素分子は，疎水性溶媒にはよく溶解するが水への溶解度はあまり高くない[†1]．基底状態の酸素分子の分子軌道は図2.14のように，π_x^* 軌道に不対電子が一つずつ入った二つの軌道をもつため三重項状態をとる．このことから基底状態の酸素を三重項酸素ともよび $^3O_2$ と標記する．不対電子をもつために，磁性をもっている．

また2個の不対電子の存在によりラジカル性[†2]を示し，不飽和脂質などと反応するとラジカル連鎖反応による自動酸化が生じる．図2.15のように不飽和脂質にはC＝C二重結合にはさまれたメチレンをもつ構造（**A**）が多いため，この部位の水素がラジカル的に引き抜かれやすく，反応開始を行うラジカル（In・）との反応により炭素ラジカル（**B**）が生成

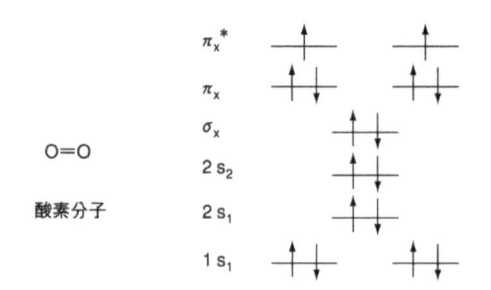

図2.14 基底状態の酸素分子 $^3O_2$ の構造および電子配置

In・：ラジカル

図2.15 ラジカル連鎖反応による脂質の過酸化反応

する．**B**はより安定な構造に異性化し（**C**），この炭素ラジカルと酸素が反応してペルオキシラジカル（**D**）が生成する．ペルオキシラジカルはほかの脂質から水素を引き抜き，過酸化脂質（**E**）が生成する．この際に（**B**）が再生することより反応は連鎖的に進行するため，In・が少量であっても過酸化脂質は連続的に生成されることになる．

酸素分子のもう一つの性質には，電子を受け取りやすい性質がある．電子を与えやすい分子との間で電子の受け渡しが行われることがあり，酸素分子は還元されて以下に述べるスーパーオキシドアニオンラジカルや過酸化水素となり，電子を与えた分子は酸化体となる．

Key Word

活性酸素種 reactive oxygen species(ROS), 一重項酸素 singlet oxygen, スーパーオキシドアニオンラジカル superoxide anion radical, 過酸化水素 hydrogen peroxide

2.2.2 活性酸素種

反応性の高い酸素種を一般に活性酸素種とよび，以下にあげる一重項酸素，スーパーオキシドアニオンラジカル，過酸化水素，ヒドロキシルラジカルなどが相当する．またオゾンを含めることもある．酸素分子は還元されるとO—O結合距離が延び，三電子還元では結合が開裂し，不対電子をもつヒドロキシルラジカル（・OH）となる（図2.16）．以下にそれぞれを説明する．

（1）一重項酸素：酸素分子には高いエネルギーをもつ励起状態が存在し，一重項酸素（$^1O_2$）とよばれる．メチレンブルーやポルフィリンなどの色素の存在下で光により励起され容易に生じる．それに対して基底状態の酸素分子は三重項酸素（$^3O_2$）とよぶ．$^1O_2$は，$^3O_2$のπ_x^*軌道の二つの不対電子が対をなす電子軌道をとり，より高いエネルギーをもっている（図2.17）．そのため反応性が高くアルケンのアリル位酸化，2+2環化付加反応，ジエンとの4+2環化付加反応などさまざまな酸化を引き起こす

$$O_2 \xrightarrow{e^-} \cdot O_2^- \xrightarrow{e^- + 2H^+} H_2O_2 \xrightarrow{e^-} \cdot OH + OH^-$$

酸素分子　　スーパーオキシド　　過酸化水素　　ヒドロキシル ラジカル
　　　　　　アニオンラジカル

O—O結合距離　1.21 Å　　　1.3 Å　　　1.47 Å

図 2.16　酸素分子とその還元体のO—O結合距離

$$H_2O_2 + ClO^- \longrightarrow {}^1O_2 + Cl^- + H_2O$$

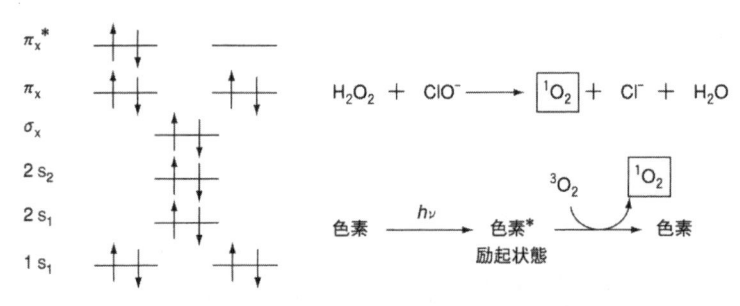

色素 $\xrightarrow{h\nu}$ 色素* $\xrightarrow{{}^3O_2 \to {}^1O_2}$ 色素
　　　　　　励起状態

図 2.17　一重項酸素 $^1O_2(^1\Delta_g)$ の電子配置および生成反応

Key Word

ハーバー–バイス反応 Haber-Weiss reaction, ペルオキシナイトライト peroxynitrite, ヒドロキシルラジカル hydroxyl radical, フェントン反応 Fenton reaction

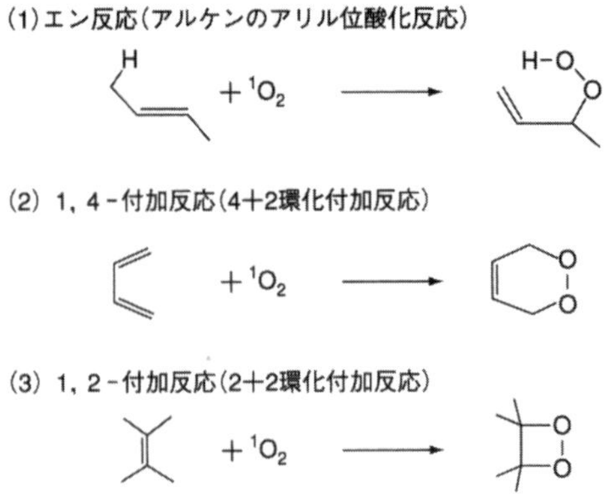

図 2.18　一重項酸素の反応

ハーバー–バイス反応　　$2O_2^- + 2H^+ \longrightarrow O_2 + H_2O_2$

フェントン反応　　$H_2O_2 + Fe^{2+} \longrightarrow \cdot OH + {}^-OH + Fe^{3+}$

図 2.19　ハーバー–バイス反応とフェントン反応

（図 2.18）．$^1O_2$ はまた過酸化水素と次亜塩素酸イオンとの反応でも生成する（図 2.17）．

（2）スーパーオキシドアニオンラジカル：酸素分子は一電子還元されやすく，アニオンラジカルが生成する．これをスーパーオキシドアニオンラジカルという．金属カリウムを酸素中で燃焼させると黄色の固体としてスーパーオキシドアニオンラジカルの塩である超酸化カリウム（$K^+O_2^-$）が生成する．スーパーオキシドは酸化剤としてのみならず求核剤や還元剤としての性質も合わせもっている．スーパーオキシドアニオンラジカルは，求核性を有し還元性ももっている．また，二分子のスーパーオキシドアニオンラジカルは水中では比較的すみやかに不均化して過酸化水素と酸素分子になる（ハーバー–バイス反応；図 2.19）．

一方，スーパーオキシドアニオンラジカルはラジカルの性質も有しており，一酸化窒素（NO）ラジカルとはすばやく反応し，ペルオキシナイトライト（$O=N\text{-}OO^-$）を生成する（図 2.20）．

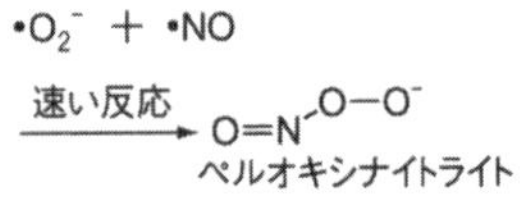

図 2.20　スーパーオキシドアニオンラジカルと一酸化窒素との反応によるペルオキシナイトライトの生成

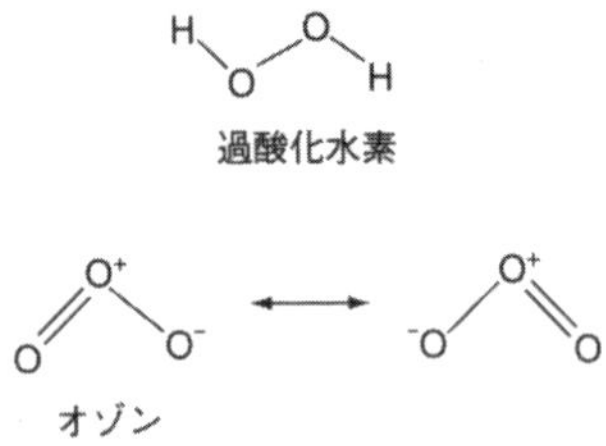

図 2.21　過酸化水素とオゾンの構造

（3）過酸化水素：酸素分子を二電子還元するとペルオキシアニオンになり，その水素化体が過酸化水素である（図 2.21）．水溶液中では弱い酸として存在する．通常 30 % 以下の水溶液として入手できる．無色であり冷蔵状態では安定であるが室温では徐々に分解し酸素分子と水になる．二酸化マンガンなどはこの分解反応を触媒し，すみやかに酸素分子を発生させる．過酸化水素は酸化力をもつと同時に，還元剤としての性質も合わせもっている．殺菌力があるため，3 % 水溶液はオキシドールとして傷口などの殺菌薬に用いられる．また酸化力に由来する漂白力ももつ．過酸化水素自身はスルフィドやチオールの酸化を効率よく進めるが，アルケンなど

の酸化は酸，金属イオンなどの触媒なしでは進行しにくい．

（4）ヒドロキシルラジカル：ヒドロキシルラジカル（・OH）は，活性酸素の中では最も反応性が高いラジカルであり，アルカンや芳香環など大部分の分子と反応し，すみやかに酸化物を与える．・OH は過酸化水素と 2 価の鉄イオンとの反応により容易に生成する．この反応をフェントン反応という（図 2.19）．この反応によってヒドロキシルラジカルは生体内でも生ずると考えられている．

（5）オゾン：酸素の同素体であるオゾン（O_3）は，酸素中での放電や，酸素に紫外線を照射して得られる気体である．117°に折れ曲がった構造をしている（図 2.21）．酸化力が強くC＝C二重結合と反応してオゾニドをつくりその分解により二重結合を開裂させる．これはオゾン分解反応としてカルボニル化合物合成にも使われる．またオゾンは，成層圏にオゾン層として存在し200～300 nm の紫外線をほぼ完全に吸収するため，有害な紫外線から生物を守る役目を果たしている．近年フロンなどの揮発性クロロカーボンが成層圏にまで拡散し，紫外線によってC—Cl 結合が開裂して生じる塩素ラジカルが触媒的にオゾンを分解することによってオゾン層を減少させていることが問題になっている．

2.2.3 生体内における活性酸素種の生成と毒性

スーパーオキシドアニオンラジカルは，細胞のミトコンドリアの電子伝達系からある程度漏れでて生成し，また炎症時にマクロファージから生体防御の目的で放出される．また過酸化水素は酵素反応（たとえば，モノアミンオキシダーゼの反応）の副生成物などとして生じる．フェントン反応などによって生成する・OH は，DNA やタンパク質と反応して傷害を引き起こす．DNA との反応では塩基部分やデオキシリボースの 1′ 位などが修飾を受ける．塩基ではとくにグアニンが反応しやすく 8 位が酸化され，最終的に 8-ヒドロキシグアニンとして排泄されることから，活性酸素障害の一つのマーカーと考えられる．

2.2.4 抗酸化酵素・抗酸化性物質

生体内にはこれらの活性酸素種から体を守るために，それらを消去する酵素系や抗酸化性低分子化合物が存在する（表 2.3）．酵素であるカタラーゼは過酸化水素を酸素分子と水に分解する．グルタチオンペルオキシダーゼはグルタチオンを用いて過酸化水素を水に還元する．スーパーオキシドジスムターゼ（SOD）は，スーパーオキシドアニオンラジカルを過酸化水素と酸素分子に変換する．これらの抗酸化酵素によって過酸化水素やスーパーオキシドアニオンラジカルは触媒的に効率よく無毒化される．

これらの生体内抗酸化酵素系は，通常体の中で発生する活性酸素種を消

Key Word

オゾン ozone, オゾン層 ozone layer, 抗酸化酵素 antioxidative enzyme, 抗酸化性物質 antioxidative substance (antioxidant), カタラーゼ catalase, グルタチオンペルオキシダーゼ glutathione peroxidase, スーパーオキシドジスムターゼ superoxide dismutase

デオキシグアノシン
(dG)

↓ ROS

8-ヒドロキシデオキシグアノシン
(8-OH-dG)

表 2.3　抗酸化酵素と触媒反応

抗酸化酵素	活性中心に含まれる金属イオン	触媒する反応
カタラーゼ	Fe, Mn	$2\,H_2O_2 \longrightarrow O_2 + 2\,H_2O$
グルタチオンペルオキシダーゼ	Se	$H_2O_2 + GSH^{a)} \longrightarrow 2\,H_2O + GSSG$
スーパーオキシドジスムターゼ	Cu, Zn, Mn, Fe	$2\cdot O_2^- + 2\,H^+ \longrightarrow O_2 + H_2O_2$

a) GSH：グルタチオン

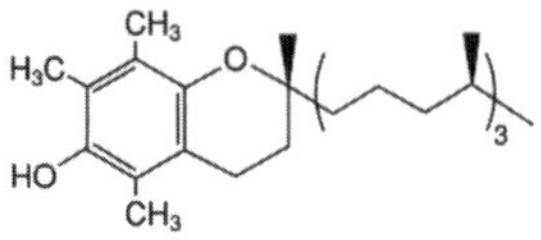

α-トコフェロール(ビタミンE)

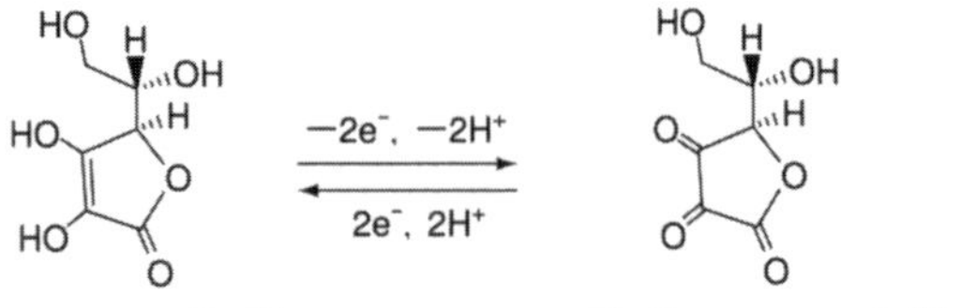

L-アスコルビン酸　　L-デヒドロアスコルビン酸

図 2.22　生体内の抗酸化性低分子化合物

Key Word
α-トコフェロール α-tocopherol, L-アスコルビン酸 L-ascorbic acid

去するが，病態時には十分に働かなくなり，活性酸素種の濃度が高まる結果，タンパク質や核酸の酸化修飾，脂質の過酸化などが生じ，病態の悪化やあらたな疾病の原因となる．

低分子化合物である α-トコフェロール（ビタミンE）もまたヒドロキシルラジカルなどのラジカル種を捕捉し無毒化する．フェノール性ヒドロキシル基をもち脂溶性が高く酸素由来のラジカルとすみやかに反応し消去するため，脂質の過酸化などを防止する抗酸化物質である（図 2.22）．一般にフェノール類は α-トコフェロールと同様の機能をもち，食物に含まれるポリフェノールも抗酸化物質として働く．

また，水溶性ビタミンであるアスコルビン酸（ビタミンC）は還元性が強く，生体内還元剤としてさまざまな役割をもつ抗酸化物質である（図 2.22）．アスコルビン酸は，五員環に結合する二つのヒドロキシル基部分が酸化されやすく，容易にデヒドロアスコルビン酸に変化する．

演習問題

問題 2.1　生体分子と金属との相互作用に関する記述のうち，正しいものの組合せはどれか．

a　Ca^{2+} は Glu のカルボキシル基よりも Cys のチオール基と強く配位する．
b　Mg^{2+} は核酸の塩基部分よりもリン酸基部分と強く相互作用をする．
c　Hg^{2+} は Glu のカルボキシル基よりも Cys のチオール基と強く配位する．

d His のイミダゾール基は遷移金属の配位子となりにくい.
  1 (a, b)   2 (a, c)   3 (a, d)
  4 (b, c)   5 (b, d)   6 (c, d)

問題 2.2 無機物あるいは無機イオンに関する次の記述の正誤について，正しい組合せはどれか.

a O_3 には酸化作用がある.
b H_2O_2 は，常温で O_2 と H_2 に徐々に分解する.
c $HClO_4$ は，蒸留水に溶解させると，ただちに O_2 と HCl とに分解する.
d HCl は，蒸留水を溶解させた場合にも，真空中に気化させた場合にも，ほとんどがイオン化して H^+ と Cl^- とに解離している.
e H^+ は電子をもたない.

	a	b	c	d	e
1	誤	誤	正	正	正
2	正	誤	誤	誤	正
3	正	誤	正	正	誤
4	誤	正	正	誤	誤
5	誤	正	誤	正	正

問題 2.3 代表的な無機化合物に関する記述のうち，正しいものの組合せはどれか.

a 殺菌剤として用いられるオキシドールは，酸化作用と還元作用をもっている.
b チオ硫酸ナトリウムは，その酸化作用により解毒剤として用いられる.
c 殺菌・消毒薬として用いられるさらし粉の次亜塩素酸イオンにおける塩素原子の酸化数は，+1 である.
d 亜酸化窒素は，空気より軽い無色のガスで，吸入麻酔薬として用いられる.

  1 (a, b)   2 (a, c)   3 (a, d)
  4 (b, c)   5 (b, d)   6 (c, d)

解 答

2.1 正解：4

a ハードな金属イオンである Ca^{2+} は，ソフトなチオール基よりもハードなカルボキシル基と強い結合をつくる.
b Mg^{2+} もまたハードな金属イオンであるためソフトな配位子である塩基部分よりもハードな配位子となるリン酸基と強い相互作用をする（正しい）.
c ソフトな Hg^{2+} はハードな性質のカルボキシル基よりもソフトなチオール基と強い配位を行う（正しい）.
d His のイミダゾール基は多くの遷移金属のよい配位子となり，生体内には金属—イミダゾール結合を有する構造は数多く存在する.

2.2 正解：2

a O_3 は強い酸化剤であり二重結合を開裂するなど多くの分子を酸化する（正しい）.
b 過酸化水素は O_2 と H_2 ではなく，O_2 と H_2O に分解する.
c $HClO_4$ は，室温ではかなり安定である.一方，HClO は不安定であり分解していく.
d HCl は，蒸留水に溶解した場合には大部分が H^+ と Cl^- とに解離しイオンになるが，気体状態では共有結合した分子型として存在する.
e 水素原子は陽子と電子を一つずつもつが，それより電子の少ない H^+ は電子をもたない（正しい）.

2.3 正解：2

a 過酸化水素は以下のように酸化剤と還元剤の両方の性質をもっている（正しい）.

  (a) $H_2O_2 + 2e^- + 2H^+ \to 2H_2O$ (b) $H_2O_2 \to \frac{1}{2}O_2 + 2e^- + 2H^+$

b チオ硫酸ナトリウム（$Na_2S_2O_3 \cdot 5H_2O$）はおもに還元剤として働く.またシアンイオンの解毒剤として次のように反応する.
$Na_2S_2O_3 + H_2O + CN^- \to Na_2SO_4 + SCN^- + 2H^+$

c さらし粉（$Ca(OCl)Cl$）（高度さらし粉は $Ca(OCl)_2$）は，水，二酸化炭素によって ClO^-，HClO，Cl_2 が生成し，強い酸化力を示して殺菌や漂白を行う.アニオン部分の ClO^- は，酸素の酸化数が -2 であり，塩素の酸化数が $+1$ で

ある.
d 亜酸化窒素 N_2O の分子量は 44 で二酸化炭素と同じ比重をもち空気より重い.麻酔・鎮痛作用があり医療に使用されている.

3 元素の化学

3.1 元素の種類

周期表の1, 2族および13族から18族元素は**典型元素**とよばれ, 電子がs軌道およびp軌道を順次満たしていく系列であり, 各元素の化学的性質は周期表の縦（族）の元素同士が類似している. また, 3族から12族の元素は**遷移元素**とよばれ, 電子がd軌道およびf軌道を満たしていく系列であり, 周期表の横（周期）の元素同士の化学的性質が類似している. なお, 12族元素はイオンになってもd軌道に電子が満たされているため典型元素に分類されることもある. 典型元素のうち, 1族元素を**アルカリ金属**, ベリリウムとマグネシウムを除いた2族元素を**アルカリ土類金属**, 17族元素を**ハロゲン**, 18族元素を**希ガス**とよぶ. また遷移元素のうち, 3族元素とランタノイド元素を**希土類**, 8族から11族の第五および第六周期元素を**貴金属**とよぶこともある. 第3章では, 周期表に現れる元素の化学的性質を学ぶことにする.

Key Word

水素 hydrogen

3.2 典型元素
3.2.1 水素

水素は正の電荷をもつ原子核と負の電荷をもつ電子1個から構成され, 電子は基底状態で1s軌道に存在する. 電子配置の観点からすれば, アルカリ金属とよく似ているが, 化学的性質はかなり異なっており, 水素は独立して扱われる.

水素には質量数1の水素（軽水素）^1H（天然存在比率99.9885%）, 質量数2の重水素 ^2H（またはD）(0.0115%), そして質量数3の三重水素 ^3H（またはT）の**同位体（アイソトープ）**が知られている. ^3H は半減期

Key Word

水性ガス water gas, 水素化物 hydride, ハーバー-ボッシュ法 Haber-Bosch method, 炎色反応 flame reaction

ハーバー (Fritz Haber, 1868～1934), ドイツの化学者. 1918 年, アンモニア合成でノーベル化学賞受賞.

ボッシュ (Carl Bosch, 1874～1940), ドイツの化学者. 1931 年, 高圧化学技術への貢献でノーベル化学賞受賞.

が 12.346 年の**放射性同位体（ラジオアイソトープ）**であり, β 線を放出して ^{3}He になる.

水素の単体は無色無臭の最も軽い気体で, 実験室レベルでは亜鉛やアルミニウムに塩酸あるいは希硫酸を作用させてつくる.

$$Zn + 2HCl \longrightarrow H_2 + ZnCl_2$$

工業的にはコークスと水蒸気を 1000 °C 以上で反応させてつくる. この際に得られる水素と一酸化炭素の混合気体を**水性ガス**とよぶ. 水性ガスは触媒存在下, さらに水と反応して水素を生成する.

$$C + H_2O \longrightarrow H_2 + CO$$
$$H_2 + CO + H_2O \longrightarrow 2H_2 + CO_2$$

水素は, 水素より電気陰性度の大きな原子からなるハロゲン, 酸素, 窒素などの単体と反応すると**共有結合性水素化物（分子状水素化物）**を生じる.

$$H_2 + Cl_2 \xrightarrow{h\nu} 2HCl$$
$$3H_2 + N_2 \rightleftharpoons 2NH_3 \text{（ハーバー-ボッシュ法）}$$
$$2H_2 + O_2 \xrightarrow{\text{加熱}} 2H_2O$$

また, 水素よりも電気陰性度の小さいアルカリ金属およびアルカリ土類金属などは水素と反応して LiH, NaH, CaH$_2$ などの**イオン結合性水素化物**（塩類似水素化物）を与える. これらは水と激しく反応して水素を発生する.

$$2Li + H_2 \longrightarrow 2LiH$$
$$LiH + H_2O \longrightarrow LiOH + H_2$$

遷移元素や希土類元素の水素化合物は, **金属類似水素化物**とよばれ ZnH$_{1.92}$, LaH$_{2.76}$ などのように非化学量論的な組成からなる化合物が多い.

3.2.2 アルカリ金属

水素を除く 1 族元素を**アルカリ金属**といい, リチウム Li, ナトリウム Na, カリウム K, ルビジウム Rb, セシウム Cs およびフランシウム Fr からなる（表 3.1）. アルカリ金属原子は最外殻の s 軌道に 1 個の電子をもち, 化学的性質も類似している. 各原子の原子半径は周期表中のそれぞれの属する周期の中で最も大きく, 最外殻の s 電子は比較的容易に除去されるため, 第一イオン化エネルギーが低い. また, アルカリ金属は特徴的な炎色反応を示す.

（1）単　体：アルカリ金属は原子番号の増加に伴って反応性が高くな

表 3.1 アルカリ金属元素の性質

	Li	Na	K	Rb	Cs
電子配置	[He]$2s^1$	[Ne]$3s^1$	[Ar]$4s^1$	[Kr]$5s^1$	[Xe]$6s^1$
金属結合半径 (pm)	123	157	203	216	235
イオン半径 (M^+) (pm)	60	95	133	148	169
第一イオン化エネルギー(kJ mol^{-1})	520	496	419	403	376
電気陰性度	1.0	0.9	0.8	0.8	0.7
地殻の元素存在度 (ppm)	20	28,300	25,900	90	3

り，水やアルコールと反応して水酸化物やアルコキシドと水素を与える．

$$2M + 2H_2O \longrightarrow 2MOH + H_2 \quad (M=アルカリ金属元素)$$
$$2M + 2ROH \longrightarrow 2MOR + H_2 \quad (M=アルカリ金属元素)$$

アルカリ金属は液体アンモニアに溶解して青色を呈する．この溶液は，強力な還元作用を示し芳香族化合物を還元する．

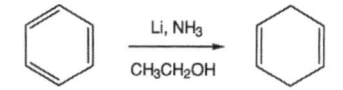

Key Word

水酸化物 hydroxide，アルコキシド alkoxide，液体アンモニア liquid ammonia，単体 simple substance，水素化アルミニウムリチウム lithium aluminium hydride，水素化ホウ素ナトリウム sodium borohydride，酸化物 oxide，過酸化物 peroxide，超酸化物 superoxide

（2）水素化物：水素化リチウム LiH に塩化アルミニウム $AlCl_3$ を反応させると，水素化アルミニウムリチウム $LiAlH_4$ が生成する．また，水素化ナトリウム NaH にホウ酸メチル $B(OCH_3)_3$ を作用させると，水素化ホウ素ナトリウム $NaBH_4$ が生成する．$LiAlH_4$ および $NaBH_4$ は有機化学や無機化学では重要な還元剤である．

$$4LiH + AlCl_3 \longrightarrow LiAlH_4 + 3LiCl$$
$$4NaH + B(OCH_3)_3 \longrightarrow NaBH_4 + 3CH_3ONa$$

（3）酸化物：アルカリ金属を空気中で燃焼させると，Li は酸化物 Li_2O を，Na は過酸化物 Na_2O_2 を与え，K，Rb および Cs はそれぞれ超酸化物 KO_2，RbO_2，CsO_2 を生じる．

$$4Li + O_2 \longrightarrow 2Li_2O$$
$$2Na + O_2 \longrightarrow Na_2O_2$$
$$K + O_2 \longrightarrow KO_2$$

3.2.3 2族元素

2族元素に属するベリリウム Be，マグネシウム Mg，カルシウム Ca，ストロンチウム Sr，バリウム Ba およびラジウム Ra は，最外殻の s 軌道に2個の電子をもっている（表3.2）．これらのうち Be と Mg を除いた四種を**アルカリ土類金属**とよぶが，2族元素すべてをアルカリ土類金属と

表 3.2 2族元素の性質

	Be	Mg	Ca	Sr	Ba	Ra
電子配置	[He]$2s^2$	[Ne]$3s^2$	[Ar]$4s^2$	[Kr]$5s^2$	[Xe]$6s^2$	[Rn]$7s^2$
金属結合半径 (pm)	89	136	174	191	198	
イオン半径 (M^{2+}) (pm)	31	65	99	113	135	150
第一イオン化エネルギー(kJ mol^{-1})	899	737	590	549	503	509
電気陰性度	1.5	1.2	1.0	1.0	0.9	
地殻の元素存在度 (ppm)	2.8	20,900	36,300	375	425	—

Key Word

グリニャール試薬 Grignard reagent, 熱分解 pyrolysis, thermal decomposition, ハロゲン化物 halide, halogenide, 非金属 nonmetal

グリニャール (François Auguste Victor Grignard, 1871〜1935), フランスの有機化学者. 1912年ノーベル化学賞受賞.

よぶ場合もある．BeとMg以外の元素は炎色反応を示す．

(1) 単体：2族元素はアルカリ金属よりは反応性が低いが，水と反応して水素と水酸化物を与える．

$$M + 2H_2O \longrightarrow M(OH)_2 + H_2 \quad (M=2族元素)$$

Mgはハロゲン化アルキルRXと反応して有機マグネシウム化合物RMgXを生成する．これは**グリニャール試薬**とよばれ，有機化学において有用な反応試薬である．

$$RX + Mg \longrightarrow RMgX$$

Caは金属元素の中ではアルミニウム，鉄についで存在量の多い金属で，主として炭酸塩や硫酸塩として存在している．

(2) 酸化物：2族元素は酸素または空気中で燃焼すると酸化物を与える．これらの酸化物は塩基性酸化物であり，水に溶けてアルカリ性を示す．しかし，酸化ベリリウムBeOは両性酸化物であり，酸およびアルカリに溶解する．

$$2M + O_2 \longrightarrow 2MO \quad (M=2族元素)$$

酸化カルシウムCaOは生石灰ともよばれ，炭酸カルシウムの熱分解により得られる．

$$CaCO_3 \xrightarrow{加熱} CaO + CO_2$$

(3) ハロゲン化物：2族元素はハロゲンと反応してハロゲン化物を与える．塩化カルシウム$CaCl_2$は，吸湿性があり乾燥剤として有用である．

$$M + X_2 \longrightarrow MX_2 \quad (M=2族元素)$$

(4) 硫酸塩：硫酸バリウム$BaSO_4$は，水に溶けにくくX線に対する吸収率が高いため，X線造影剤として用いられている．

3.2.4 13族元素

13族元素はホウ素 B，アルミニウム Al，ガリウム Ga，インジウム In およびタリウム Tl の五元素からなり，B だけが非金属元素であり，それ以外の元素は金属元素である（表3.3）．いずれも最外殻電子を3個もっており，共有原子価は3価，酸化状態は+3が安定である．

（1）単 体：B は原子同士が共有結合で強く結ばれているため，電気抵抗の大きい非金属的性質を示す．

Al は展性や延性に富んでおり，加工しやすく腐食にも強い軽金属であることから種々の素材として多く利用されている．Al は，酸および塩基に溶解する両性金属である．

$$2Al + 6HCl \longrightarrow 2AlCl_3 + 3H_2$$
$$2Al + 2NaOH + 2H_2O \longrightarrow 2NaAlO_2 + 3H_2$$

（2）水素化物：B は**ボラン**とよばれるいろいろな水素化物を生成する．ジボラン B_2H_6 はその代表的なボラン化合物であり，無色刺激臭の気体で，酸素や水とすみやかに反応する．

$$B_2H_6 + 3O_2 \longrightarrow B_2O_3 + 3H_2O$$
$$B_2H_6 + 6H_2O \longrightarrow 2H_3BO_3 + 6H_2$$

B_2H_6 の化学結合に関与する B と H 原子の最外殻電子は合計で12個であるが，B_2H_6 の化学結合は全部で8個であり，一つの化学結合に2個の電子が使われると考えれば，電子の数が不足することになる．このため，三中心二電子結合が形成され，図3.1に示した構造になる．

B_2H_6 は，アルケンと反応してアルキルボランを生成する．この反応をヒドロホウ素化反応とよび，有機合成において重要な反応である．さらに，アルキルボランの C—B 結合を過酸化水素 H_2O_2 で酸化的に切断することによりアルコールを得ることができる．

$$6RCH=CH_2 + B_2H_6 \longrightarrow 2B(CH_2CH_2R)_3$$
$$B(CH_2CH_2R)_3 + 3H_2O_2 \longrightarrow 3RCH_2CH_2OH + H_3BO_3$$

Key Word
展性 malleability, 延性 ductility, 軽金属 light metal, 両性元素 amphoteric element, ジボラン diborane, ヒドロホウ素化 hydroboration

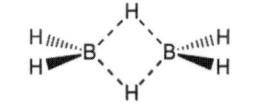

図3.1 ジボラン B_2H_6 の構造

表3.3 13族元素の性質

	B	Al	Ga	In	Tl
電子配置	[He]$2s^22p^1$	[Ne]$3s^23p^1$	[Ar]$3d^{10}4s^24p^1$	[Kr]$4d^{10}5s^25p^1$	[Xe]$4f^{14}5d^{10}6s^26p^1$
共有結合半径 (pm)	80	125	125	150	155
イオン半径（M^{3+}）(pm)	20	52	60	81	95
第一イオン化エネルギー(kJ mol^{-1})	801	576	579	558	589
電気陰性度	2.0	1.5	1.6	1.7	1.8
地殻の元素存在度 (ppm)	10	81,300	15	0.1	0.5

Key Word

アルミナ alumina, 殺菌 pasteurization, フリーデル-クラフツ反応 Friedel-Crafts reaction, ダイヤモンド diamond, グラファイト graphite, フラーレン fullerene, 電気伝導性（率）electric conductivity

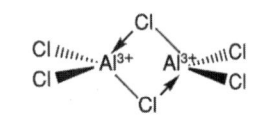

図 3.2 塩化アルミニウム $AlCl_3$ の構造

フリーデル (Charles Friedel, 1832～1899), フランスの化学者, 反応物理学者.

クラフツ (James Mason Crafts, 1839～1917), アメリカの化学者.

（3）酸化物：三酸化二ホウ素 B_2O_3 は無水ホウ酸とよばれ，ホウ酸 H_3BO_3 を加熱することにより得られる．酸化アルミニウム Al_2O_3 はアルミナともよばれ，水酸化アルミニウム $Al(OH)_3$ の脱水あるいはアルミニウムの酸化により得られる．

$$2H_3BO_3 \longrightarrow B_2O_3 + 3H_2O$$
$$2Al(OH)_3 \longrightarrow Al_2O_3 + 3H_2O$$

（4）水酸化物：ホウ酸 H_3BO_3 は弱い一塩基酸としての性質をもち，水素結合により六分子が会合した構造を形成している．H_3BO_3 は弱い殺菌作用があるためその水溶液は，洗眼薬として用いられている．

$Al(OH)_3$ は，酸および塩基に溶解する両性水酸化物である．

$$Al(OH)_3 + 3HCl \longrightarrow AlCl_3 + 3H_2O$$
$$Al(OH)_3 + NaOH \longrightarrow NaAlO_2 + 2H_2O$$

（5）ハロゲン化物：三フッ化ホウ素 BF_3 はオクテット則を満たさない電子不足分子であるため，ルイス酸としての能力をもつ．BF_3 とジエチルエーテルを反応させると，ジエチルエーテルの酸素原子が B 原子に配位した三フッ化ホウ素-ジエチルエーテル錯体 $BF_3 \cdot OEt_2$ が得られる．

$$BF_3 + (CH_3CH_2)_2O \longrightarrow (CH_3CH_2)_2O \rightarrow BF_3$$

塩化アルミニウム $AlCl_3$ は，図 3.2 に示したように塩素原子の架橋配位により二量体として存在する．$AlCl_3$ は強力なルイス酸であるため，フリーデル-クラフツ反応などの有機反応に用いられる．

3.2.5 14族元素

14 族元素は，炭素 C，ケイ素 Si，ゲルマニウム Ge，スズ Sn および鉛 Pb の五元素からなり，これらの元素は $ns^2 np^2$ 型の最外殻電子配置をもち，共有原子価は 4 価である（表 3.4）．

（1）単体：C の単体には**ダイヤモンド，グラファイト，フラーレン，カーボンナノチューブ**などの同素体が存在する（図 3.3）．ダイヤモンドは無色で非常に硬く，電気伝導性を示さない物質である．ダイヤモンドの各炭素原子は sp^3 混成軌道でほかの 4 個の炭素と三次元的に重合体を形成している．グラファイトは黒色で柔らかく，電気伝導性が高い層状構造の物質である．グラファイトの各炭素原子は sp^2 混成軌道でほかの 3 個の炭素と結合し，平面正六角形が無限につながった二次元構造が形成されてお

表 3.4　14 族元素の性質

	C	Si	Ge	Sn	Pb
電子配置	[He]$2s^2 2p^2$	[Ne]$3s^2 3p^2$	[Ar]$3d^{10} 4s^2 4p^2$	[Kr]$4d^{10} 5s^2 5p^2$	[Xe]$4f^{14} 5d^{10} 6s^2 6p^2$
共有結合半径（pm）	77	117	122	140	146
イオン半径（M^{4+}）（pm）	—	—	50	71	84
第一イオン化エネルギー（kJ mol^{-1}）	1,086	786	760	707	715
電気陰性度	2.5	1.8	1.8	1.8	1.8
地殻の元素存在度（ppm）	200	277,200	1.5	2	13

ダイヤモンド　　グラファイト　　フラーレン　　カーボンナノチューブ

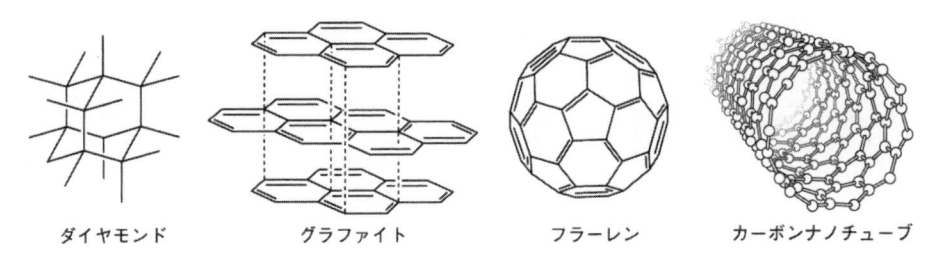

図 3.3　ダイヤモンド，グラファイト，フラーレン，カーボンナノチューブの構造

り，各層はファンデルワールス力により結びつけられている．フラーレンは sp^2 炭素からなる 20 個の六員環と 12 個の五員環からなるサッカーボールに似た構造をもつ C$_{60}$ 分子である．このほかに C$_{70}$，C$_{76}$，C$_{80}$ などのさまざまなフラーレンも存在し，K が C$_{60}$ 分子に内包された K$_3$C$_{60}$ 分子は，超伝導体であることが知られている．

Key Word
超伝導 superconductivity, ハンダ（半田）solder, 炭化水素 hydrocarbon, シラン silane, スズ tin, カルボニル化合物 carbonyl compound,

　Si は天然の存在量が酸素についで多い元素である．Si や Ge は半導体の原料として工業的に重要である．Sn は両性金属であり，酸または塩基と反応して水素を発生して溶解する．Pb は比較的融点の低い金属であり，ハンダなどの合金に用いられる．

$$Sn + 4 HCl \longrightarrow SnCl_4 + 2 H_2$$
$$Sn + 2 NaOH + 4 H_2O \longrightarrow Na_2[Sn(OH)_6] + 2 H_2$$

（2）水素化物：C の水素化物はアルカン C$_n$H$_{2n+2}$ などの炭化水素であるが，これらを扱う化学は有機化学であるため本書では取り扱わない．Si の水素化物はシラン Si$_n$H$_{2n+2}$ とよばれている．

（3）酸化物：一酸化炭素 CO は不完全燃焼で生成する無色無臭の猛毒性の気体である（図 3.4）．CO は工業的に重要であり，酸化鉄の還元による鉄の製造にも用いられている．また，CO は非共有電子対を供与することができるため，多くの遷移金属と配位結合を形成して，カルボニル化

図 3.4　一酸化炭素 CO の構造

Key Word

ドライアイス dry ice, 昇華 sublimation, 炭酸水素塩 hydrogencarbonate, シリカ silica, 石英 quartz, シリカゲル silica gel, 同素体 allotrope, 半金属 semimetal

合物となる.

二酸化炭素 CO_2 は C の燃焼などにより生成する無色無臭の気体である. 固体の CO_2 はドライアイスとよばれ, 昇華して直接気体になる. CO_2 は水に溶け, 一部が炭酸 H_2CO_3 となるため, その水溶液は弱酸性を示す.

$$CO_2 + H_2O \rightleftharpoons H_2CO_3 \rightleftharpoons H^+ + HCO_3^-$$

H_2CO_3 は不安定で単離することができないが, 炭酸塩, 炭酸水素塩は安定で単離することができる. アルカリ金属の炭酸塩は加熱しても分解しないが, それ以外の金属の炭酸塩は加熱により分解し, CO_2 を生じる. 炭酸水素塩は, 加熱すると分解して CO_2 を発生する.

$$CaCO_3 \xrightarrow{加熱} CaO + CO_2$$
$$2NaHCO_3 \xrightarrow{加熱} Na_2CO_3 + CO_2 + H_2O$$

Si の酸化物である二酸化ケイ素 SiO_2 は**シリカ**ともよばれ, 天然には石英などとして存在する. SiO_2 は Si=O 二重結合をもつことができないため, Si は 4 個の O に四面体型に結合し, 各 O は別の Si と結合した三次元構造をとっており, SiO_2 は巨大分子として存在している. また, ケイ酸 $H_2SiO_3 \cdot nH_2O$ を脱水して得られる**シリカゲル**は吸着力が強いことから, 乾燥剤やクロマトグラフィーの充填剤として用いられる.

3.2.6 15 族元素

15 族元素は, 窒素 N, リン P, ヒ素 As, アンチモン Sb およびビスマス Bi の五元素からなっており, ns^2np^3 型の最外殻電子を有している (表 3.5). N 以外の単体は固体であり, Bi のみが金属である.

(1) 単 体：窒素 N_2 は空気の約 78 % を占める気体であり, 二原子分子として存在している. P は非金属の固体であり, 白リン, 紫リン, 赤リンなどの同素体が存在する. As は半金属の固体であり, 同素体が知られている.

(2) 水素化物：N の水素化物としては, アンモニア NH_3 とヒドラジン H_2NNH_2 が知られている. P の水素化物であるホスフィン PH_3 やヒ素

表 3.5 15 族元素の性質

	N	P	As	Sb	Bi
電子配置	$[He]2s^22p^3$	$[Ne]3s^23p^3$	$[Ar]3d^{10}4s^24p^3$	$[Kr]4d^{10}5s^25p^3$	$[Xe]4f^{14}5d^{10}6s^26p^3$
共有結合半径 (pm)	74	110	121	141	152
イオン半径 (pm)	150 (N^{3-})	198 (P^{3-})	69 (As^{3+})	94 (Sb^{3+})	116 (Bi^{3+})
第一イオン化エネルギー($kJ\,mol^{-1}$)	1,403	1,012	947	834	703
電気陰性度	3.0	2.1	2.0	1.9	1.9
地殻の元素存在度 (ppm)	20	1,050	1.8	0.2	0.2

の水素化物であるアルシン AsH_3 はアンモニアと構造が類似している.

(3) 酸化物とオキソ酸:N の酸化物には一酸化二窒素(亜酸化窒素) N_2O,一酸化窒素 NO,二酸化窒素 NO_2,四酸化二窒素 N_2O_4 などがある.これら窒素酸化物は NO_x(ノックス)と総称され,大気汚染物質となるものがある.N_2O は比較的安定な無色の気体で直線形構造をしており,加熱すると分解して窒素と酸素が発生する.

$$2N_2O \xrightarrow{加熱} 2N_2 + O_2$$

N_2O は麻酔作用があり,全身麻酔薬として用いられており,別名**笑気**ともよばれる.NO は無色の気体で,銅と希硝酸との反応により発生する.NO は電子数の総和が 15 個であるため,不対電子を含む奇数電子分子であり,常磁性を有している.

$$3Cu + 8HNO_3 \longrightarrow 2NO + 3Cu(NO_3)_2 + 4H_2O$$

NO_2 は赤褐色の気体であり,二量化すると N_2O_4 となる.この反応は平衡反応であり,通常両者の平衡混合物として存在する.NO_2 は奇数電子分子であるため常磁性を示すが,N_2O_4 は反磁性を示す.NO_2 は熱分解により NO と O_2 を生じる.

$$2NO_2 \rightleftharpoons N_2O_4$$
$$2NO_2 \xrightarrow{加熱} 2NO + O_2$$

N のオキソ酸としては,亜硝酸 HNO_2,硝酸 HNO_3,過硝酸 HNO_4 などが知られている.亜硝酸 HNO_2 は亜硝酸塩に塩酸や硫酸などを作用させることにより得られるが,不安定で水溶液中でのみ存在し,弱酸性を示す.HNO_2 は分解により一酸化窒素と硝酸を生じる.

$$3HNO_2 \rightleftharpoons HNO_3 + 2NO + H_2O$$

硝酸 HNO_3 は,工業的にはアンモニアを酸化して得られる NO を空気により NO_2 に酸化し,これを水に溶かすことによってつくられる.これを**オストワルト法**という.

$$4NH_3 + 5O_2 \longrightarrow 4NO + 6H_2O$$
$$2NO + O_2 \longrightarrow 2NO_2$$
$$3NO_2 + H_2O \longrightarrow 2HNO_3 + NO$$

硝酸 HNO_3 は 1 価の強酸であり,ほとんどすべての金属と水溶性の硝酸塩をつくる.硝酸は酸化力が強く,酸化剤としても用いることがある.硝酸は濃硫酸と混合するとニトロニウムイオン NO_2^+ が生成する.これは芳香族化合物のニトロ化の際の反応活性種である.

Key Word

大気汚染 air pollution, 麻酔薬 narcotic drug, anesthetic drug, 常磁性 paramagnetism, 反磁性 diamagnetism, オキソ酸 oxoacid, オストワルト法 Ostwald method

NO は血管内皮由来弛緩因子(EDRF)やグアニル酸シクラーゼによる活性化,あるいはニトログリセリンの作用に関係していることが見いだされ,生体内 NO 研究に貢献したファーチゴット,イグナロおよびモンカダの 3 学者に 1998 年のノーベル医学生理学賞が与えられた.

オストワルト(Friedrich Wilhelm Ostwald, 1853~1932),ドイツの化学者.1909 年ノーベル化学賞受賞.

リンの酸化物には酸化数が＋3の三酸化二リン P_2O_3 と酸化数が＋5の五酸化二リン P_2O_5 が知られている．P_2O_3 は二量化しているため P_4O_6 として存在している．また，P_2O_3 は無水亜リン酸ともよばれ，水と反応して亜リン酸 H_3PO_3 となる．

$$P_4O_6 + 6H_2O \longrightarrow 4H_3PO_3$$

P_2O_5 も二量化しているため P_4O_{10} として存在している．P_2O_5 は無水リン酸ともよばれ，水と反応してリン酸 H_3PO_4 を与える．

$$P_4O_{10} + 6H_2O \longrightarrow 4H_3PO_4$$

P のオキソ酸はリンの酸化数が＋3の亜リン酸類と P の酸化数が＋5のリン酸類などが知られている（図3.5）．亜リン酸（オルトホスホン酸）H_3PO_3 に代表される亜リン酸類は P—H 結合をもっており，還元性も示す．リン酸類の中で最も簡単なものは，オルトリン酸 H_3PO_4 であり，加熱することにより分子間あるいは分子内で脱水縮合し，二リン酸（ピロリン酸）やメタリン酸を生じる．

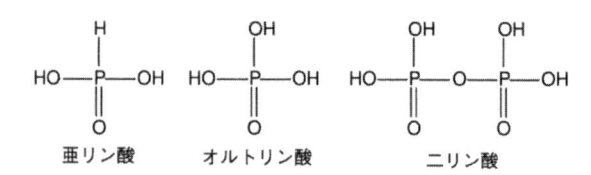

図 3.5 リンのオキソ酸の構造

As の酸化物としてよく知られているのは三酸化二ヒ素 As_2O_3 であり，無水亜ヒ酸や亜ヒ酸とよばれることがある．As_2O_3 は水中で徐々に加水分解され，亜ヒ酸 H_3AsO_3 となる．As_2O_3 は歯科用口腔薬として用いられている．

（4）ハロゲン化物：15族元素のハロゲン化物として，最も一般的なものは，P のハロゲン化物である三塩化リン PCl_3 と五塩化リン PCl_5 である．PCl_3 や PCl_5 はいずれもハロゲン化剤として用いられている．

3.2.7 16族元素

16族元素は酸素 O，硫黄 S，セレン Se，テルル Te およびポロニウム Po の五元素からなり，これらの単体のうち，酸素 O_2 は気体であるがそれ以外は固体である（表3.6）．周期表の下位の元素ほど金属性が増し，Po は金属元素である．O は地球上のすべての元素の中で最も存在量が多

表 3.6 16 族元素の性質

	O	S	Se	Te	Po
電子配置	[He]$2s^2 2p^4$	[Ne]$3s^2 3p^4$	[Ar]$3d^{10} 4s^2 4p^4$	[Kr]$4d^{10} 5s^2 5p^4$	[Xe]$4f^{14} 5d^{10} 6s^2 6p^4$
共有結合半径 (pm)	74	104	114	137	152
イオン半径 (X^{2-}) (pm)	140	184	195	221	
第一イオン化エネルギー(kJ mol^{-1})	1,403	1,012	947	834	703
電気陰性度	3.5	2.5	2.4	2.1	2.0
地殻の元素存在度 (ppm)	466,000	260	0.05	0.01	—

く, 地殻においては約 50 ％の割合で存在し, 大気中の約 20 ％は O_2 として存在している.

(1) 単 体：酸素 O_2 は分子中に 2 個の不対電子をもつため, 常磁性を示し, 反応性にも富んでおり, 多くの元素と直接反応して酸化物を生じる. 酸素の同素体であるオゾン O_3 は, 酸素 O_2 中で放電することにより得られる薄い青色の気体で独特な臭気をもち, 図 3.6 に示すような折れ線形構造の分子である. O_3 は O_2 よりも酸化力が強く, 消毒, 漂白などの目的に用いられる. S は地殻中に単体として存在するほか, 硫化物, 硫酸塩のかたちで存在している. S の同素体には α 硫黄（単斜晶系）, β 硫黄, γ 硫黄, δ 硫黄（いずれも斜方晶系）と無定形硫黄（ゴム状硫黄）がある.

(2) 水素化物：O の水素化物は水 H_2O と過酸化水素 H_2O_2 が知られている. 水は分子間に水素結合が働いているため同族元素の水素化物と比較して異常に高い融点と沸点を示す. 過酸化水素 H_2O_2 は図 3.7 に示すような折れ線形構造をしており, 強い酸化力をもっている. オキシドールは約 3 ％の過酸化水素水溶液で, 殺菌薬として用いられる.

S の水素化物である硫化水素 H_2S は, 火山性の噴出ガス中に含まれる無色腐卵臭の有毒性の気体である.

(3) 酸 化 物：二酸化硫黄 SO_2 は無色の気体で水に溶けやすく, 水と反応して亜硫酸 H_2SO_3 を生じることから無水亜硫酸または亜硫酸ガスともよばれる.

$$SO_2 + H_2O \longrightarrow H_2SO_3$$

SO_2 は工業的には S や黄鉄鉱の燃焼により製造するが, 実験室レベルでは硫酸を銅などにより還元してつくる.

$$2 H_2SO_4 + Cu \longrightarrow CuSO_4 + 2 H_2O + SO_2$$

SO_2 中の S 原子の酸化数は + 4 であるため, SO_2 は酸化剤としても還元剤としても働く. たとえば, 相手が還元力の強い硫化水素 H_2S の場合は酸化剤として働き, 酸化力の強い過マンガン酸カリウム $KMnO_4$ の場合は還元剤として働く.

Key Word

同素体 allotrope, 水素結合 hydrogen bond, オキシドール oxydol

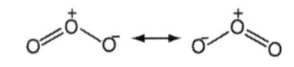

図 3.6 オゾン O_3 の構造

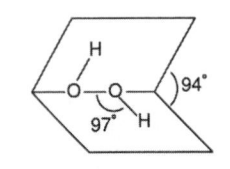

図 3.7 過酸化水素 H_2O_2 の構造

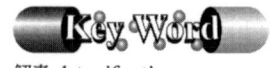

Key Word
解毒 detoxification

$$2H_2S + SO_2 \longrightarrow 2H_2O + 3S$$
$$2KMnO_4 + 5SO_2 + 2H_2O \longrightarrow 2MnSO_4 + K_2SO_4 + 2H_2SO_4$$

三酸化硫黄 SO_3 は無色の固体で，水と激しく反応して硫酸 H_2SO_4 になるので無水硫酸ともよばれる．

$$SO_3 + H_2O \longrightarrow H_2SO_4$$

SO_3 は SO_2 を五酸化バナジウム V_2O_5 などの触媒を用いて酸化することにより得られる．SO_3 は酸化剤やスルホン化剤として働く．

$$2SO_2 + O_2 \xrightarrow{V_2O_5} 2SO_3$$

(4) オキソ酸：S のオキソ酸としてはさまざまなものが知られているが，S—S 結合をもつものともたないものの二つに分類することができる（図3.8）．S—S 結合をもたないオキソ酸としては亜硫酸 H_2SO_3 と硫酸 H_2SO_4 がその代表例である．亜硫酸の化学式は H_2SO_3 と表されるが，実際にはこのような組成の分子は存在せず，水中では SO_2 分子を H_2O 分子が取り囲み，さらに平衡により亜硫酸水素イオン HSO_3^- および亜硫酸イオン SO_3^{2-} として存在している．H_2SO_4 は強い脱水作用をもっており，乾燥剤として使われるばかりでなく，有機化合物から水素と酸素を 2：1 の比率で奪い，炭化させる作用をもつ．

S—S 結合をもつオキソ酸としてはチオ硫酸 $H_2S_2O_3$ がその代表例である．$H_2S_2O_3$ は遊離酸としては存在しないが，塩としては安定に存在する．チオ硫酸ナトリウム $Na_2S_2O_3$ は還元作用を有し，ヨウ素 I_2 と反応してテトラチオン酸ナトリウム $Na_2S_4O_6$ とヨウ化ナトリウム NaI を生成する．

$$2Na_2S_2O_3 + I_2 \longrightarrow Na_2S_4O_6 + 2NaI$$

また，チオ硫酸ナトリウムはシアン化合物やヒ素化合物の解毒薬として用いられる．

図 3.8 硫黄のオキソ酸の構造

3.2.8 17族元素

17 族元素は**ハロゲン**ともよばれ，フッ素 F，塩素 Cl，臭素 Br，ヨウ素 I およびアスタチン At がこれに属する（表 3.7）．F 原子は，全原子中で最も電気陰性度が大きいため −1 の酸化状態をとるが，それ以外の原子は

3.2 典型元素

表 3.7 17 族元素の性質

	F	Cl	Br	I	At
電子配置	[He]$2s^22p^5$	[Ne]$3s^23p^5$	[Ar]$3d^{10}4s^24p^5$	[Kr]$4d^{10}5s^25p^5$	[Xe]$4f^{14}5d^{10}6s^26p^5$
共有結合半径 (pm)	72	99	114	133	
イオン半径 (X^-) (pm)	136	181	195	216	
第一イオン化エネルギー(kJ mol^{-1})	1,681	1,255	1,142	1,191	912
電気陰性度	4.0	3.0	2.8	2.5	
地殻の元素存在度 (ppm)	625	130	2.5	0.5	—

このほかに+1, +3, +5, +7 の酸化状態が存在する．F は天然には蛍石 CaF_2 などのフッ化物として地殻中に存在し，Cl はアルカリ金属やアルカリ土類金属の塩化物や海水中に塩化物イオン Cl^- として存在している．Br も地殻中に臭化物として存在するほか，海水中にも臭化物イオン Br^- として存在しており，I は海藻中に有機化合物として存在している．At は約 20 種類の同位体が知られている放射性の元素である．

（1）単 体：ハロゲンの単体はいずれも二原子分子であり，常温常圧において，フッ素 F_2 は淡い黄緑色の気体，塩素 Cl_2 は黄緑色の気体，臭素 Br_2 は赤褐色の液体，ヨウ素 I_2 は黒紫色の固体である．I_2 は，ほとんど水に溶けないが，ヨウ化カリウム KI 水溶液にはよく溶け，褐色の溶液になる．これは，KI の電離で生じた I^- が I_2 と結合して三ヨウ化物イオン I_3^- となり，これが水に溶解するためである．

$$I^- + I_2 \rightleftharpoons I_3^-$$

I_2 を含む溶液にデンプン水溶液を加えると，I_2 とデンプンが包接化合物を形成し，溶液が青紫色になる．これを**ヨウ素デンプン反応**とよぶ．また，1-ビニル-2-ピロリドンの重合物と I_2 の複合体は，**ポビドンヨード**とよばれ，殺菌薬として用いられている．

（2）水素化物：ハロゲンの水素化物であるフッ化水素 HF，塩化水素 HCl，臭化水素 HBr およびヨウ化水素 HI はいずれも水に対する溶解度が高く，その水溶液は HF のみが弱酸性を示すが，それ以外は強酸性を示す．HF は水素結合を形成しているためほかのハロゲン化水素に比べて融点や沸点が高い．HF の水溶液であるフッ化水素酸は侵食性があり，二酸化ケイ素やケイ酸塩のガラスを侵すため，ポリエチレンの容器中に保存する．

（3）オキソ酸：F のオキソ酸は HFO であるが，それ以外のハロゲンのオキソ酸はハロゲン原子の酸化数により，次亜ハロゲン酸 HXO，亜ハロゲン酸 HXO_2，ハロゲン酸 HXO_3，過ハロゲン酸 HXO_4 の四種が存在する．次亜塩素酸 HClO は Cl_2 と水の反応で生成するが，不安定であり水溶液中でのみ存在する．酸化力が強く，酸化漂白剤として利用されるが，

Key Word

蛍石 fluorite, 包接化合物 inclusion compound, clathrate compound, ヨウ素デンプン反応 iodo-starch reaction, ポビドン popidone, 侵食 invasion, 漂白剤 bleaching reagent,

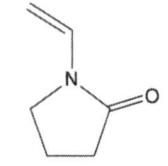

1-ビニル-2-ピロリドン

1-ビニル-2-ピロリドンの重合物をポビドンという．

HFO（次亜フッ素酸）：きわめて不安定で，0 ℃でも分解する．

Key Word
さらし粉 bleaching powder

徐々に分解するためナトリウム塩やカルシウム塩として保存する．さらし粉 $CaCl(ClO)\cdot H_2O$ を水に溶かすと $HClO$ が生じる．

$$Cl_2 + H_2O \longrightarrow HClO + HCl$$

亜塩素酸 $HClO_2$ および塩素酸 $HClO_3$ は水溶液中でのみ存在する．過塩素酸 $HClO_4$ はハロゲンのオキソ酸のうち，遊離の形で存在する数少ないものである．$HClO_4$ は水溶液中では完全に解離しており，塩素のオキソ酸の中で，最も強い酸性を示す．Br のオキソ酸は次亜臭素酸 $HBrO$，亜臭素酸 $HBrO_2$ および臭素酸 $HBrO_3$ が知られているが，いずれも不安定で水溶液中でのみ存在する．次亜ヨウ素酸 HIO は不安定であり，すぐ不均一化してヨウ素酸 HIO_3 となる．

$$3\,HIO \longrightarrow HIO_3 + 2\,HI$$

ヨウ素酸 HIO_3 は無色の結晶として存在し，ほかのオキソ酸に比べ安定である．過ヨウ素酸 HIO_4 も比較的安定な潮解性を有する無色の結晶である．HIO_4 は強力な酸化作用を示し，1,2-ジオールの酸化開裂反応に用いられる．

(4) **ハロゲン間化合物**：ハロゲン間化合物（異なるハロゲン同士の化合物）としては，AX 型の ClF，BrF，$BrCl$，ICl，IBr，AX_3 型の ClF_3，BrF_3，ICl_3，AX_5 型の BrF_5，IF_5，AX_7 型の IF_7 などが知られている（図 3.9）．いずれも反応性に富み，酸化剤として作用する．AX_3 型化合物の中心元素は sp^3d 混成軌道であり，T 字型構造である．また AX_5 型化合物の中心元素は sp^3d^2 混成軌道であり，AX_7 型化合物の中心元素は sp^3d^3 混成軌道である．

図 3.9　ハロゲン間化合物の構造

3.2.9　希ガス

18 族元素であるヘリウム He，ネオン Ne，アルゴン Ar，クリプトン Kr，キセノン Xe およびラドン Rn は大気中に少量存在することから**希ガ**

表 3.8　18 族元素の性質

	He	Ne	Ar	Kr	Xe	Rn
電子配置	$1s^2$	$[He]2s^22p^6$	$[Ne]3s^23p^6$	$[Ar]3d^{10}4s^24p^6$	$[Kr]4d^{10}5s^25p^6$	$[Xe]5d^{10}6s^26p^6$
原子半径 (pm)	120	160	191	200	220	
第一イオン化エネルギー (kJ mol^{-1})	2,372	2,080	1,521	1,351	1,170	1,037
大気中の元素存在度 (%)	5.2×10^{-4}	1.8×10^{-3}	0.9	1.1×10^{-3}	8.7×10^{-6}	

スともよばれる（表3.8）．これらは，常温常圧で一原子分子からなる気体である．これら元素の最外殻は完全に電子で満たされており，このためイオン化しにくく，ほかの原子と結合をつくりにくいため，不活性ガスともよばれる．Kr，Xe および Rn は F あるいは O と化合物をつくるが，それ以外の元素は化合物をつくらない．

He は H_2 の次に軽い気体で，すべての物質の中で最も沸点（−268.9 ℃）が低く，冷却用ガス，気球充塡ガスなどとして用いられる．Ne は希ガス元素中 He の次に軽い気体で，放電管用封入ガスとしてネオンサインなどに用いられる．Ar は希ガス元素のなかで最も存在量が多い．Ar は空気より重い気体であり，化学実験において不活性ガスとして用いられる．Kr は F_2 と反応して，唯一の Kr の化合物である二フッ化クリプトン KrF_2 となる．Xe も F_2 と反応し，無色の結晶である XeF_2，XeF_4 および XeF_6 を生成する．Rn は約 30 種の同位体が知られているが，それらはすべて放射性であり，Rn も F と化合物をつくることが知られている．

> **Key Word**
> 内部遷移元素　inner transition element，希土類元素　rare earth element，貴金属　noble metal

3.3　遷移元素

遷移元素とは 3 族から 12 族元素の総称である．これらのうち原子番号 21 のスカンジウム Sc から 29 の銅 Cu までは 3d 軌道が順次電子により満たされることから，**第一遷移系列元素**という．原子番号 39 のイットリウム Y から 47 の銀 Ag までは 4d 軌道が，原子番号 72 のハフニウム Hf から 79 の金までは 5d 軌道が電子で順次占められており，これらを**第二遷移系列元素**および**第三遷移系列元素**とよぶ．原子番号 57 のランタン La から 71 のルテチウム Lu は**ランタノイド**とよばれ，4f 軌道が順次満たされている．原子番号 89 のアクチニウム Ac から 103 のローレンシウム Lr は**アクチノイド**とよばれ，5f 軌道が順次満たされている．ランタノイドとアクチノイドは f 軌道が満たされた元素であり，これらを**内部遷移元素**とよぶ．また 3 族元素である Sc，Y，ランタノイドを合わせて**希土類元素**という．また，第二および第三遷移系列元素のうち 8 族から 11 族元素であるルテニウム Ru，オスミウム Os，ロジウム Rh，イリジウム Ir，パラジウム Pd，白金 Pt，銀 Ag および金 Au を**貴金属元素**とよぶ．12 族元素である亜鉛 Zn，カドミウム Cd，水銀 Hg は典型元素に分類される場合もある．

Key Word

ルチル rutile, チーグラー・ナッタ触媒 Ziegler-Natta catalyst

チーグラー (Karl Ziegler, 1898～1973), ドイツの化学者. 1963年ナッタと共にノーベル化学賞受賞.

ナッタ (Giulio Natta, 1903～1979), イタリアの化学者. 1963年チーグラーと共にノーベル化学賞受賞.

3.3.1 第一遷移系列元素

第一遷移系列元素は第二および第三遷移系列元素とは異なった性質を示す（表3.9）。チタンTiは4族元素に属し，天然には酸化チタン（ルチル）TiO_2 などの形で比較的多量に存在している。Tiの単体は比較的軽く，硬度も大きいことから，その合金は航空機材，タービンエンジンなどの材料として広く用いられている。酸化チタン TiO_2 は白色で，ホワイトチョコレートなどの着色料として用いられるほか，酸化還元反応の光触媒としても注目されている。四塩化チタン $TiCl_4$ とアルキルアルミニウム化合物から調製される**チーグラー・ナッタ触媒**はアルケンの重合反応を触媒し，工業的にも重要である。

バナジウムVは5族元素に属し，地殻中に広く分布しており，ほかの金属とともに産出される。五酸化二バナジウム V_2O_5 は，触媒として芳香族化合物の酸化に用いられる。

クロムCrは6族元素で0から+6価までの酸化状態をとるが，+3の酸化状態が最も安定である。酸化クロム(VI) CrO_3 は橙色の固体であり，二クロム酸ナトリウム $Na_2Cr_2O_7$ に硫酸を加えることにより得られる。CrO_3 を水酸化ナトリウムに溶かすと黄色のクロム酸イオン CrO_4^{2-} の溶液が得られ，さらにこの溶液を酸性にすると橙色の二クロム酸イオン $Cr_2O_7^{2-}$ の溶液となる。

$$CrO_3 + 2OH^- \longrightarrow CrO_4^{2-} + H_2O$$
$$2CrO_4^{2-} + H^+ \longrightarrow Cr_2O_7^{2-} + OH^-$$

CrO_4^{2-} と $Cr_2O_7^{2-}$ の構造は図3.10に示すように，四面体型の CrO_4^{2-} を基本単位とした構造である。

マンガンMnは7族元素であり，+2から+7価までの酸化状態をとり，

表3.9 第一遷移系列元素の性質

元素	電子配置	金属結合半径 (pm)	イオン半径 (pm)	地殻の元素存在度 (ppm)
Ti	$[Ar]3d^2 4s^2$	145	75 (Ti^{4+})	4,400
V	$[Ar]3d^3 4s^2$	131	72 (V^{4+})	135
Cr	$[Ar]3d^5 4s^1$	125	76 (Cr^{3+})	100
Mn	$[Ar]3d^5 4s^2$	112	81 (Mn^{2+})	950
Fe	$[Ar]3d^6 4s^2$	124	75 (Fe^{2+}), 69 (Fe^{3+})	50,000
Co	$[Ar]3d^7 4s^2$	125	79 (Co^{2+}), 69 (Co^{3+})	25
Ni	$[Ar]3d^8 4s^2$	125	83 (Ni^{2+})	75
Cu	$[Ar]3d^{10} 4s^1$	128	91 (Cu^+)	55

最も安定な酸化状態は＋2価である．Mnは地殻中に比較的多く存在し，生体必須元素の一つで人体にも約100 mg含まれる．過マンガン酸カリウムKMnO$_4$は濃赤紫色の結晶で強力な酸化作用を示す．酸化マンガン（IV）MnO$_2$はマンガン乾電池の正極としても用いられている．

8族の鉄Fe，9族のコバルトCo，10族のニッケルNiは性質が似ているため**鉄族元素**とよばれる．これら元素は，錯イオン形成能が高く，いずれのアクア錯イオンも特有の色を有している．また，これら元素は生体必須元素である．Feは赤血球中のヘモグロビンや筋肉中のミオグロビンの成分として，人体に約6 g含まれており，O$_2$の運搬に関与している．Feのさまざまな合金は多様な性質を示し，いろいろな用途に用いられている．Fe：Cr：Ni＝74：18：8の組成からなるステンレス鋼はさびにくく，流し台や浴槽などの用途に用いられている．Fe^{2+}にCN$^-$を反応させるとヘキサシアノ鉄（II）酸イオン（フェロシアニオン）[Fe(CN)$_6$]$^{4-}$が生じる．[Fe(CN)$_6$]$^{4-}$を含む水溶液にFe^{3+}を加えると濃青色の沈殿が生じる．これをプルシアンブルーという．一方，Fe^{3+}とCN$^-$から生成するヘキサシアノ鉄（III）酸イオン（フェリシアニオン）[Fe(CN)$_6$]$^{3-}$はFe^{2+}と反応して濃青色の沈殿を生じる．これはターンブルブルーとよばれる．これらの沈殿はともにFe$_4$[Fe(CN)$_6$]$_3$・n H$_2$O（n＝1〜16）である．フェロセンはFe^{2+}にシクロペンタジエニルアニオン（Cp）が上下に配位した化合物であり，図3.11に示すようなサンドイッチ型構造をしている．

コバルトCoもFeと同様に配位化合物をつくりやすく，Co(CO)$_8$などのコバルトカルボニル化合物が知られている．コバルトは生体必須元素の一つであり，ビタミンB$_{12}$（p. 66）に含まれている．

ニッケルNiは＋2価の酸化状態が安定である．Niの単体は電気伝導性や熱伝導性が高く，常温では酸化を受けにくいため，めっきに用いられることが多い．NiとCrの合金は**ニクロム**とよばれ電熱線として利用されている．Ni(CO)$_4$は遷移金属カルボニル錯体の中で最も毒性が強い．

11族元素に属する銅Cuの単体は赤色をした金属であり，電気伝導性，熱伝導性が大きい．Cuの反応性は低く，塩酸には溶けないが，希硝酸や濃硝酸のように酸化作用を示す酸とは反応する．

$$3Cu + 8HNO_3 \longrightarrow 2NO + 3Cu(NO_3)_2 + 4H_2O \text{（希硝酸）}$$
$$Cu + 4HNO_3 \longrightarrow 2NO_2 + Cu(NO_3)_2 + H_2O \text{（濃硝酸）}$$

Cu^{2+}の溶液にアンモニア水を加えると最初は水酸化銅（II）Cu(OH)$_2$の青白色沈殿が生ずるが，過量により深青色のテトラアンミン銅（II）イオン[Cu(NH$_3$)$_4$]$^{2+}$となって溶解する．銅も生体必須元素であり，遷移金属の中でFe，Znについで生体内に多く存在する．

Key Word

錯イオン complex ion，必須元素 essential element，ヘモグロビン hemoglobin，ミオグロビン myoglobin，ステンレス鋼 stainless steel，プルシアンブルー Prussian blue，ターンブルブルー Turnbull's blue，フェロセン ferrocen，ビタミンB$_{12}$ vitamin B$_{12}$, cyanocobalamine，めっき plating，ニクロム nichrome

図3.10 クロム酸イオン CrO$_4^{2-}$とニクロム酸イオン Cr$_2$O$_7^{2-}$の構造

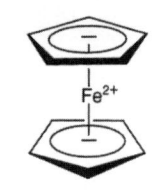

図3.11 フェロセン Fe(Cp)$_2$の構造

Key Word
フィラメント filament

3.3.2 第二および第三遷移系列元素

同族の第二および第三遷移系列元素は，互いに金属結合半径およびイオン半径が近く，性質も類似している．

4族元素であるジルコニウム Zr とハフニウム Hf はともに＋4価の酸化状態が安定な金属元素であり，耐侵食性に優れている（表3.10）．酸化ジルコニウム（IV）ZrO_2 と酸化ハフニウム（IV）HfO_2 はともに塩基性酸化物であるが，HfO_2 のほうが ZrO_2 よりも塩基性が強い．共にハロゲン化物が存在するが $ZrCl_4$ は同族の $TiCl_4$ と同様ルイス酸としての性質をもっている．

5族であるニオブ Nb とタンタル Ta は共に＋5価の酸化状態が安定な金属元素であり，Nb_2O_5，Ta_2O_5 のような酸化物や $NbCl_5$，$TaCl_5$ のようなハロゲン化物が知られている（表3.11）．

6族元素であるモリブデン Mo とタングステン W は＋6価までの酸化状態をとるが＋6価が最も安定である（表3.12）．W は金属の中で最も高い融点（3,380 ℃）をもち，電気伝導性もよいことから電極のフィラメントとして用いられている．これらの単体は高温で酸化することにより MoO_3 および WO_3 が，高温で塩素と反応させることにより $MoCl_6$ および WCl_6 が得られる．

7族元素であるテクネチウム Tc とレニウム Re は最大＋7価の酸化状

表3.10 ジルコニウムとハフニウムの性質

元素	電子配置	金属結合半径（pm）	イオン半径（pm）	地殻の元素存在度（ppm）
Zr	$[Kr]4d^2 5s^2$	159	86（Zr^{4+}）	165
Hf	$[Xe]4f^{14}5d^2 6s^2$	156	85（Hf^{4+}）	3

表3.11 ニオブとタンタルの性質

元素	電子配置	金属結合半径（pm）	イオン半径（pm）	地殻の元素存在度（ppm）
Nb	$[Kr]4d^3 5s^2$	143	78（Nb^{5+}）	20
Ta	$[Xe]4f^{14}5d^3 6s^2$	143	78（Ta^{5+}）	2

表3.12 モリブデンとタングステンの性質

元素	電子配置	金属結合半径（pm）	イオン半径（pm）	地殻の元素存在度（ppm）
Mo	$[Kr]4d^5 5s^1$	136	75（Mo^{5+}），73（Mo^{6+}）	1.5
W	$[Xe]4f^{14}5d^4 6s^2$	137	76（W^{5+}），74（W^{6+}）	1.5

表3.13 テクネチウムとレニウムの性質

元素	電子配置	金属結合半径（pm）	イオン半径（pm）	地殻の元素存在度（ppm）
Tc	$[Kr]4d^5 5s^2$	135	79（Tc^{4+}）	—
Re	$[Xe]4f^{14}5d^5 6s^2$	137	67（Re^{7+}）	0.001

態をとる（表3.13）．これらの単体を酸素存在下で加熱することにより Tc_2O_7 および Re_2O_7 となる．これらを水に溶解すると過テクネチウム酸 $HTcO_4$ および過レニウム酸 $HReO_4$ を生じる．

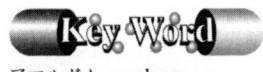

Key Word
アマルガム amalgam

3.3.3 12族元素

亜鉛 Zn，カドミウム Cd，水銀 Hg からなる 12 族元素は，＋2価の酸化状態が比較的安定である（表3.14）．

表3.14 12族元素の性質

元素	電子配置	金属結合半径（pm）	イオン半径（pm）	地殻の元素存在度（ppm）
Zn	$[Ar]3d^{10}4s^2$	133	74（Zn^{2+}）	70
Cd	$[Kr]4d^{10}5s^2$	149	92（Cd^{2+}）	0.2
Hg	$[Xe]4f^{14}5d^{10}6s^2$	150	110（Hg^{2+}）	0.08

Zn は常温常圧で固体の金属であり，酸および塩基と反応して水素を発生しながら溶解する両性元素である．

$$Zn + H_2SO_4 \longrightarrow ZnSO_4 + H_2$$
$$Zn + 2NaOH + 2H_2O \longrightarrow Na_2[Zn(OH)_4] + H_2$$

酸化亜鉛 ZnO および水酸化亜鉛 $Zn(OH)_2$ は，希塩酸や水酸化ナトリウム水溶液に溶解するので，両性酸化物および両性水酸化物とよばれる．ZnO は，顔料や外用医薬品として用いられる．

$$ZnO + 2HCl \longrightarrow ZnCl_2 + H_2O$$
$$ZnO + 2NaOH + H_2O \longrightarrow Na_2[Zn(OH)_4]$$
$$Zn(OH)_2 + 2HCl \longrightarrow ZnCl_2 + 2H_2O$$
$$Zn(OH)_2 + 2NaOH \longrightarrow Na_2[Zn(OH)_4]$$

Cd は常温常圧で固体の金属であり，その単体は O_2 と反応して酸化カドミウム CdO を生じる．また，Hg は常温常圧で唯一液体の金属であり，水銀の単体も酸素と反応して酸化水銀 HgO を生じる．これらの酸化物は両性酸化物である．Hg は Fe や Ni 以外の金属と合金をつくりやすく，水銀の合金を**アマルガム**とよぶ．

3.4 希土類元素

3族のスカンジウム Sc，イットリウム Y と原子番号57のランタン La から原子番号71のルテチウム Lu までの15種の**ランタノイド**を合わせた元素を**希土類元素**（レアアースメタル）とよぶ（表3.15）．希土類元素は比較的希少な鉱物から酸化物として得られるので希土類元素とよばれるようになったが，放射性元素であるプロメチウム Pm 以外の元素は，ある

表 3.15 希土類元素の性質

元素	電子配置	金属結合半径 (pm)	イオン半径 (M^{3+}) (pm)	地殻の元素存在度 (ppm)
Sc	$[Ar]3d^1 4s^2$	163	88	22
Y	$[Kr]4d^1 5s^2$	178	104	33
La	$[Xe]5d^1 6s^2$	187	106	30
Ce	$[Xe]4f^2 6s^2$	183	103	60
Pr	$[Xe]4f^3 6s^2$	182	101	8.2
Nb	$[Xe]4f^4 6s^2$	181	100	28
Pm	$[Xe]4f^5 6s^2$	180	98	—
Sm	$[Xe]4f^6 6s^2$	179	96	6.0
Eu	$[Xe]4f^7 6s^2$	198	95	1.2
Gd	$[Xe]4f^7 5d^1 6s^2$	179	94	5.4
Tb	$[Xe]4f^9 6s^2$	176	92	0.9
Dy	$[Xe]4f^{10} 6s^2$	175	91	3.0
Ho	$[Xe]4f^{11} 6s^2$	174	89	1.2
Er	$[Xe]4f^{12} 6s^2$	173	88	2.8
Tm	$[Xe]4f^{13} 6s^2$	172	87	0.5
Yb	$[Xe]4f^{14} 6s^2$	194	86	3.4
Lu	$[Xe]4f^{14} 5d^1 6s^2$	172	85	0.5

Key Word

ランタノイド収縮　lantanoid contraction，遮蔽　shielding, screening

程度の量が天然に存在している．ランタノイド元素の原子半径やイオン半径は互いに大差はないが，原子番号が大きくなるに従い少しずつ減少する．この現象を**ランタノイド収縮**という．ランタノイド元素は，5sと5p軌道が電子で満たされており，原子番号の増加に従い，内殻に存在する4f軌道に電子が順次満たされていく．1個ずつ増加する4f軌道電子では，1個ずつ増加する核電荷を完全に遮蔽することができないため，外側の5s，5p軌道の電子は原子番号の増加に伴って原子核に強くひきつけられ，原子半径やイオン半径が減少する現象が起こる．

　スカンジウム Sc はほかの希土類元素とは性質がやや異なっており，Al と類似の性質を示す．Sc は両性元素で，酸にも塩基にも溶けて水素を発生する．また，水酸化スカンジウム $Sc(OH)_3$ は両性水酸化物である．

　イットリウム Y も酸化状態は＋3価が安定であり，単体は水と反応して塩基性水酸化物である水酸化イットリウム $Y(OH)_3$ を生じる．酸化イットリウム Y_2O_3 はカラーテレビブラウン管の赤色蛍光体として使われている．

　ランタノイドを含む物質は機能性材料として多方面で利用されている．酸化ランタン La_2O_3 は高屈折率ガラスに含まれており一眼レフカメラなどのレンズとして使われている．Sm と Co の合金である Sm_2Co_{17} や Nd，Fe，B の合金である $Nd_3Fe_{14}B$ はいわゆる**希土類磁石**として知られている．Nb—Fe—B 磁石は医療用の磁気共鳴イメージング（MRI），電気自動車の駆動用モーターなどに利用されている．La—Ni 合金である $LaNi_5$ は水素吸蔵合金として用いられ，$Y_3Al_5O_{12}$ の結晶（イットリウムアルミニウムガーネット）に少量のネオジム Nd を添加したものは固体レーザーの材

料として使われている．ユウロピウム Eu，ジスプロシウム Dy などの希土類元素とアルミナ，炭酸ストロンチウムからなる $SrAl_2O_4$:Eu, Dy が残光性蛍光体として時計の文字盤や針に使用されている．

3.5 貴金属元素

8族から11族の第二および第三遷移系列元素であるルテニウム Ru，オスミウム Os，ロジウム Rh，イリジウム Ir，パラジウム Pd，白金 Pt，銀 Ag および金 Au の8元素は**貴金属元素**に分類される．これら金属は，化学的に安定であり金属光沢を失いにくい．

8族元素であるルテニウム Ru とオスミウム Os は，酸に侵されにくい金属である（表3.16）．Ru と王水の反応はおだやかであるが，Os は王水と反応して OsO_4 を生じる．Ru および Os を空気中で燃焼させるとそれぞれ RuO_2 と OsO_4 となる．OsO_4 はアルケンを *cis*-ジオールに酸化する有用な試薬である．

Key Word
王水 aqua regia：濃硝酸と濃塩酸の体積比1：3混合溶液，ウィルキンソン錯体 Wilkinson's complex

9族元素であるロジウム Rh とイリジウム Ir は反応性に乏しい金属であり，酸に対して強い（表3.17）．高温で酸素あるいはハロゲンと反応し，酸化ロジウム（III）Rh_2O_3，酸化イリジウム（III）Ir_2O_3，塩化ロジウム（III）$RhCl_3$，塩化イリジウム（III）$IrCl_3$ を生じる．酸化数が0や+1の Rh および Ir は，カルボニル配位子などと錯体を形成する．ロジウム錯体である $RhCl(PPh_3)_3$ は**ウィルキンソン錯体**とよばれ，有機化合物の水素化，脱水素化反応などの均一系触媒として有名である．

10族元素であるパラジウム Pd と白金 Pt は同族の Ni と比べて酸に溶けにくい（表3.18）．Pd および Pt は，加熱下酸素と反応してそれぞれ酸化パラジウム（II）PtO と酸化白金（II）PtO となる．また，塩素とも

ウィルキンソン（Geoffrey Wilkinson, 1921〜1996)，イギリスの化学者．1973年ノーベル化学賞受賞．

表3.16 ルテニウムとオスミウムの性質

元素	電子配置	金属結合半径（pm）	イオン半径（pm）	地殻の元素存在度（ppm）
Ru	$[Kr]4d^75s^1$	133	82（Ru^{3+}），76（Ru^{4+}）	0.01
Os	$[Xe]4f^{14}5d^66s^2$	134	77（Os^{4+}）	0.005

表3.17 ロジウムとイリジウムの性質

元素	電子配置	金属結合半径（pm）	イオン半径（pm）	地殻の元素存在度（ppm）
Rh	$[Kr]4d^85s^1$	135	81（Rh^{3+}），74（Rh^{4+}）	0.005
Ir	$[Xe]4f^{14}5d^76s^2$	136	82（Ir^{3+}），77（Ir^{4+}）	0.001

表 3.18 パラジウムと白金の性質

元素	電子配置	金属結合半径 (pm)	イオン半径 (pm)	地殻の元素存在度 (ppm)
Pd	$[Kr]4d^{10}$	138	78 (Pd^{2+}), 76 (Pd^{4+})	0.01
Pt	$[Xe]4f^{14}5d^{9}6s^{1}$	139	74 (Pt^{2+}), 77 (Pt^{4+})	0.01

表 3.19 銀と金の性質

元素	電子配置	金属結合半径 (pm)	イオン半径 (pm)	地殻の元素存在度 (ppm)
Ag	$[Kr]4d^{10}5s^{1}$	144	116 (Ag^{+})	0.07
Au	$[Xe]4f^{14}5d^{10}6s^{1}$	144	151 (Au^{+})	0.004

Key Word
シスプラチン cisplatin, 抗がん剤 anticancer agent

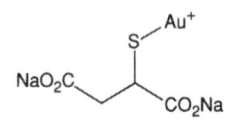

反応して塩化パラジウム $PdCl_2$ および塩化白金 $PtCl_2$ を与える。Pt は，+4価の PtO_2 や $PtCl_4$ も安定に存在する。また，酸化数 0 の錯体である $Pd(PPh_3)_4$ や $Pt(PPh_3)_4$ なども知られている。Pd や Pt などの化合物は水素化や脱水素化の触媒として用いられているが，0 価の Pd 錯体は C—C 結合形成反応などのいろいろな反応の触媒として重要である。Pt 錯体であるシスジアンミンジクロロ白金 (II) cis-$[PtCl_2(NH_3)_2]$ はシスプラチンとよばれ，抗がん剤として用いられている医薬品である。

11 族元素である銀 Ag と金 Au は天然に広く分布しており，Ag は白色で光沢と展性があり，Au は黄色光沢で展性や延性を有している（表 3.19）。

Ag は通常 +1 価の酸化状態が安定であり，Ag 塩は一般に水に溶けにくい。ハロゲン化銀にアンモニア水を加えると $[Ag(NH_3)_2]^+$ イオンとなり溶解する。Au は，王水に $AuCl_4^-$ の錯イオンを形成して溶解する。

$$HNO_3 + 3HCl \longrightarrow 2H_2O + Cl_2 + NOCl$$
$$Au + NOCl + Cl_2 + HCl \longrightarrow NO + H[AuCl_4]$$

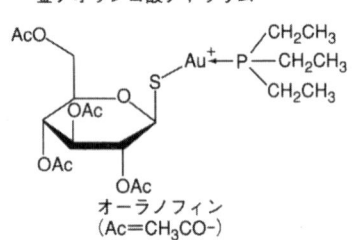

図 3.12 金チオリンゴ酸ナトリウムとオーラノフィンの構造

Au^+ を含む金チオリンゴ酸ナトリウムやオーラノフィンなどの金製剤はリウマチの治療薬として用いられている（図 3.12）。

演習問題

問題 3.1 ヨウ素に関する記述の正誤について，正しい組合せはどれか．

a 水中でヨウ素分子の一部は，次亜ヨウ素酸（HIO）とヨウ化水素酸（HI）になる．
b ヨウ素分子は，ポビドン（polyvinylpyrrolidone）と複合体を形成し，その複合体はポビドンヨードとして殺菌・消毒薬として用いられる．
c 水溶液中でヨウ素分子は，デンプンと包接化合物をつくり青紫色を呈する．
d ヨウ素分子は常温で揮散すると，その蒸気は無臭で紫色である．

	a	b	c	d
1	誤	正	誤	正
2	正	正	誤	誤
3	誤	誤	正	正
4	正	正	正	誤
5	正	誤	正	正

問題 3.2 代表的な無機化合物に関する記述のうち，正しいものの組合せはどれか．

a 殺菌薬として用いられるオキシドールは，酸化作用と還元作用をもっている．
b チオ硫酸ナトリウムは，その酸化作用により解毒薬として用いられる．
c 殺菌・消毒薬として用いられるさらし粉の次亜塩素酸イオンにおける塩素原子の酸化数は，+1である．
d 亜酸化窒素は，空気より軽い無色のガスで，吸入麻酔薬として用いられる．
1 (a, b) 2 (a, c) 3 (a, d) 4 (b, c) 5 (b, d) 6 (c, d)

問題 3.3 Cl，N，S の酸化物に関する記述の正誤について，正しい組合せはどれか．

a N_2O には全身麻酔作用がある．
b $KClO_3$ には酸化作用はない．
c H_2SO_4 は水と任意の割合で混ざり，このとき発熱する．
d SO_2 には還元作用がある．

	a	b	c	d
1	正	正	正	誤
2	誤	正	誤	正
3	正	誤	正	誤
4	正	正	正	正
5	正	誤	正	正

解 答

3.1 正解：4
a 正．ヨウ素は水にほとんど溶けないが，その一部は溶解して次亜ヨウ素酸（HIO）とヨウ化水素酸（HI）になる．
b 正．ヨウ素は，ポビドン（1-ビニル-2-ピロリドンの重合物）と複合体を形成してポビドンヨードとなる．ポビドンヨードは皮膚の消毒やうがい薬として用いられる．
c 正．デンプンの分子はらせん構造をとっている．デンプンの水溶液にヨウ素溶液を加えるとヨウ素分子がらせん構造の中に入り込んで，青紫色を呈する．
d 誤．ヨウ素の蒸気は紫色で特有の臭気がある．

3.2 正解：2
a 正．オキシドールは約3%の過酸化水素（H_2O_2）水溶液である．過酸化水素は，酸化作用と還元作用を示す．
b 誤．チオ硫酸ナトリウム（$Na_2S_2O_3$）は，シアン化合物中毒などの解毒薬に用いられる．チオ硫酸ナトリウムは，ミトコンドリアにある酵素であるローダナーゼによりシアンと反応して，毒性が低く尿中排泄しやすいチオシアン酸塩を生成させることにより，解毒作用を示す．
c 正．さらし粉〔$CaCl(ClO)\cdot H_2O$〕から生成する次亜塩素酸イオン（ClO^-）の塩素原子の酸化数は，+1である．
d 誤．亜酸化窒素（N_2O）は，空気より重い無色無臭の気体で，全身麻酔薬（吸入麻酔）として用いられる．

3.3 正解：5
a 正．亜酸化窒素（N_2O）は，別名 笑気ともよばれる全身麻酔薬である．
b 誤．塩素酸カリウム（$KClO_3$）は，酸化作用と還元作用をもつ．
c 正．硫酸（H_2SO_4）は水と任意の割合で混じり合う．この際には激しく発熱する．
d 正．二酸化硫黄（SO_2）は，酸化作用と還元作用をもつ．

4 生体必須元素の摂取と生理作用

4.1 生体必須元素

ヒトが健康に生きていくためには，食物や飲物から必ずとらねばならない一群の元素がある．これを総称して生体必須元素という．一方，ヒトの健康をそこなう元素も知られ，有害元素という．第4章では，この両元素群の特性と健康や病気とのかかわりについて基礎的に学ぶこととする．

4.2 生体必須元素の生理作用
4.2.1 生体元素の分類

ヒトの体は，アミノ酸，核酸，タンパク質，脂肪あるいは糖などの基本的な生体分子から構成されている．これらの生体分子を支えているのは，O, C, H, N, Ca および P などの6元素である．とりわけ O, H, C, N の四大元素で体全体の96 %を占めている．これら6元素に，S, K, Na, Cl, Mg を加えると11元素となり，人体の99.3 %を占めてしまう．しかし，ヒトはこれら11元素のみでは生存できないことが明らかにされている．人体中に，極微量で存在する Fe, F, Si, Zn, Mn, Cu, Se, I, Mo, Ni, Cr や Co の12元素がなくては健康や生命は維持できない．これら12元素は必須微量元素および超微量元素とよばれ，ある種の酵素やタンパク質の構成成分として存在し，生体分子の立体構造を維持したり，重要な生体反応や独特の生理作用を発揮している．

体の中のある成分の濃度範囲を表す用語は，一般に次のように定義されている．

Key Word

必須微量元素 essential trace element, 超微量元素 ultra-trace element

主要成分	major constituent	100〜1%
少量成分	minor constituent	1〜0.01%
微量成分	trace constituent	0.01〜0.0001%
超微量成分	ultratrace constituent	0.0001%以下

また，微量を表す単位に，次の用語が用いられる．

$$1\,\text{ppm (parts per million)} = 1 \times 10^{-6}\,\text{g/mL(g)} = 1\,\mu\text{g/mL(g)}$$
$$1\,\text{ppb (parts per billion)} = 1 \times 10^{-9}\,\text{g/mL(g)} = 1\,\text{ng/mL(g)}$$
$$1\,\text{ppt (parts per trillion)} = 1 \times 10^{-12}\,\text{g/mL(g)} = 1\,\text{pg/mL(g)}$$

表 4.1 人体内の元素濃度

分類	元素名		必須性 動物	必須性 人	体内存在量 (%)	体重 70 kg の人の体内存在量	体重 1 kg 当たりの体内濃度
主要元素	酸素	O[a]	○	○	65.0	45.50 kg	650 g/kg 体重
	炭素	C[a]	○	○	18.0	12.60	180
	水素	H[a]	○	○	10.0	7.00	100
	窒素	N[a]	○	○	3.0	2.10	30
	カルシウム	Ca	○	○	1.5	1.05	15
	リン	P[a]	○	○	1.0 (98.5%)	0.70	10
少量元素	硫黄	S[a]	○	○	0.25	175 g	2.5 g/kg 体重
	カリウム	K	○	○	0.2	140	2.0
	ナトリウム	Na	○	○	0.15	105	1.5
	塩素	Cl[a]	○	○	0.15	105	1.5
	マグネシウム	Mg	○	○	0.05 (99.3%)	35	0.5
微量元素	鉄	Fe	○	○		6 g	85.70 mg/kg 体重
	フッ素	F[a]	○	○		3	42.80
	ケイ素	Si[a]	○	○		2	28.50
	亜鉛	Zn	○	○		2	28.50
	ストロンチウム	Sr	○			320 mg	4.57
	ルビジウム	Rb	○			320	4.57
	臭素	Br[a]	○			200	2.86
	鉛	Pb	○			120	1.71
	マンガン	Mn	○	○		100	1.43
	銅	Cu	○	○		80	1.14
超微量元素	アルミニウム	Al				60	857.0 μg/kg 体重
	カドミウム	Cd				50	714.0
	スズ	Sn	○			20	286.0
	バリウム	Ba				17	243.0
	水銀	Hg				13	186.0
	セレン	Se	○	○		12	171.0
	ヨウ素	I[a]	○	○		11	157.0
	モリブデン	Mo	○	○		10	143.0
	ニッケル	Ni	○	○		10	143.0
	ホウ素	B[a]	○	○		10	143.0
	クロム	Cr	○	○		2	28.5
	ヒ素	As	○			2	28.5
	コバルト	Co	○	○		1.5	21.4
	バナジウム	V	○			0.2	2.9

a) は非金属元素

$$1\text{ ppq (parts per quadrilliom)} = 1 \times 10^{-15} \text{ g/mL(g)} = 1\text{ fg/mL(g)}$$

ここで μ=micro, n=nano, p=pico そして f=femto である．(g) は固体試料に用いる場合である．

Key Word
貧血 anemia, ストレス stress,
生理作用 physiological action

これらの用語を用いて，先に述べた6元素は主要元素，次の5元素は少量元素，そして12元素はその濃度によって微量元素または超微量元素とよばれている．

ヒトの体の中に存在する元素を表4.1に示した．上の12元素のうちFe, F, Si, Zn, Mn と Cu は微量元素に，そして残りの Se, I, Mo, Ni, Cr および Co は超微量元素に分類される．これらの元素以外にも，ヒトの体の中には Rb, Sr, Br, Al, Ba, B あるいは Li などの生理作用の不明な元素が検出される．これらは食品を通して偶然に体の中に存在していると考えられている．

ヒトが健康状態にあるときは，あらゆる元素は，ある一定の濃度範囲に存在し，これらの濃度は，酵素，タンパク質あるいはホルモンによって微妙に調節されている．たとえば，表4.2には日本人92名の健康者および妊婦の血清中の元素濃度を示した．表には，最小値と最大値の濃度範囲および平均値が示されている．妊婦ではFeとZnの濃度が健常者よりも低く，逆にCuの濃度は健常者の約2倍高くなっている．この結果は，妊娠時はFeとZn欠乏状態にあり，貧血とストレスの高い状態にあると推定される．このようにヒトの体内の元素濃度は，年齢や生理的状態に依存して，変動することが明らかにされつつある．

最近では，健康の維持や疾病との関連で，必須元素の役割に熱い注目が集められるようになり，国際学会が多数開催されたり，必須元素を含む食

表4.2 健常人および妊婦の血清中元素濃度

元素	健常人		妊婦
	最小値～最大値	平均値	
Na	2380～3550 μg/g	3120 μg/g	2980 μg/g
K	101～197	150	136
P	88～172	119	162
Ca	55.5～101	92.5	85
Mg	12.4～20.9	17.5	14
Fe	0.30～2.25	1.19	0.27
Cu	444～1150 ng/g	746 ng/g	1440 ng/g
Zn	341～988	653	397
Se	51～224	168	154
Rb	95～231	169	127
Sr	14.1～63.4	33.1	30.7
Mo	0.26～3.67	1.41	1.63
Cs	0.32～1.15	0.21	0.33
Ag	0.07～0.54	0.67	0.20
Sb	0.06～1.31	0.21	0.12

稲垣和三ほか，*Biomed. Res. Trace Elements*, **9**, 149 (1998).

Key Word
金属タンパク質 metalloprotein, 金属酵素 metalloenzyme

品や飲料水が発売されている．

4.2.2 必須微量元素の定義

ある元素がヒトや実験動物にとって必須であるかどうかは，次の三条件を満たす必要がある．

(1) ある元素を体内に取り入れる量が低下すると，重大な生理機能障害が現れ，ときには死に至る．
(2) ある元素を体内に取り入れると，ほかの元素や方法で見られない特有の効果や改善が見られる．
(3) ある元素を含むタンパク質や酵素を生体や組織から取りだすことができる．必須元素が金属の場合は，「金属タンパク質」や「金属酵素」とよばれ，これまで多数発見されている．代表的なタンパク質，酵素あるいはビタミンを表4.3に示した．

これら三条件をすべて満たす元素は，完全な必須元素といえるが，少なくとも二条件を満たす元素は広義の必須元素として考えられている．

4.2.3 生命にとって金属元素はなぜ必要か？

太陽の強い紫外線が降り注ぎ，まだ酸素分子のない原始地球で，粘土や砂に含まれるAlやSiなどの無機物質が触媒となり，原始大気中に存在していたアンモニア，炭酸，一酸化炭素，水素分子，窒素分子，塩化水素，硫化水素などを原料として，原始生命物質の原型がつくられ，多くの有機物に組み合わされた．やがて，アミノ酸，タンパク質，糖，脂質分子，ATPあるいはDNAなどの分子がつくられ，これらの分子は海洋中に高

表4.3 金属タンパク質・金属酵素・金属含有ビタミンの例

金属イオン	金属タンパク質・金属酵素・ビタミン
鉄（Fe）	ヘモグロビン，ミオグロビン，鉄-硫黄タンパク質
亜鉛（Zn）	カルボキシペプチダーゼ，サーモリシン，スーパーオキシドジスムターゼ
銅（Cu）	セルロプラスミン，スーパーオキシドジスムターゼ，アスコルビン酸オキシダーゼ，メタロチオネイン
セレン（Se）	グルタチオンペルオキシダーゼ
マンガン（Mn）	コンカナバリン，アルカリホスファターゼ，スーパーオキシドジスムターゼ
モリブデン（Mo）	キサンチンオキシダーゼ，ニトロゲナーゼ，硝酸レダクターゼ
ニッケル（Ni）	ウレアーゼ
バナジウム（V）	ブロモペルオキシダーゼ
カドミウム（Cd）	メタロチオネイン
コバルト（Co）	ビタミンB_{12}の成分

濃度に存在していた「Feイオン」と結合したり，重合したりしながら，さまざまな生理機能（化学進化）を獲得して単純な生命体がつくられた（生命海洋起原説）．海洋中の藻類が多数繁殖する中で，原始的光合成を行うシアノバクテリアが突然変異で大繁殖し，酸素分子を放出するようになった．当時海洋中に高濃度に溶けていたFeイオンは酸素分子と反応し，酸化鉄として海底に沈んでいった．海水が酸素分子で飽和されると酸素分子は海から大気中に放出された．Feイオンが減少する中で，「Cuイオン」と「酸素分子」が次に生命体に利用され，高度な生理的機能をもつ生命体へと進化していった．大気中に飛散した酸素分子は，強い太陽紫外線と反応してオゾンを形成し，地球上空でオゾン層がつくられた．地球上に降り注ぐ太陽光はオゾン層によりさえぎられ，地上におだやかな光をもたらした．すると海にひそんでいた生物の一部が陸上へと進出し，土壌と植物を利用して海洋とは異なった元素をも利用して大進化を遂げた（生物進化）．その後，生命体はAl, Fe, Cu以外にも，Ca, Mg, Mn, Zn, Mo, Niなどの微量元素を利用して生体反応を高度に組織化していった．

Key Word

シアノバクテリア cyanobacteria, オゾン ozone, オゾン層 ozone layer, 化学進化 chemical evolution, 生物進化 biological evolution, 血清 serum（複数形 sera），電子移動 electron transfer, 物質輸送 material transport, 酸素分子運搬 oxygen carrier, 酸素分子貯蔵 oxygen storage

4.2.4 ヒトの内なる海の元素の多様性

人類は海の中で生まれ，進化してきた．図4.1(a, b)に示すように，ヒトの血清中と海洋中のいくつかの元素の種類と濃度が比較的よく類似していることは，生命海洋起原説を確固たるものにした．この類似性は，化学進化や生物進化の過程がヒトの体内に記憶されており，ヒトの血清は内なる海洋であるとみることができる．

海洋中と同様にヒトの体内に見いだされる必須元素は，何千種と見積もられるこれらの元素を含むタンパク質や酵素として存在している．それぞれが特有の生体反応，たとえば電子移動，物質輸送，酸素分子の運搬や貯

＊親鉄元素および親石元素は酸素との親和性が大きい元素であり，親銅元素は硫黄との親和性の大きい元素である．

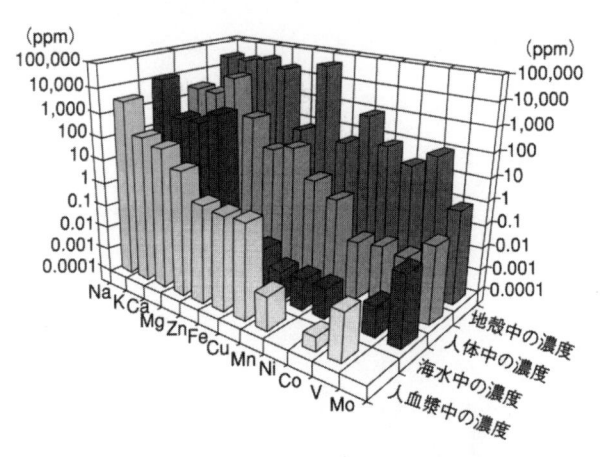

図4.1(a) 地殻，人体，人血漿，および海水中の元素濃度の比較

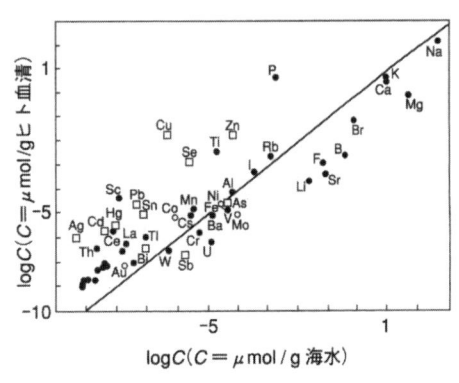

図4.1(b) ヒト血清および外洋海水中の元素濃度の相関
○ 親鉄元素，● 親石元素，□ 親銅元素*
原口紘炁ほか，微量栄養素研究15集，p.11〜22 (1998)．

Key Word

生物信号 biological signal, 酸化還元 oxidation-reduction, 加水分解 hydrolysis, グルタチオンペルオキシダーゼ glutathione peroxidase, 活性酸素種 reactive oxygen species (ROS), スーパーオキシドアニオンラジカル superoxide anion radical, 不均化反応 disproportionation, dismutation, スーパーオキシドジスムターゼ superoxide dismutase (SOD), カタラーゼ catalase

蔵，生物信号の伝達，酸化還元，加水分解などの化学反応を触媒する．生命の発生とその後の進化には，多種類の必須元素とRNA，DNAあるいはタンパク質などの高度に進化した豊富な高分子化合物がなければ成り立たなかった．つまり，ヒトの生命はこれらの必須元素がなければ誕生しなかったのであり，また生命を維持するためには，つねにこれらの必須元素が細胞や体内に存在しなければならないのである．

4.2.5　必須微量元素はなぜ微量で有効か？

ヒト体内には，微量元素と超微量元素は0.01％以下しか存在しないのはなぜなのかを考えることにする．

たとえば，体内でできた過酸化物や過酸化水素（H_2O_2）を分解する反応を触媒する作用を示し，Seを活性中心にもつ酵素グルタチオンペルオキシダーゼ（GPX）に関して，その酵素活性を無機Seイオン（亜セレン酸）やセレノアミノ酸（セレノシステイン）と比較してみる．亜セレン酸の活性を1とすると，セレノシステインでは5倍に，そしてGPXでは20倍に上昇する．次に，活性酸素種の一つであるスーパーオキシドアニオンラジカル（$\cdot O_2^-$）をH_2O_2と酸素分子（O_2）への不均化反応を触媒するCu，Znを含むスーパーオキシドジスムターゼ（SOD）の活性を，Cu^{2+}イオンやCu^{2+}錯体と比較する．Cu^{2+}の活性を1とすると，Cu^{2+}錯体では8倍，そしてSODでは2,000倍に上昇する．さらに，H_2O_2をO_2とH_2Oに分解する作用をもつヘム鉄タンパク質であるカタラーゼの触媒活性をFe^{3+}およびヘムFe^{3+}と比較する．Fe^{3+}の活性を1とすると，ヘムFe^{3+}では1,000倍に，そしてカタラーゼでは百万倍にも上昇する．これらの数字が示すように金属イオン単独よりも，金属イオンがタンパク質と結合すると金属イオンの活性は著しく増大する（表4.4）．このことを逆に見ると，金属タンパク質の酵素作用は金属イオン単独よりもはるかに微量で金属イオンと同等の作用を発揮することを示している．このように必須微量元素を含む酵素は微量で十分に有効な生理作用を示す．

表4.4　金属酵素の活性

酵素	酵素反応	活性の比較		
		元素	錯体	酵素
グルタチオンペルオキシダーゼ（GPX）	$2GSH + H_2O_2 \rightarrow GSSG + 2H_2O$	1(SeO_3^{2-})	5（セレノシステイン）	20
スーパーオキシドジスムターゼ（SOD）	$2\cdot O_2^- + 2H^+ \rightarrow H_2O_2 + O_2$	1(Cu^{2+})	8〔Cu(tppen)$_2$〕	2,000
カタラーゼ（Cat）	$H_2O_2 \rightarrow 1/2 O_2 + H_2O$	1(Fe^{3+})	10^3（Fe^{3+}-プロトポルフィリン）	10^{10}

4.2.6 元素の必須性発見の歴史と現代の必須元素欠乏症

ヒトにおける必須元素の欠乏は，これまで偶然の機会に見いだされることが多かった．ヒトでは人工的に元素の欠乏症をつくりだすことはできないため，一般には実験動物を用いて研究されている．たとえば，Znを含まない飼料をつくり，それをラットに与えて飼育すると，20日後にはやせ細り，脱毛する．普通の飼料を与えたラットは元気で体重も増えていく．Zn欠乏ラットの飼料を通常の飼料に切り替えると，たちまち元気を取り戻す．このように根気よく時間をかけて，ひとつずつ元素の必要性が研究されてきた．必須元素が発見されてきた歴史を表4.5にまとめた．

現代のわが国の食生活は豊富であり，よほどのことがない限り金属欠乏症は起こらないと考えられていた．しかし，最近の「国民栄養調査」では多数の人にCa，Mg，Fe，CuおよびZnなどの重要な必須元素の摂取が不足していることを示した．生活習慣病としての骨粗鬆症はCaの欠乏が原因しているとか，日常の食生活のアンバランスにより潜在的なFe欠乏やZn欠乏の人びとが増えているといわれている．必須元素が欠乏するとどのような障害として現れるかを表4.6に示した．

4.2.7 必須元素の生理作用

これまで述べてきたように，必須元素にはさまざまな生理機能が知られている．小さな元素がそれ自身で生理作用をするのではなく，低分子量の生体分子を含む配位子との錯体あるいは巨大タンパク質や酵素との複合体

Key Word

欠乏 deficiency，国民栄養調査 National nutrition survey, Japan，生活習慣症 life style-related disease

表4.5 動物における必須微量元素の発見の歴史

元素	発見年	発見者	証明された事項
鉄	1745	Menghini	貧血
ヨウ素	1820	Coinlet	甲状腺腫
銅	1928	Hart	ラットのヘモグロビン形成
マンガン	1931	Kemmerer, Orent と McCallum	マウスおよびラットの成長や卵巣機能の正常化
亜鉛	1934	Todd	ラットの成長，食欲，皮膚損傷，生殖機能の改善
コバルト	1935	Underwood と Filmer	ヒツジやウシにおける成育因子
モリブデン	1953	———	キサンチンオキシダーゼの活性
セレン	1957	Schwarz と Foltz	ラットの肝壊疽の回復
クロム	1959	Schwarz と Meltz	グルコース代謝，脂質代謝
スズ	1970	Schwarz ら	ラットの成長
バナジウム	1971	Hopskins と Mohr, Strasia, Schwarz と Milne	ヒヨコやラットの成長
フッ素	1972	Schwarz と Milne	ラットの成長
ケイ素	1972	Schwarz と Milne	ヒヨコの成育，ラットの頭蓋骨変形
ニッケル	1974	Nielsen と Ollerich	ヒヨコやラットの成育
ヒ素	1975	Nielsen	ヤギ，ブタの繁殖や出生率
鉛	1981	Richelmyer	ラットの成長，繁殖，造血に必須

表 4.6　必須元素の欠乏障害と過剰障害

元素	欠乏障害	過剰障害
As	成長遅延，生殖不良，心筋障害，周産期死亡	
B	成長遅延，骨異常	
Br	不眠，成長遅延	
Ca	骨格障害，破傷風，虫歯	胆石，アテローム性動脈硬化症，白内障
Cd	成長遅延	
Co	悪性貧血症，食欲不振，体重減少	心筋疾患，赤血球増加症
Cr	糖尿病，高血糖症，動脈硬化症，成長の遅れ，角膜障害	
Cu	貧血症，毛髪色素欠乏症，ちぢれ毛症，栄養疾患，食欲不振，成長減退，メンケス病，神経・精神発達低下	肝硬変，腹痛，嘔吐，下痢，運動障害，知覚神経障害，ウイルソン病
F	造血・生殖・成長障害，う歯	
Fe	貧血症，脱毛症，根気減退，免疫低下	出血，嘔吐，循環器障害
I	甲状腺腫，クレチン病	
K		アジソン病
Li	成長・造血障害，肝中元素変動	
Mg	血管拡張，興奮，不整脈，感情不安定，痙攣	
Mn	骨格変形，発育障害，糖尿病，脂肪代謝異常，生殖腺機能障害，筋無力症，動脈硬化	肝硬変，神経障害，筋肉運動不整，パーキンソン病
Mo	痛風，貧血，性欲不振，虫歯，食道がん，脳症	
Na	アジソン病	高血圧症，脳出血，心臓疾患
Ni	成長・造血障害，肝中元素変動	
Pb	成長遅延，鉄代謝異常	
Se	心筋症，筋異常，心筋梗塞，がん	
Si	結合組織，骨代謝異常	
Sn	成長遅延	
V	成長遅延，脂質代謝異常，生殖不全	
Zn	小人症，成長抑制，食欲不振，味覚減退，生殖腺機能障害，睾丸萎縮症，知能障害，免疫力低下，皮傷炎	嘔吐，下痢，肺の衰弱，高熱，悪寒

　（金属タンパク質や金属酵素）として生理作用を発揮していると考えられる．しかし，現在知られている元素の生理作用はまだほんの一部であると理解しておいたほうがよい．

　必須元素の生理作用は，分子レベルでそれらがどのような形で存在するかによってほとんどが決められている．しかし，それらの化学形と細胞レベル，組織レベルあるいはヒトの個体レベルでの生理作用の発現とがどのように関連しているかについてはほとんどわかっていない．表4.7には表4.1の人体を構成する元素のうち，Ca以下の必須元素について代表的な生理作用をまとめた．

4.2 生体必須元素の生理作用

表 4.7 必須元素のおもな生理作用

元素	主な生理作用
Ca	Pと共に骨中にヒドロキシアパタイト $Ca_{10}(PO_4)_6(OH)$ として存在，細胞内情報伝達シグナル分子として作用，細胞増殖，アポトーシス，筋収縮や血小板凝集，神経伝達物質・ホルモンや消化酵素の分泌，グリコーゲン代謝やタンパク質の分解，遺伝子の転写調節に関与
P	Caと結合して骨，歯などの硬組織を形成，リン酸化を必要とするエネルギー代謝に必須
S	大部分は含硫アミノ酸（システインやメチオニンなど）としてタンパク質中に存在，鉄—硫黄タンパク質，ジンクフィンガータンパク質などの主要な構成要素
K	細胞の成長と分裂，酵素活性，酸塩基平衡，体液調節，神経および筋肉細胞の興奮や収縮に関与
Na	$NaHCO_3$，Na_3PO_4，$NaCl$ などとして細胞外に存在，細胞外液の浸透圧の維持と細胞外液量の維持作用，筋肉の収縮，神経の刺激，水分代謝，体液の酸塩基平衡に関与，腎臓における物質の再吸収機構にも関与
Cl	細胞外液の陰イオンの70％を占める，消化液中存在し，HClとしてタンパク質分解酵素（ペプシノーゲン）を活性化，小腸ではビタミン類の吸収促進効果，細胞内Clは結合組織内のコラーゲンと結合している
Mg	Caと共に，Pや CO_3^{2-} と結合して，59％が骨に，40％が筋肉と軟組織に，約1％が組織外体液に存在，約300種の酵素の補酵素として働き，生合成過程，解糖系，能動輸送系，サイクリックAMP形成，遺伝子信号の伝達に関与，また神経伝達，体液の平衡維持に重要
Fe	70％が血液中に存在，血液中のFeは赤血球のヘモグロビンとして存在し，肺からの酸素運搬体として，また筋肉中のFeはミオグロビンとして存在し，酸素貯蔵体として働く，その他の鉄タンパク質は呼吸酵素として働く
F	骨や歯牙などの硬組織に存在，酵素，ビタミンやホルモンの構成要素または活性化成分として作用
Si	Caと共に硬組織形成に重要，骨形成の初期にはコラーゲンやグリコサミノグリカンなどとSiの複合体が形成される．Si欠乏により骨奇形が生ずる
Zn	骨と筋肉に多く含まれ，約200種類の酵素の構造成分や補酵素として働く
Mn	ピルビン酸カルボキシラーゼやスーパーオキシドジスムターゼの構成成分としての必須，多くの酵素の非特異的補酵素として多くの生化学反応に関与
Cu	多数の酵素の活性中心に存在，乳児の成長，組織の防御機構，骨強度，赤血球や白血球の成熟，鉄輸送，コレステロールや糖代謝，心筋収縮，脳の発育に関与
Se	過酸化水素や過酸化物を還元するグルタチオンペルオキシダーゼ(GPX)の活性中心を構成する重要な抗酸化性物質，Se欠乏により心筋症の一種の克山病や地方病性変形性軟骨関節症（カシンベック症）が起こる
I	甲状腺ホルモンの構成要素，不足すると甲状腺腫が起こる
Mo	キサンチンオキシダーゼ，アルデヒドオキシダーゼや亜硫酸オキシダーゼなどの酵素の活性中心に存在，亜硫酸オキシダーゼが欠損すると重度の神経障害や精神遅滞を起こす，またMo欠乏症により昏睡，頻脈，呼吸数の増加，夜盲などになる
Ni	RNAの安定化，Fe吸収促進，酵素の活性化，ホルモン作用，色素代謝，グリコーゲン代謝の促進などに関与，Ni酵素は1925年結晶化されたウレアーゼが代表
Cr	糖代謝（血糖値，耐糖能，エネルギー利用，呼吸商，血清中の遊離脂肪酸濃度），窒素代謝，体重，末梢神経障害，代謝性脳症類似の昏迷状態などに関与
Co	ビタミン B_{12} の構造成分

Key Word
栄養素 nutrient, タンパク質 protein, 脂質 lipid, 糖質 saccharide, sugar, ホメオスタシス homeostasis, 投与量 dose, プラトー plateau, 最適濃度範囲 optimum concentration range, 副作用非発現量 no observed adverse effect level (NOAEL)

4.3 生体必須元素と有毒元素
4.3.1 必須元素の必要性と必要量

ヒトや動物が健康に生きていくためには，毎日適当量の栄養素としての食事をとらなければならない．栄養素には，多量とらなければならない三大栄養素（タンパク質，脂質と糖質）と少量の摂取で十分な微量栄養素（ビタミン類と無機元素＝必須微量元素）がある．

ヒトや動物が健康状態にあるときは，必須微量元素を含めて，あらゆる元素は，ほぼ一定の濃度範囲で存在し，これらの濃度はタンパク質，酵素やホルモンによって調節されている．この働きは，ホメオスタシスとよばれている．しかし最近の研究では，健康なヒトの体の中の元素濃度は年齢により変化することも明らかにされ，健康を維持するため必須元素の摂取に関心が集められている．

動物や生物にある元素を投与すると，その量と動物や生物の応答との関係は一般に図4.2のようになる．投与量を減らすと，たとえば生育はしだいに減少（欠乏障害）し，ついには死んでしまう．反対に，その量を増やすと生育はしだいに抑制（過剰障害）され，ついには死んでしまう．この間に見られる平坦な領域（プラトー）は，最適濃度範囲とよばれ，先に述べたホメオスタシスが保たれている状態である．

この曲線の形は，同じ元素であってもその化学形や酸化形，ほかの元素の共存とそれらの量，動物の種類，性別，年齢や体内成分の濃度バランスが失われると変形し，欠乏や過剰障害が生じる．

たとえば，Seについて次のような値がヒトの疫学的調査により得られている．血液中のSe濃度が8～45 ng/mLでは欠乏症が現れ，虚血性疾患やがんにかかりやすく，最適濃度範囲の100～200 ng/mLは狭い領域にあり，この範囲を超し300～400 ng/mLとなると過剰症が現れ，1000 ng/mL以上では中毒症を生じる．すべての元素に関して，ヒトではこのような値を得ることは不可能であるため，動物でのデータを参考にして副作用

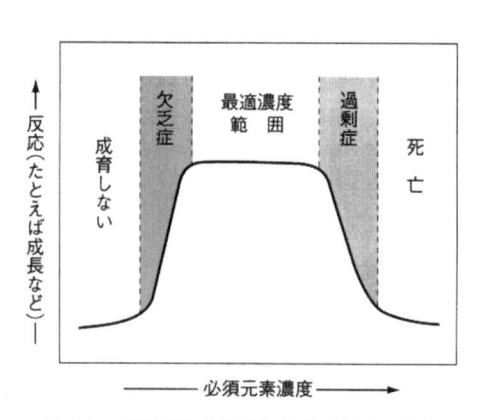

図4.2 必須元素の濃度と生体の反応の関係

表 4.8　アメリカおよび日本の必須元素の摂取量

元素	アメリカ		日本		
	副作用非出現量 mg/日	最低副作用出現量 mg/日	副作用非出現量 mg/日	最低副作用出現量 mg/日	許容上限摂取量 mg/日
P	1,500	2,500 以上		5,000	4,000
Ca	1,500	2,500 以上			2,500
Mg	700			5 mg/kg 体重	700
Fe	65	100		60 mg/kg 体重	40
Zn	30	60	30		30
Mn	10			0.015 mg/kg 体重	10
Cu	9		9		9
I	1		3		3
Se	0.2	0.91		0.015 mg/kg 体重	0.25
Cr	1			0.0147 mg/kg 体重	0.25
Mo	0.35			0.14 mg/kg 体重	0.25

細川嘉則 著，『最新のミネラル栄養学』，健康産業新聞社（2000）を一部改変．

Key Word
最低副作用出現量 lowest observed adverse effect level (LOAEL)，有毒元素 toxic element，栄養所要量 recommended dietary allowance，環境汚染物質 pollutant

非発現量（NOAEL）（一日の投与量の最大量や無作用量ともいわれる）や最低副作用出現量（LOAEL）（最も軽い中毒症状を示す最小量や最低中毒量ともいわれる）が提案されている．これらの値を，おもな元素について表 4.8 にまとめた．また，このような値を参考にして，世界各国では微量元素の所要量を規定している．

これまでに述べてきた必須元素は，最適濃度範囲や最低副作用出現量の範囲内で摂取することが大切なことであり，これらの範囲を超えて摂取すると，いずれも毒性を現すことになることを認識しておくことが重要である．

4.3.2 有毒元素

どのような有益な元素も所要量を超えて摂取すれば毒性が出現する．表 4.6（p. 70）にいくつかの元素の過剰障害を示した．

ここでは明らかにヒトや動物にとって有害作用を示す元素を紹介する．人類は有史以前から火の発見により金属を精製する技術を獲得することにより，多くの金属を発見し，そしてそれらを用いることにより高度な文明を築きあげてきた．Au，Ag，Cu，Fe，Ge あるいは Al を用いてきた時代の流れは，文明の発展の歴史そのものであるが，一方，これらの金属による生存への深刻な影響も受けてきた．先に述べた元素のみならず産業・技術の発展のためには Sb，Pb，Hg，Sn，Ba，Be，Te，Cr や Cd などが不可欠であった．したがって，これらの元素を産業現場で扱う人びとの職業的な中毒症として金属過剰症が発現した例はきわめて多い．しかし近代になると，金属を扱う産業現場にとどまらず，いくつかの元素は，人間が生存する環境へも拡散し，いわゆる環境汚染物質としてヒトや生物の健

Key Word

イタイイタイ病 Itai-itai disease, 水俣病 Minamata disease, 食物連鎖 food chain, 生物濃縮 biological condensation

康を害したり，生活を脅かすようになった．水俣病やイタイイタイ病はその典型的な例であった．

プラスチック製造工場では，アセトアルデヒドをつくる工程で触媒に使われていた硫酸水銀の一部がメチル水銀に変化し（図4.3），それが水俣湾に排出された．メチル水銀は油にとけやすい，すなわち脂溶性であるため魚介類に取り込まれ，それを食べた周辺の人びとや動物に水俣病が発生した．視野狭窄，歩行障害，言語障害などがおもな症状であった．メチル水銀の毒性は，無機水銀の50倍にもなり，またいったん体内に入ると脂肪や脳などの神経組織に蓄積する．水俣病の原因となった魚介類にはメチル水銀が水中濃度の100万倍も含まれていたと報告されている．有機水銀の腸管からの吸収率は無機水銀よりも高い．有機水銀は脂溶性のため生体膜を通過しやすく，食物連鎖により生物濃縮されたと考えられる．

富山県の神通川上流には，PbとZnの精錬所があり，鉱滓が河川や雨水に洗われる場所に捨てられていた．下流の住民は，神通川の水を灌漑や飲料水に使っていたため鉱滓中に含まれていたCdやPbが米や魚を通し

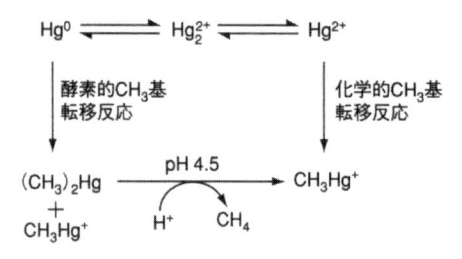

$$Hg^0 \rightleftharpoons Hg_2^{2+} \rightleftharpoons Hg^{2+}$$

酵素的CH$_3$基転移反応　　　　　化学的CH$_3$基転移反応

$$(CH_3)_2Hg + CH_3Hg^+ \xrightarrow{pH\ 4.5,\ H^+,\ CH_4} CH_3Hg^+$$

図4.3　メチル水銀の生体機構

表4.9　集団元素中毒の例

元素	年代	発生地域	事項
As	昭和30年ころ (1955)	岡山県	森永ミルクヒ素中毒事件 粉乳を製造するときに安定剤として用いていたリン酸2ナトリウムに不純物としてAsが含まれていた．乳児は1日に2～5 mgのAsを摂取したと推定されている．中毒者12,159名，死者131名をだした．
Cd	昭和42年ころ (1967)	富山県 神通川流域	イタイイタイ病 鉱山から排出されたCdを含んだ懸濁粒子が河川に入り，土壌が汚染され，育成した米がCdに汚染された．患者は通常の3～4倍のCdを摂取したと考えられている．平成11年までに認定された患者は183名であった．
Hg	昭和28年ころ (1953)	熊本県 水俣湾	水俣病(熊本)，第二水俣症(新潟) アルデヒドを合成した化学工場から微量のメチルHgが持続的に流出し，海水や河川に流れ込み，魚介類に濃縮された．これを食べた人びとに中枢神経系の異常症状が現れた．水俣病の推定患者数は2,252名（平成11年3月末），第二水俣症では690名（平成3年3月末）
	昭和39年ころ (1964)	新潟県 阿賀野川流域	
Sn	昭和38年 (1963)	静岡県	缶ジュース中に高濃度のSnが溶解し，96名が嘔吐，下痢，腹痛などの傷害を訴えた．Sn濃度は300～500 mg/Lであった．
	昭和40年 (1965)	鳥取県	小中学校の給食でだされた缶ジュースで828名のSn中毒が発生した．いずれもSnメッキ鉄板を用いた缶ジュースが原料あるいは使用されたNO$_3^-$イオンとSnが反応してSnがジュース中に溶けでた．

てヒトに取り込まれ生物蓄積されてしまった．はじめは神経痛様の訴えから発病し，しだいに骨の湾曲，変形が起こり歩行不能となった．痛みが激しいため，患者は「イタイイタイ」と訴えたため，この名称が疾患名となった．骨はやわらかくなり，わずかな外力でも骨折した．

　Cd は腎臓の近位尿細管上皮に沈着し，ここで変性を生じ，ついで遠位尿細管や糸球体にも病変が移行した．骨の病変は Ca が骨に結合しないための骨軟化症であった．Ca 欠乏などがあると，Cd による中毒症状はさらに悪化した．

　メチル水銀や Cd 中毒を含めて，集団で元素中毒が現れた代表的な例を表 4.9 にまとめた．

4.3.3　元素間相互作用

　水俣病やイタイイタイ病などの元素による中毒症の原因が研究される中で，きわめて興味深い現象が発見された．たとえば，回遊魚である大型マグロの体内には高濃度の Hg（160 μg/g）が存在するにもかかわらず，マグロ自身には水銀中毒は現れない．この謎をとく研究がされ，マグロの体内には Hg とほぼ同濃度の Se が存在していることがつきとめられた．Se は Hg と結合して毒性の低い物質をつくるものと考えられた．その後，この現象は哺乳動物でも確かめられたことは，「はじめに」の表 2（p.6）で述べた通りである．

　このような新しい発見により生体内では元素と元素とが相互作用して，新しい反応や生理現象が現れることが知られるようになった．これを元素間相互作用という．元素間相互作用の例をいくつか紹介する．

　Zn と Cu は同じ遷移元素であるため，性質が類似している．動物に過剰の Zn を与えると Cu 欠乏が発生する．またヒトでも大量の Zn を与えると銅欠乏が発生したことが知られている．過剰の Zn を与えると，腸管からの Cu の吸収を阻害し，低 Cu 血症を起こす．Cu 欠乏が続くと貧血を引き起こすことが知られている．Fe の細胞内への取り込みに Cu が関与する．このように Zn—Cu—Fe のバランスは健康上重要である．

　Mn と Fe も同じ遷移元素であり，両元素の化学的性質は比較的よく似ている．Fe 含有量の多い人，鉄含有量の多い食事をとっている人あるいは大量の Fe をとり続けている人は，腸管から Mn が吸収されて，血漿中 Mn 濃度とリンパ球中の Mn—スーパーオキシドジスムターゼ（Mn—SOD）活性が低下する．また，Mn 欠乏動物では貧血症状が現れることも知られている．Mn 欠乏は腸管での Fe 輸送機構に変化をもたらすと考えられている．

　このような元素相互作用は，栄養学的にも重要な現象である．元素間相互作用の例を，相互作用の形態別に分類して表 4.10 に示した．

Key Word

近位尿細管 proximal tubule, 上皮 epithelium, 糸球体 glomerulus, 骨軟化症 osteomalacia, メチル水銀 methylmercury, 元素間相互作用 inter-element interaction

Key Word

必要量 requirement, 栄養所要量 recommended dietary allowance, 推定平均必要量 estimated average requirement (EAR), 推奨栄養所要量 recommended daily amount (RDA), リスク参照値（推定安全値）reference dose (RfD), 許容上限摂取量 tolerable upper intake level

表 4.10 元素間相互作用の例

相互作用の形態	例
消化管での吸収阻害	Ca-P, Mg-P, Cu-Mo, Se-Ag, Ca-Mg, Cu-Zn, Mn-Fe, Si, P-Al, F-Al
利用阻害（拮抗作用）	Cu-Fe, Cr-Fe, Mo-Cu, Fe-Pb, B-Ca, Mg
腎臓での再吸収阻害	Na-K
細胞外液量	Na-Cl
生体内での複合体形成	Se-Hg, Cd, Zn-Pb
生体内での配位子置換	Zn-Fe, Pb, Ca-Cd, Cd-Zn, Cu
酵素反応の関与	Na, K, Ca-Mg(ATPase), I-Se（ヨードチロニン脱ヨウ素酵素），Fe-Cu（フェロオキシダーゼ），Mg-Fe（トランスフェリン合成），Mg-Mn（ピルビン酸カルボキシラーゼ），W-Mo（Mo酵素）

4.4 生体必須元素の摂取量

16世紀に，スイスの医化学者パラケルススは，「すべての化学物質には，有用性と有害性があり，その区別は量によって決まる」と述べた．今日の食品や医薬品のあり方を考えるうえにおいて，今なお生彩を放つ言葉である．

ヒトが健康に生きていくために，日常的に栄養素として何をどれだけとればよいかが古くから考えられてきた．最近は，栄養素としての元素にも，栄養的観点のみならず有害性にも着目し，許容上限量などが決められるようになった．必須元素の摂取量に関して，よく用いられる用語をいくつか知っておくことは大切なことである．ここでは，それらの代表的な用語を解説し，続いてわが国の必須元素に関する現状を紹介する．

4.4.1 必須元素の摂取に関する用語

国際的によく用いられる栄養素の摂取に関する用語を，以下に簡単に述べる．

必要量：栄養素を食事として摂取するときに，長期間（数か月）にわたり消化・吸収される栄養素の最小量．詳しくは推定平均必要量（EAR）といい，平均値（中央値）で50％の人は欠乏状態，残りの50％は過剰状態となる．

栄養所要量：たいていの人が日常摂取している十分な栄養量．詳しくは推奨栄養所要量（RDA）といい，必要量に標準偏差の2倍を加えた値で示す．

リスク参照値：1日の許容摂取量すなわち推定安全値のこと．4.3.1項で述べた NOAEL や LOAEL から算出する．

許容上限摂取量：栄養素の過剰摂取による健康障害を予防するため，特定の集団において，ほとんどの人の健康に悪影響をおよぼす危険のない栄

養摂取量．

摂取安全域：許容上限摂取量と栄養所要量との差．

これらの数値を総称して，食事摂取基準という．これらの値の中で日常的に重要なものは栄養所要量と許容上限摂取量である．

Key Word
摂取安全域 safe range of nutrient intake, 食事摂取基準 dietary reference intakes

4.4.2 必須元素の摂取状況

ヒトが普通の生活をしているとき，必須元素の摂取はどうなっているのであろうか？ 健常日本人男性（体重 50 kg）の元素摂取量に関するデータを表 4.11 に示した．平均の摂取量は栄養所要量にほとんど等しく，また許容上限摂取量のはるか下にありまったく問題はないようにみえる．しかし，もっと多くの集団を見ると，多くの人びとに Ca, Mg, Fe, Cu および Zn を多く欠乏していることが示されている（図 4.4）．

この 5 元素のうち Zn の状況を紹介する．わが国では，食事からの Zn の供給源はコメを含む穀類から 36 %，魚介類から 12 %，肉類 12 % そして豆類から 12 % である．一方，アメリカでは Zn は動物性食物から 70 %，イギリスでは 64 % となり，わが国とかなり異なっている．結果的にはわが国の男性の Zn 摂取量は 7.1〜10.7 mg（所要量 10〜12 mg），女性は 5.6〜9.3 mg（所要量 9〜10 mg）であり，共にやや摂取不足状態にある．とくに，女子大生の Zn 平均摂取量は 6〜6.5 mg である．このような低 Zn 欠乏症は，たとえば味覚異常などとして現れる．

表 4.11 健常日本人男性（体重 50 kg）の 1 日の元素摂取量

元素	単位	栄養所要量	平均摂取量	許容上限摂取量
Zn	mg	9.6	7〜11	30
Mn	mg	4	3〜4	10
Cu	mg	1.8	1〜4	9
I	μg	150	200〜30,000	3,000
Se	μg	55	41〜168	250
Cr	μg	35	28〜62	250
As	μg	10〜34	10〜34	140
Mo	μg	30	135〜215	250

糸川嘉則 編，『ミネラルの事典』，朝倉書店 (2003), p. 101, 表 5.16 を一部改変．

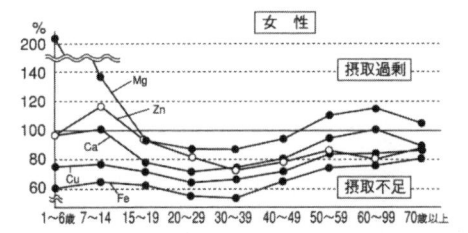

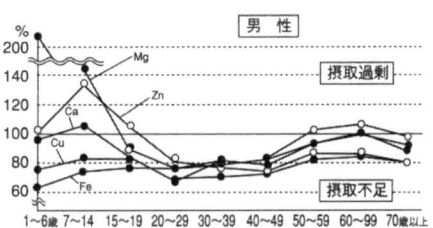

図 4.4 日本人の必須元素の充足率
国民栄養調査（平成 13 年）より計算．調査された対象の平均栄養所要量を 100 % として表示．

わが国の食生活は多彩であり，普通の食事をしていれば必須元素の欠乏はないと考えられてきた．しかし，最近の生活習慣や食生活の変化は，わが国の人びとの健康状況が大きく変動していることを示し，将来に大きな問題をなげかけている．

演習問題

問題 4.1 生体成分とその含有元素および機能の関係のうち，正しいものはどれか．

	生体成分	元素	機能
1	ビタミン B_{12}	コバルト	メチル化
2	スーパーオキシドジスムターゼ	亜鉛	スーパーオキシドの生成
3	グルタチオンペルオキシダーゼ	セレン	過酸化水素の消去
4	シトクロム P 450（CYP）	銅	薬物代謝
5	チロキシン	マグネシウム	代謝促進

問題 4.2 栄養素に関する記述のうち，正しいものの組合せはどれか．
a カリウムの過剰摂取は，高血圧を誘発する．
b 食塩の過剰摂取は，胃がんのリスクファクターである．
c セレンは，スーパーオキシドジスムターゼの補因子である．
d クロムは，必須微量元素である．

1 (a, b) 2 (a, c) 3 (a, d) 4 (b, c) 5 (b, d) 6 (c, d)

問題 4.3 生体内の元素に関する記述のうち，正しいものの組合せはどれか．
a 赤血球中のカリウム濃度は，血漿中の数十倍である．
b フッ素は通常，歯には数百 ppm 程度存在するが，骨にはほとんど含まれない．
c 鉄はトランスフェリンの形で貯蔵され，フェリチンの形で運搬される．
d 銅は無機鉄をヘム鉄にする際の触媒として働き，銅が欠乏すると貧血を起こす．

1 (a, b) 2 (a, c) 3 (a, d) 4 (b, c) 5 (b, d) 6 (c, d)

問題 4.4 化学物質の安全性評価に関する記述の正誤について，正しい組合せはどれか．
a NOAEL は，測定可能な濃度領域の量-反応曲線から外挿して求めることができる．
b NOAEL は，すべての化学物質にあてはまる概念である．
c 実験に使用する動物の種類により，NOAEL は異なることがある．
d ADI は，NOAEL の値と安全係数をもとにして求める．

	a	b	c	d
1	正	正	誤	誤
2	誤	正	正	誤
3	正	正	誤	正
4	誤	誤	正	正
5	正	誤	正	正

（注）NOAEL：no observed adverse effect level（無毒性量）
ADI：acceptable daily intake（一日許容摂取量）

問題 4.5 わが国で起こった公害および中毒事例とその主要原因物質との関係の正誤について，正しい組合せはどれか．

	公害および中毒事例	主要原因物質
a	水俣病	有機水銀
b	四日市ぜん息	窒素酸化物
c	イタイイタイ病	有機スズ
d	カネミ油症	PCB

	a	b	c	d
1	誤	正	誤	正
2	正	誤	正	誤
3	正	正	誤	誤
4	誤	誤	正	誤
5	正	誤	誤	正

問題 4.6 金属とそれによるおもな障害の関係の正誤について，正しい組合せはどれか．

a　メチル水銀————中枢神経障害
b　クロム（六価）————鼻中隔穿孔
c　カドミウム————腎毒性
d　鉛————心毒性

	a	b	c	d
1	正	正	正	誤
2	正	誤	誤	正
3	誤	正	誤	正
4	正	誤	正	誤
5	誤	正	正	正

問題 4.7　メチル水銀の生物学的半減期は 70 日である．体内に蓄積したメチル水銀が 100 分の 1 に減少するのに約何日を要するか．最も近い値を選べ．ただし，メチル水銀の新たな暴露はないものとする．必要ならば，$\log 2 = 0.3$ を用いよ．

 1．70　　2．350　　3．470　　4．740　　5．3500　　6．7000

問題 4.8　下表は，20～29 歳の日本人のビタミン B_2，鉄およびカルシウム摂取量（平成 11 年国民栄養調査結果に基づく）を，同年代の平均栄養所要量を 100 として表したものである．
　　　　a，b，c に該当する栄養素の正しい組合せはどれか．

	男	女
a	121	84
b	111	140
c	90	80

	a	b	c
1	ビタミン B_2	鉄	カルシウム
2	ビタミン B_2	カルシウム	鉄
3	鉄	ビタミン B_2	カルシウム
4	鉄	カルシウム	ビタミン B_2
5	カルシウム	ビタミン B_2	鉄
6	カルシウム	鉄	ビタミン B_2

問題 4.9　カルシウムに関する次の記述の正誤について，正しい組合せはどれか．
a　カルシウムの腸管における吸収率は，食品の種類によって異なる．
b　カルシウムを多く含む食品を多量に摂取しても，血液中のカルシウム濃度はほとんど変動しない．
c　活性型ビタミン D はカルシウムの腸管吸収を抑制する．
d　カルシウムの所要量は鉄の所要量より多い．

	a	b	c	d
1	正	正	誤	正
2	正	誤	正	誤
3	誤	正	誤	正
4	誤	誤	正	誤
5	正	誤	誤	正
6	正	正	正	誤

解　答

4.1　正解：3
4.2　正解：5
4.3　正解：3
4.4　正解：5
4.5　正解：5
4.6　正解：1
4.7　正解：3　$N = N_0 \left(\dfrac{1}{2}\right)^{\frac{t}{T}}$（$T$：半減期）を用いる．

　　　　$\dfrac{N}{N_0} = \left(\dfrac{1}{2}\right)^{\frac{t}{T}}$ に変形し，おのおのの log 値をとり，値を代入する．

　　　　$\log \dfrac{1}{100} = \dfrac{t}{70} \log \dfrac{1}{2} \longrightarrow -2 = \dfrac{t}{70}(-0.3) \longrightarrow t ≒ 467$（日）

4.8　正解：3
4.9　正解：1

5 錯体化学

5.1 無機化合物と金属錯体

塩化ナトリウムや硫酸ナトリウムの水溶液は無色透明であるが，硫酸銅(II)水溶液はあざやかな青色をしている．このように遷移金属元素の化合物には，有色のものが数多くみられる．これは，中心の遷移金属イオンが H_2O や NH_3 などの分子，Cl^- や CN^- などのイオンと配位化合物をつくるためである．このような分子やイオンは，配位子とよばれる．硫酸銅(II)水溶液にアンモニア水を加えると，Cu^{2+} は四つのアンモニア分子 NH_3 と配位結合を形成し，濃青色のテトラアンミン銅(II)イオン $[Cu(NH_3)_4]^{2+}$ となる．この例のように中心原子が金属イオンの場合，金属錯体とよばれる．

無機化合物は，生命科学の分野では，DNAやタンパク質などと比べて脇役と思われがちであるが，生体中の金属イオンは多くの場合錯イオンとして存在し，重要な働きをしている．その典型的な例を図5.1に示す．

その一つは，非常に強い抗がん活性を示すシスプラチン $[PtCl_2(NH_3)_2]$ である．これは，Pt^{2+} にアンモニア分子と塩化物イオンが二つずつ配位した錯体であり，その立体構造が抗がん活性に重要な役割を果たしている．もう一つの錯体は，生命維持に不可欠な酸素の運搬を担っているヘモグロビンで，ヘムがタンパク質のグロビンと結合したものである．ヘムは，ポルフィリンとよばれる環状分子の四つの窒素と Fe^{2+} が配位結合したものである．Fe^{2+} は六配位で結合するため，これにさらに酸素分子とタンパク質を構成するアミノ酸のヒスチジンが配位し，酸素を運搬している．このように，錯体に関する知識を得ることは，身体の中での金属イオンの働きを理解するうえできわめて重要である．第5章では，錯体化学の基礎を

Key Word

配位化合物 coordination compound, 配位子 ligand, 金属錯体 metal complex, 生命科学 life science, シスプラチン cisplatin, ヘモグロビン hemoglobin, ヘム heme, ポルフィリン porphyrin

シスプラチン

ヘモグロビンのヘム部分と酸素の結合の様子

図 5.1 金属錯体の例

Key Word

非共有電子対（孤立電子対）lone pair, 遷移元素 transition element, 配位数 coordination number, 単座配位子 monodentate ligand

5.2 配位化合物

配位結合に関しては次の節で詳しく説明するが，その本質は電子の満たされていない金属イオンのd軌道を配位子の非共有電子対（孤立電子対）が占めることにより共有結合を形成することにある．そのため，すべての遷移金属元素は，配位化合物をつくることができる．そのとき，中心金属元素は，陽イオンであるので，配位子は非共有電子対をもつ陰イオンや分子が多い．代表的な配位子とその名称を表5.1に示す．

窒素原子や酸素原子をもつ分子や陰イオンはほとんどの遷移元素と配位化合物をつくる．たとえば，アンモニア，水，ハロゲン化物イオンなどは最もよく知られた配位子である．これまで，非常に多くの金属錯体が報告されている．代表的な金属錯体の名称，化学式，配位数，立体構造を表5.2に示す．

錯体の化学式は，その中心金属またはイオンと配位子を［ ］でくくって示す．たとえば，Co^{3+} が六つのアンモニア分子と配位結合をつくってできた錯イオンは $[Co(NH_3)_6]^{3+}$ と表す．その錯体の名称は，配位子の数，配位子の名称，中心金属イオンの名称，その酸化数を（ ）に示して命名する．$[Co(NH_3)_6]^{3+}$ の場合は，ヘキサアンミンコバルト(III)イオンとなる．一方，$[Fe(CN)_6]^{3-}$ のように錯イオンが負電荷をもつ場合は，金属イオンの名称，その酸化数（ ）の後に酸をつけてヘキサシアノ鉄(III)酸イオンと命名する．中心金属イオンと配位結合している配位子（NH_3 や CN^-）の数を配位数とよび，Co^{3+} イオンの配位数は6で，六配位といわれ，図5.2に示すように正八面体構造をしている．

錯体の配位数は，中心金属イオンの種類，その酸化数や配位子の種類によって決まる．配位数が2から12までさまざまな錯体が存在するが，代表的な配位数は4と6である．配位数によってその立体構造も決まり，四配位の場合は，平面四角形や正四面体，六配位の場合は，正八面体構造をとる．

これまで紹介してきた配位子は，一つの配位子が一つの配位結合を形成する場合で，これらの配位子を単座配位子とよぶ．これに対して，一つの配

表5.1 代表的な単座配位子とその名称

配位子	配位子の名称	
F^-	fluoro	フルオロ
Cl^-	chloro	クロロ
Br^-	bromo	ブロモ
O^{2-}	oxo	オキソ
OH^-	hydroxo	ヒドロキソ
CN^-	cyano	シアノ
H_2O	aqua	アクア
NH_3	ammine	アンミン
CO	carbonyl	カルボニル

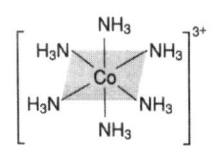

図5.2 $[Co(NH_3)_6]^{3+}$ の構造の二つの表し方

表5.2 代表的な金属錯体

イオン	化学式	配位数	立体構造	名称
Co^{3+}	$[Co(NH_3)_6]^{3+}$	6	正八面体	ヘキサアンミンコバルト(III)イオン
Pt^{2+}	$[PtCl_2(NH_3)_2]$	4	平面四角形	ジクロロジアミン白金(II)
Zn^{2+}	$[ZnCl_4]^{2-}$	4	正四面体	テトラクロロ亜鉛(II)酸イオン
Ag^+	$[Ag(NH_3)_2]^+$	2	直線	ジアミン銀(I)イオン
Fe^{3+}	$[Fe(CN)_6]^{3-}$	6	正八面体	ヘキサシアノ鉄(III)酸イオン

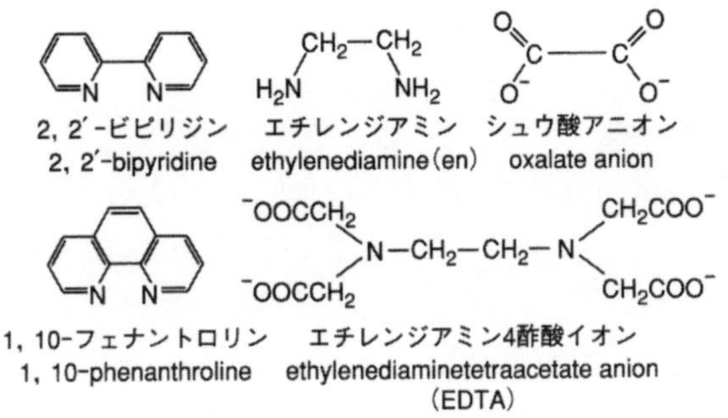

図5.3 代表的な多座配位子

Key Word
多座配位子 multidentate ligand, 封鎖剤 masking reagent, キレート化合物 chelate compound, キレート環 chelate ring, 配位結合 coordinate bond, 原子価結合理論 valence bond theory, 電子配置 electron configuration

位子が複数の非共有電子対をもち，一つの金属イオンと複数の配位結合をつくることのできる配位子を多座配位子とよぶ．代表的な多座配位子として，エチレンジアミン四酢酸イオン（EDTA），$(^-OOCCH_2)_2NCH_2CH_2N$-$(CH_2COO^-)_2$，がある．この配位子は六座配位子で，カルボキシル基の四つの酸素原子と二つの窒素原子の非共有電子対で六つの配位結合をつくる．できた錯体は非常に安定で，金属イオンの定量や抽出，金属イオンの封鎖剤として広く利用されている．EDTA以外にも多数の多座配位子が存在する．エチレンジアミン（en），シュウ酸イオンおよびアミノ酸は二座配位子である．先述のヘムのところで紹介したポルフィリンは，四座配位子である．代表的な多座配位子を図5.3に示す．

多座配位子がつくる金属錯体をキレート化合物とよぶ．これは，多座配位子が中心金属イオンをはさんでいる格好が「カニのはさみ」（ギリシャ語で *chelate*）を連想させることから命名されている．このようにしてできた金属イオンを含む環構造をキレート環といい，環の骨格を形成する原子の数に応じて，おもに五員環および六員環構造となり，安定なキレート化合物を形成する．

5.3 原子価結合理論

$[Cu(NH_3)_4]^{2+}$ 中の Cu^{2+} と NH_3 との結合について考えてみよう．金属錯体の場合には，これまでの共有結合の考え，つまり原子が互いに一つずつ電子をだし合って共有結合をつくるという考え方では説明ができない．とくに，水分子の酸素原子は，8個の外殻電子をもつ希ガス構造をとって安定化しているため，あらたな結合を形成することは困難であると考えられる．また，Cu^{2+} イオンは，なぜ四つのアンモニア分子と配位結合するのであろうか．なぜ六つではいけないのか．これらのことは，配位結合の本質を知ることにより容易に理解できる．

配位結合の本質を明らかにするために，アンモニウムイオンの結合について考えてみよう．その前に，アンモニア分子 NH_3 について考えてみる．NH_3 は，窒素原子の電子配置が，$1s^2 2s^2 2p^3$ であるので，単純に考える

Key Word

電子対供与体 electron donor,
電子受容体 electron acceptor,
空軌道 vacant orbital

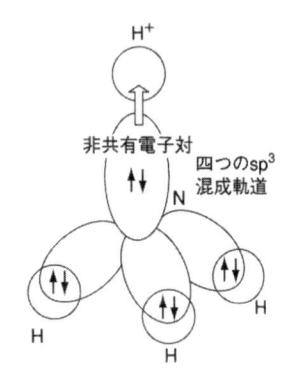

図5.4 アンモニアとプロトンの配位結合

と3個の2p軌道の電子と三つの水素原子の1s軌道の電子が共有することによって三つの共有結合が形成されると考えられる．この場合，三つのN—H結合間の角度∠HNHは90°になると予想されるが，実際は107.5°とメタンの正四面体構造の結合角109.5°にかなり近い．これは，アンモニアの窒素原子の2s軌道（2個の電子で占められているので，通常は結合軌道としては使用されない）と三つの2p軌道によって，メタンの場合と同様に四つのsp^3混成軌道をつくるためである．この軌道のうち三つは水素原子の1s軌道と重なって共有結合をつくる．一方，残りの一つの軌道は，窒素原子の2s軌道を占めていた2個の電子（非共有電子対）が占有する．つまり，NH_3分子は非共有電子対を含めて正四面体構造をとっているのである．窒素原子は，炭素原子と比べると電子の数が1個多いので，それが一つの軌道を占有してしまうため結合の数はメタンの炭素原子に比べて一つ少なくなるが，構造はメタンと同じ正四面体構造となる．

ところで，アンモニウムイオンNH_4^+の場合には四つの水素原子は等価で区別ができず，メタンと同様に正四面体構造をしている．そこで，このアンモニウムイオンの結合について考えてみよう．アンモニウムイオンは，アンモニア分子にプロトンH^+が結合したものである．そこで，H^+はアンモニアとどのような結合をつくるのであろうか．NH_3の非共有電子対が占めている一つのsp^3混成軌道は水素原子と共有結合をつくることはできないが，電子をもたないH^+とは，非共有電子対を共有して結合をつくることが可能である．この結合は，アンモニア分子をつくるときに説明した窒素原子と水素原子との間の共有結合とまったく差異はない．つまり，アンモニウムイオンのN—H結合はすべて同等で区別がなく，図5.4に示すように，正四面体構造である．

通常の共有結合の場合，結合にかかわる二つの原子が互いに電子を一つずつ提供して共有結合を形成する．ところが，NH_4^+の場合，H^+との結合に必要な電子対は窒素原子のみから供給されている．このように，結合電子対が，結合にかかわる二つの原子のうちの一方のみから供給されてできる結合を配位結合という．ただ，配位結合もいったん結合ができてしまえば，アンモニウムイオンの例のように通常の共有結合とまったくかわりはない．電子対を提供する分子またはイオンを電子対供与体，また電子対を受け取ることのできるイオンを電子対受容体とよび，このイオンは電子対を収容できる空軌道をもっている．

次に，金属錯体の配位結合について述べる．$[Co(NH_3)_6]^{3+}$は先ほど述べたように，Co^{3+}イオンは六配位で，正八面体構造をとっている．この配位結合について考えてみよう．Co原子の外殻電子配置は，$3d^7 4s^2$であるが，Co^{3+}イオンになると$3d^6$で，結合に使用できる価電子（不対電子）は4個しかない．ところが，4個の価電子（不対電子）にエネルギーを与

5.3 原子価結合理論

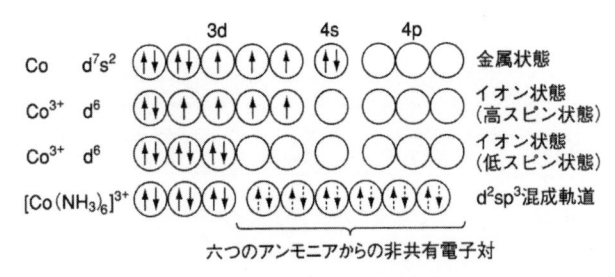

図5.5 [Co(NH$_3$)$_6$]$^{3+}$ の電子配置

えて励起状態（フントの規則に違反しているが）にすると6個の電子は，三つの3d軌道に納まり，その結果生じた空の二つの3d軌道，一つの4s軌道，三つの4p軌道の計六つの空軌道に配位子の非共有電子対を収容することができる．第四周期の遷移元素のCo^{3+}がNH_3と配位結合をつくるときには，図5.5に示すような3d軌道の四つの不対電子が並び変えを起こして，低スピン状態となり，3d軌道の二つが空軌道となる．そして二つの3d軌道，一つの4s軌道，三つの4p軌道が等価な計六つの混成軌道がつくられる．この混成軌道は，d^2sp^3混成軌道とよばれ，正八面体の各頂点の方向に軌道が向いた六つの等価な軌道である．したがって，この軌道にNH_3の非共有電子対を六つ受け入れることにより結合が形成され，正八面体構造となる．

次に，テトラシアノニッケル(II)酸イオン[Ni(CN)$_4$]$^{2-}$について考えてみよう．この錯体は先ほど述べた[PtCl$_2$(NH$_3$)$_2$]と同様に平面四角形構造をとる．Ni原子の外殻電子配置は，$3d^84s^2$であるが，Ni^{2+}イオンになると$3d^8$となるため，結合に使用できる価電子（不対電子）は2個しかない．ところが，2個の価電子（不対電子）にエネルギーを与えて励起状態にすると8個の電子は，四つの3d軌道に納まり結合に使用できる価電子（不対電子）はなくなり，一つの3d軌道，一つの4s軌道，二つの4p軌道の計四つが空軌道となる．これら四つの軌道から等価な混成軌道ができ，配位子の非共有電子対を収容する．3d軌道と4s，4p軌道のエネルギーはそれほど大きな差がないため混成軌道をつくることが可能である．この混成軌道は，dsp^2混成軌道とよばれ，平面正方形の各頂点の

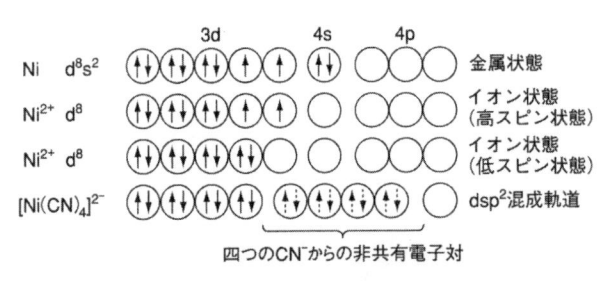

図5.6 [Ni(CN)$_4$]$^{2-}$ の電子配置

Key Word

結晶場理論 crystal field theory，分光化学系列 spectrochemical series

表 5.3 錯体の構造と混成軌道

配位数	混成軌道	立体構造	代表的な錯体
2	sp	直線	$[Ag(NH_3)_2]^+$
4	sp^3	正四面体	$[Zn(NH_3)_4]^{2+}$
4	dsp^2	平面四角形	$[Ni(CN)_4]^{2-}$
6	d^2sp^3	正八面体	$[Co(NH_3)_6]^{3+}$

方向に軌道が向いた四つの等価な軌道である．このことは，平面正三角形の sp^2 混成軌道に $d_{x^2-y^2}$ 軌道が混成されていることを考えれば容易に想像がつくであろう．したがって，これらの四つの空軌道に配位子 CN^- の非共有電子対を4個受け入れることにより結合が形成される（図 5.6）．

この二つの例からも明らかなように，錯体（配位化合物）の形は，配位結合をつくるのに必要な結合軌道として，中心金属イオンのどの原子軌道が空軌道として使えるかによって決まってくることがわかる．したがって，遷移元素の種類およびその酸化数によって配位数や立体構造が決まる．代表的な錯体の配位数，混成軌道，立体構造を表 5.3 に示す．

Co^{3+}，Fe^{2+}，Pt^{4+} などは電子配置が d^6 となり，d^2sp^3 混成軌道をつくることが可能であるので，六配位の正八面体型構造をとる．また，Cr^{3+} も六配位の八面体型構造になる．一方，Pt^{2+} の電子配置は d^8 で，dsp^2 混成軌道をつくることができるので，四配位の平面四角形構造となる．このように Pt は，酸化数が変わると配位数および構造が変化することがわかる．遷移金属は，部分的に満たされた d 軌道をもっているので，さまざまな構造や混成軌道の錯体が生成する．このように，金属錯体の構造や混成軌道が金属イオンの電子配置と密接な関係にあることが明らかとなった．しかしながら，なぜこれらの金属錯体が水溶液中でさまざまな美しい色を示すのかは，この原子価結合理論で説明することはできない．そこで，この疑問に答を与えてくれる結晶場理論について次に紹介する．

5.4 結晶場理論

金属錯体が示す美しい色は，多くの研究者の心を魅了してきた．たとえば，$[Cu(H_2O)_4]^{2+}$ は青色を示すが，H_2O が NH_3 に置き換わった $[Cu(NH_3)_4]^{2+}$ は深青色を呈する．また，$[Co(H_2O)_6]^{2+}$ の水溶液は，薄いピンク色をしている．この美しい色彩に惹きつけられて，錯体化学を志した研究者は枚挙に暇がない．槌田龍太郎もその一人である．彼は分光測定（色の吸収）により，配位子の種類による Co^{3+} イオンの色の変化を系統的に調べ，分光化学系列を確立した．

槌田龍太郎（1903〜1962），日本を代表する錯体化学者．

$I^- < Br^- < Cl^- < F^- < CO_3^{2-} \sim OH^- \sim HCO_3^- < C_2O_4^{2-} < H_2O < NH_3 <$ エチレンジアミン $<$ ジピリジル $<$ フェナントロリン $< NO_2^- < CN^-$

5.4 結晶場理論

表 5.4 正八面体錯体の吸収波数 (cm^{-1})

金属イオン	配位子			
	Cl$^-$	H$_2$O	NH$_3$	CN$^-$
Ni^{2+}	7,200	8,500	10,800	
Cr^{3+}	13,200	17,400	21,600	26,700
Co^{3+}		18,200	22,900	33,500

Key Word
磁性 magnetism, 縮退 degeneracy

これは，錯体の吸収エネルギーの順番を示している．この順番は，図5.8で示すd軌道のエネルギー分裂の大きさΔの順を表している．表5.4は，おもな配位子による吸収波数の値をまとめたものである．

いずれの錯体においても配位子がCl$^-$からCN$^-$になるにしたがって，吸収エネルギーが大きくなっていることがわかる．これを説明するために導入されたのが結晶場理論である．この結晶場理論を用いると錯体の色の変化ばかりでなく，錯体の磁石に反応する性質（磁性）についても答を与えてくれる．

原子価結合論では，金属錯体の構造についてよく説明ができる．しかし，金属錯体の色についてはよくわからない．金属錯体の示す色彩は，どのような準位間のエネルギー吸収に対応するのであろうか．たとえば5.2節で説明した [Co(NH$_3$)$_6$]$^{3+}$ の価電子は，エネルギーを吸収してどの準位に移動するのであろうか．これに関する答を与える糸口は，原子価結合論にはなさそうである．

そこで，配位結合を別の観点から見る結晶場理論をもとに色の変化を考えてみよう．遷移金属イオンの五つのd軌道（図5.7）は，気体状態でまわりに何もない場合はすべてのd電子は同じエネルギーをもっており，つまり縮退している．ところが，まわりに配位子のように静電場をつくる化学種が接近すると，その縮退が解け異なるエネルギー状態（図5.8）と

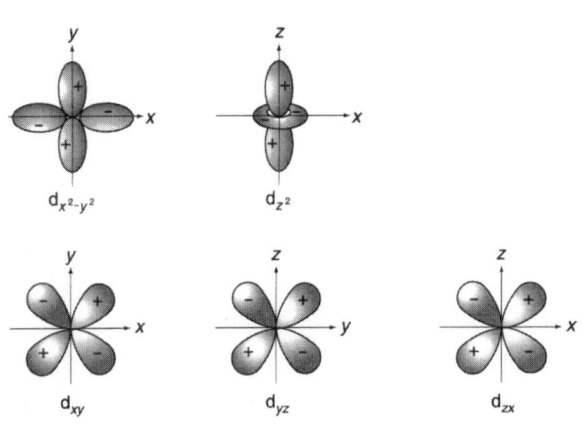

図 5.7 五つのd軌道の形

図 5.8 正八面体錯体のd軌道のエネルギー準位の分裂 10 Dq=Δ である．

Key Word

クーロン反発 Coulomb repulsion, 結晶場分裂エネルギー crystal field splitting energy, 電子遷移 electronic transition, d-d 遷移 d-d transition, 高スピン錯体 high-spin complex, 低スピン錯体 low-spin complex

クーロン (Charles-Augustin de Coulomb, 1736～1806), フランスの物理学者.

*　d軌道の分裂の大きさを示し, 単位は通常吸収する光をもとに cm^{-1} で表すのが最も一般的である.

なる. 配位子は非共有電子対をもっており, これが d 軌道をめざして接近するため, 金属イオンがもともともっている d 電子との間でクーロン反発が生じる. この様子を先ほど紹介した正八面体構造をもつ [Co(NH$_3$)$_6$]$^{3+}$ を例にとって考えてみよう. 六つの NH$_3$ 配位子が $x, -x, y, -y, z, -z$ 軸方向から接近すると, 五つの d 軌道のうち, d$_{z^2}$ と d$_{x^2-y^2}$ 軌道の電子は, 非共有電子対とのクーロン反発を直接に受ける配置にあるため, かなり不安定になるが, d$_{xy}$, d$_{yz}$, d$_{zx}$ 軌道の電子は配位子の接近する方向と異なっているため, 反発が比較的小さいと予想される. つまり, 二重縮退の d 軌道 (d$_{z^2}$, d$_{x^2-y^2}$) と三重縮退の d 軌道 (d$_{xy}$, d$_{yz}$, d$_{zx}$) とに分裂する. この二つの軌道のエネルギー差 Δ は結晶場分裂エネルギーとよばれ, 10 Dq* と表す場合が多い. この錯体に電磁波を当てると, この二つの軌道間の電子遷移が起きる. これを d-d 遷移という. この遷移に必要な光がちょうど可視光領域にあるので, 遷移金属錯体はさまざまな色を示すことになる. すなわち, 金属錯体の色彩の起源は, 縮退が解け分裂した d 軌道にある電子の遷移に伴う電磁波の吸収によるものである.

次に, この 10 Dq の大きさは何によって決まるのかを考えてみよう. 10 Dq の大きさは, d 電子と配位子との電子間反発の大きさを表しているわけであるので, 中心金属の種類, 酸化数 (電荷) と配位子の種類によって異なると予想される. 槌田龍太郎によって見いだされた分光化学系列は, まさに配位子によるこの分裂の大きさを表している. この順序は, 配位子のつくる静電場の大きさの順番にほぼ対応している. したがって, CN$^-$ や NH$_3$ の場合は, 分裂はかなり大きくなるが, Cl$^-$ や F$^-$ の場合は小さい. たとえば, [Co(NH$_3$)$_6$]$^{3+}$ は橙色であるが, [CoF$_6$]$^{3+}$ は淡青色を呈する. このように, 金属錯体の色の変化は配位子による d-d 分裂によるものである.

それでは, Co^{3+} イオンの d 軌道に電子はどのように入っているのであろうか. Co^{3+} の外殻軌道の電子配置は 3 d^6 で, 3 d 軌道に六つの d 電子が存在する. [Co(NH$_3$)$_6$]$^{3+}$ の場合は, 10 Dq がかなり大きいので, フントの規則に逆らって d$_{xy}$, d$_{yz}$, d$_{zx}$ 軌道のみに電子が入る. これは, 電子がフントの規則に従ってエネルギー的に不安定な d$_{z^2}$ と d$_{x^2-y^2}$ 軌道に入るよりも電子間反発による不安定化のほうが小さいためである. 一方, [CoF$_6$]$^{3-}$ の場合は, 同じ正八面体構造をとっていても 10 Dq が小さいので, フントの規則にしたがってエネルギー的に不安定な d$_{z^2}$ と d$_{x^2-y^2}$ 軌道に電子は入る. これは, 10 Dq が電子間反発による不安定化よりも小さいためである. このため, [CoF$_6$]$^{3-}$ では 4 個の不対電子をもつ. このように, 10 Dq の大きさによって電子配置が異なってくる. [CoF$_6$]$^{3-}$ のような場合を高スピン錯体, [Co(NH$_3$)$_6$]$^{3+}$ のような場合を低スピン錯体 (図 5.9) とよぶ.

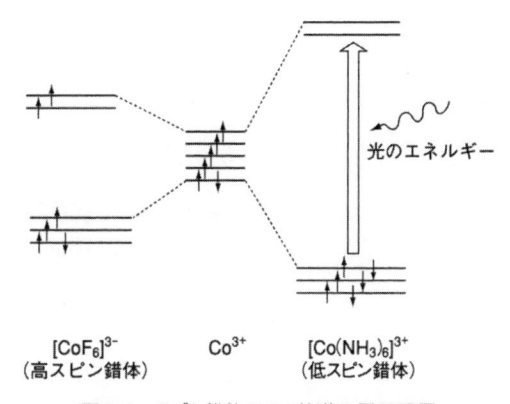

figure 5.9 Co^{3+} 錯体の 3d 軌道の電子配置

[CoF₆]³⁻ (高スピン錯体)   Co³⁺   [Co(NH₃)₆]³⁺ (低スピン錯体)

光のエネルギー

Key Word

強磁性 ferromagnetism, 常磁性 paramagnetism, 磁化率 magnetic susceptibility, 反磁性 diamagnetism, 分子軌道法 molecular orbital theory

スピン状態 遷移金属イオンは，d 軌道にいくつかの電子をもつ．この電子は，フントの規則に従って（電子間のクーロン反発を避けるために）なるべく異なる 5 個の d 軌道に入るようになる（トータルスピンの数が多いので高スピン状態とよぶ）．ところが，配位結合をつくろうとすると一つの軌道に 1 個の電子が入っていたのでは，多くの結合をつくることができないため，フントの規則を破って，電子が対をつくる（低スピン状態）．このように同じ d 電子数の遷移金属イオンでも，異なるスピン状態をとることが可能である．（p. 159 参照）

鉄のように，磁場に応答する性質を磁性という．鉄は，強磁性物質でスピンが規則的に並んでおり，それ自身が磁場をつくる．強磁性物質以外にも磁場に反応する物質は存在する．磁場中に置いたとき磁場に強く引きつけられる性質を常磁性といい，不対電子をもつ金属錯体はこの性質を示す．これは，磁場と不対電子との相互作用によるものである．磁化率の測定から，錯体の磁性について知ることができ，[Co(NH₃)₆]³⁺ は不対電子が存在しないため反磁性，[CoF₆]³⁻ は不対電子があるため常磁性を示す．さらに，[CoF₆]³⁻ には不対電子が 4 個存在することも確認できる．したがって，結晶場理論を用いると金属錯体の色彩ばかりでなく，磁性に関しても説明が可能となる．

結晶場理論はイオン結合的な考え方を基本としているために，配位子と金属イオンとがどのような結合を介して安定化しているかということに関しては情報を与えてくれない．したがって，金属錯体の形については，説明できない．一方，前節で述べた混成軌道を用いた原子価結合論によると金属錯体の形については教えてくれるが，金属錯体の性質に関しては無力である．

5.5 分子軌道法

金属錯体の形や性質（色，磁気的性質）のいずれに関しても答えを与えてくれるのは，金属の軌道と配位子の軌道を考慮にいれた分子軌道理論である．図 5.10 はこの理論に基づいて求めた [Co(NH₃)₆]³⁺ の分子軌道のエネルギー準位を表したものである．

この考え方によると配位子と金属の s, p, d 軌道との重なりによる配位結合の安定化（σ 結合軌道）も説明が可能であり，また配位子の接近による d 軌道の分裂（$10\,Dq$）も表現できる．しかしながら，この理論は，多数の原子の軌道を扱うので非常に複雑である．したがって，上で述べた原子価結合論と結晶場理論を使いわけることにより定性的には錯体の構造

Key Word

立体化学 stereochemistry, 幾何異性 geometrical isomerism, 異性体 isomer, 光学異性体 optical isomer, シス-トランス異性 cis-trans-isomerism

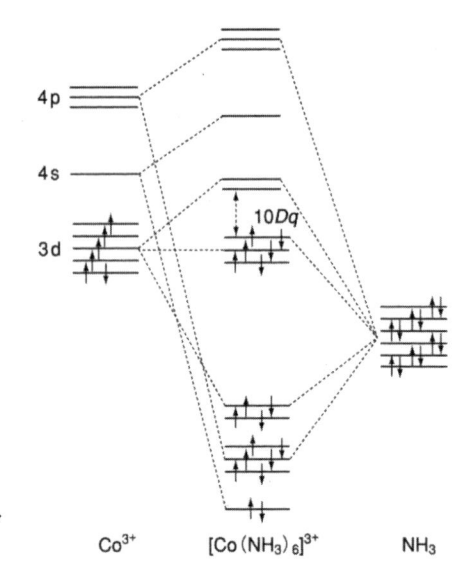

図 5.10 $[Co(NH_3)_6]^{3+}$ の分子軌道のエネルギー準位と電子配置の模式図

や性質を理解することが可能である．

5.6 立体化学

これまでに述べてきたように，金属錯体は，その中心元素の種類，酸化数や配位子の種類によってさまざまな立体構造をとる．この立体構造についてもう少し詳しく考えてみよう．金属錯体の最も代表的な立体構造は，$[Co(NH_3)_6]^{3+}$ などに代表される六配位正八面体構造（図5.2）である．上側は，正八面体を3回対称軸から見た書き方で，下側は正八面体の二つの頂点を貫く4回対称軸を示す図である．次に，この金属錯体の六つのアンモニアのうち二つを塩化物イオンに置き換えた錯体 $[CoCl_2(NH_3)_4]^+$ の立体構造を考えると，二通りの構造があることがわかる（図5.11）．

二つの構造のうち上側のものは，塩化物イオンが隣り合った位置に存在するのでシス体，下側のものは，二つの塩化物イオンが中心金属イオンを挟んで，対称的位置にあるのでトランス体とよぶ．つまり，幾何異性が存在する．この二つの異性体の色は著しく異なり，シス体は青紫色，トランス体は明るい緑色をしている．このように，金属錯体には有機化合物などと同じようにさまざまな異性体が存在する．

$[Co(NH_3)_6]^{3+}$ の六つのアンモニアの代わりに，三つの二座配位子であるエチレンジアミン（en）（図5.3参照）で置き換わった錯体について考えてみよう．エチレンジアミンはその構造から八面体の隣同士の頂点に配位するが，図5.12に示すように三つのenの置き方に二通り存在することがわかる．

これら二つの異性体は，互いに重ね合わせることができないので光学異性体であることがわかる．四配位の平面四角形錯体にも重要な異性体が存

対称軸 ある軸のまわりに分子を $(360/n)°$ 回転させてももとの分子の状態と区別できないときその分子は，n 回対称軸をもつ．たとえば正三角形の定規は，その中心から三角形の平面に垂直な3回回転軸をもつ．アンモニア分子も3回回転軸をもつ．n 回対称軸は，対称要素の一つであり，分子がどのような対称要素をもつかにより分子の対称性を表現することができる．

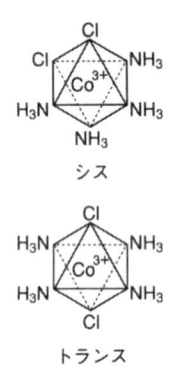

図 5.11 $[CoCl_2(NH_3)_4]^+$ の幾何（シス-トランス）異性体

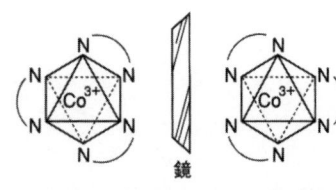

図 5.12 [Co(en)$_3$]$^{3+}$ の光学異性体

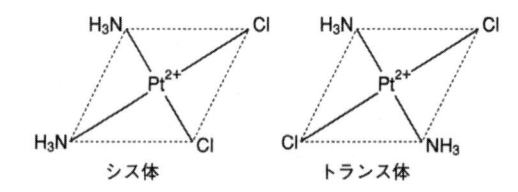

図 5.13 [PtCl$_2$(NH$_3$)$_2$] のシス-トランス異性体

在する．[PtCl$_2$(NH$_3$)$_2$] には図 5.13 に示すようにシス-トランス異性が存在する．

この化合物のシス体は本章のはじめにも紹介したがシスプラチンとよび，非常に強い抗がん活性があるが，トランス体はまったく抗がん活性を示さない．このように，簡単な錯体の立体構造の違いにより抗がん活性が著しく変化することは大変興味深い．

Key Word

安定度定数 stability constant, 平衡定数 equilibrium constant, 生成定数 formation constant, 全安定度定数 overall stability constant, 逐次安定度定数 stepwise stability constant

5.7 錯体の安定性（安定度定数）

これまでは，金属錯体の性質（構造および色，磁性）に関して述べてきた．本節では，錯体の安定性に関して考えてみよう．配位子や金属イオンが溶液中に存在するとき，錯体がどの程度安定に存在するかどうかは，錯体の生成反応の平衡定数によって決まる．たとえば，[ML$_n$] 型錯体について考えてみよう．

$$M + nL \rightleftharpoons ML_n$$

この系の全平衡定数 β_n は，

$$\beta_n = \frac{[ML_n]}{[M][L]^n}$$

で表され，この値が大きければ錯体の濃度が高くなることを意味している．たとえば，[M] や [L] の濃度がそれほど高くなくても，β_n の値が大きければ，錯体は生成することになる．β_n の対数値，すなわち $\log \beta_n$ を全安定度定数とよぶ．したがって，安定度定数がわかれば錯体の安定性が比較できる．

いま，錯生成反応が何段階も経て進行する場合，配位子が一つずつ配位する段階の平衡定数は次式のように示される．

$$M + L \leftrightarrow ML \qquad K_1 = \frac{[ML]}{[M][L]}$$

$$ML + L \leftrightarrow ML_2 \qquad K_2 = \frac{[ML_2]}{[ML][L]}$$

$$\vdots \qquad\qquad\qquad \vdots$$

$$ML_{n-1} + L \leftrightarrow ML_n \qquad K_n = \frac{[ML_n]}{[ML_{n-1}][L]}$$

Key Word
キレート効果 chelate effect, クロロフィル chlorophyll

この K_1, K_2, K_3, K_4, …は，逐次平衡定数とよばれる．また全平衡定数は，

$$\beta_n = K_1 \cdot K_2 \cdots K_N$$

で表される．平衡定数を実験的に求めるのは非常に精密な測定が必要であるが，いったん求まれば非常に有用である．たとえば，配位子の違いによる錯体の安定性を比較すると，$[Cu(NH_3)_4]^{2+}$ の $\log \beta$ は，11.9であるが，エチレンジアミンが配位した $[Cu(en)_2]^{2+}$ の場合は20.0で，$[Cu(EDTA)]^{2-}$ の $\log \beta$ は，18.8である．一般に，単座配位子が配位した錯体よりも多座配位子の錯体のほうが安定度定数は桁違いに大きい．これをキレート効果とよび，キレート環の数が多いほどその安定性は高い．EDTAは代表的なキレート試薬であるが，この溶液中では，微量な金属イオンでも，錯体をつくることが可能である．このため，金属イオンの捕集剤として用いられる．表5.5に各種金属イオンとEDTAとの安定度定数を示す．

キレート効果は，生体中でも非常に重要であり，多くの金属イオンが，さまざまなポルフィリンとキレートを形成しいろいろな機能を発揮している．その一例として，酸素の運搬に重要な役割を果たすヘモグロビン中のヘムや光合成に重要なクロロフィル中のマグネシウムポルフィリンがある．これらは，キレート環の高い配位能と安定性がなければ，その機能を果たすことは不可能である．

表 5.5 EDTA錯体の安定度定数

金属イオン	$\log \beta$
Cu^{2+}	18.8
Al^{3+}	16.1
Ca^{2+}	10.7
Mg^{2+}	8.69
Ba^{2+}	7.76

演習問題

問題5.1 生体関連金属錯体に関する次の記述の正誤について，正しい組合せはどれか．
a cyanocobalamin には Fe が含まれている．
b chlorophyll には Mg が含まれている．
c heme（または haem）には Mn が含まれている．
d hemocyanin には Co が含まれている．

	a	b	c	d
1	正	誤	正	誤
2	誤	誤	誤	正
3	正	正	誤	誤
4	誤	正	誤	誤
5	誤	正	正	正

問題5.2 次の錯体の配位数と中心金属の酸化数はいくらか．また，その立体構造はどのような形か．
a $[Cr(NH_3)_6]^{3+}$
b $[Ag(NH_3)_2]^+$
c $[Cu(EDTA)]^{2-}$
d $[Co(en)_3]^{3+}$

問題5.3 次の文章の中で誤りがあれば，その部分を訂正しなさい．
a 第二鉄塩の弱酸性溶液にヘキサシアノ鉄（II）酸カリウム水溶液を加えると，青色の沈殿を生じ，これに希塩酸を加えると沈殿は溶解する．
b アルミニウム塩の水溶液に水酸化ナトリウム水溶液を加えると，白色のゲル状の沈殿を生じ，過剰の水酸化ナトリウム水溶液を加えても，沈殿は溶けな

い．
　c　硫酸銅の水溶液に少量のアンモニア水を加えると，淡青色の沈殿を生じ，過剰のアンモニア水を加えても沈殿は溶解しないが，沈殿は濃青色となる．
　d　EDTAとCa^{2+}イオンの結合比はEDTA：Ca^{2+} ＝ 2：1である．
　e　ヘムタンパク質の一種であるシトクロムP450（CYP）は，構成元素として銅を含み薬物代謝に関与する．

解　答

5.1 正解：4
　a　誤．cyanocobalamin（ビタミンB_{12}）は，分子内にCoを含み悪性貧血に著効を示す．
　b　正しい．植物の光合成に必要な緑色色素．
　c　誤．hemeにはFeが含まれる．
　d　誤．hemocyaninはCuを含み，軟体動物などに存在する青色の酸素運搬を行う銅タンパク質である．

5.2

	配位数	酸化数	立体構造
a	6	3	正八面体
b	2	1	直線形
c	6	2	正八面体
d	6	3	正八面体

5.3
　a　誤．$4Fe^{3+} + 3[Fe(CN)_6]^{4-} \rightarrow Fe_4[Fe(CN)_6]_3$
　　　　この青色の沈殿$Fe_4[Fe(CN)_6]_3$〔俗にフェロシアン化鉄（III）ともいう〕は希塩酸を加えても溶解しない．
　b　誤．$[Al(H_2O)_6]^{3+} + 3OH^- \rightarrow [Al(H_2O)_3(OH)_3]$
　　　　ゲル状の沈殿．一般に水酸化アルミニウムと称し，$Al(OH)_3$と書く．
　　　　$[Al(H_2O)_3(OH)_3] + OH^- \rightarrow [Al(H_2O)_2(OH)_4]^-$
　　　　アルミン酸イオン，AlO_2^-とも書く．水に溶ける．
　c　誤．$[Cu(H_2O)_4]^{2+} \xrightarrow{アンモニア水} [Cu(H_2O)(OH)_2]$
　　　　淡青色の沈殿．水酸化銅（II），一般に$Cu(OH)_2$と書く．
　　　　$[Cu(H_2O)(OH)_2] \xrightarrow{アンモニア水} [Cu(NH_3)_4]^{2+}$
　　　　テトラアンミン銅（II）イオン（濃青色），水に溶ける．
　d　誤．EDTAとCa^{2+}は1：1の結合をする．
　e　誤．構成元素として鉄を含む．

6 生体関連金属錯体

6.1 生体の機能に関連する金属錯体

ヒトの体の中には，多種類の金属を含むタンパク質や金属酵素が存在する．これらは5章で学んだ錯体と同様であるが，独特の生理作用をもっていることが大きな特徴である．また，小さな錯体であっても，ヒトの健康を守ったり，病気の治療に用いられたりしている．そこで，第6章では金属タンパク質・酵素と金属を含む医薬品について学ぶこととする．

6.2 金属を含むタンパク質・酵素

タンパク質や酵素がそれらの多様な機能を発現するために金属が組み込まれている場合がしばしばある．とくに，遷移金属を含む金属酵素や金属タンパク質は電子のだし入れにより，生体内の酸化還元反応を触媒している．まず，代表的な金属酵素・金属タンパク質を学ぶこととする．

6.2.1 酸素の運搬・貯蔵をするタンパク質

われわれにとって最も身近な金属を含むタンパク質は，血色素であるヘモグロビンである．ヘモグロビンは，脊椎動物や一部の無脊椎動物の赤血球中に見いだされる酸素運搬体であり，また人体中には最も多量に存在する鉄を含むタンパク質（四量体）である．同じ構造の単量体として酸素を貯蔵するミオグロビンが筋肉中に見いだされる．両タンパク質の内部には鉄イオンがポルフィリン環の中心に配位したヘム構造があり，さらにその鉄イオンにHisのイミダゾールが配位している（図6.1）．血液の赤色の本体はこのヘム錯体である．ヘム鉄がFe^{2+}のときはイミダゾールの反対側に酸素分子が可逆的に結合する．O_2の鉄イオンへの配位には，鉄のd

Key Word

金属タンパク質 metalloprotein, 金属酵素 metalloenzyme, ヘモグロビン hemoglobin, ミオグロビン myoglobin

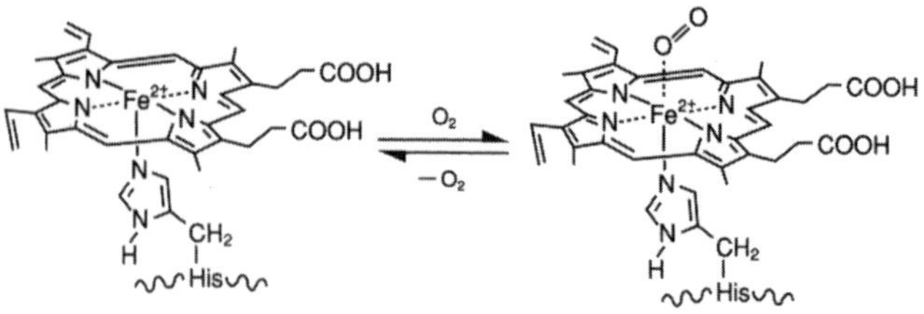

図 6.1　ヘモグロビン・ミオグロビンの活性中心の構造

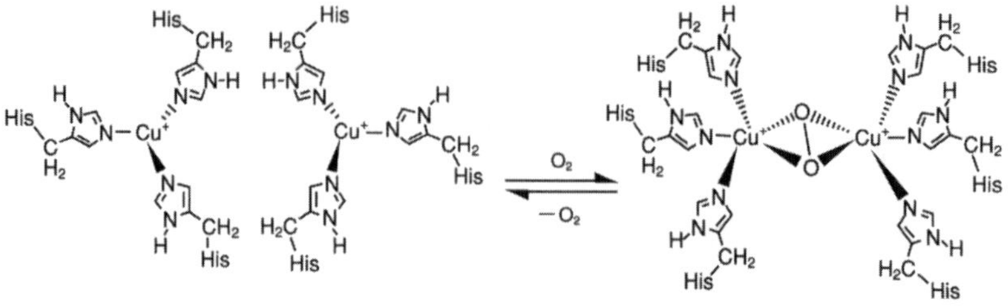

図 6.2　ヘモシアニンの活性中心の構造

Key Word

ヘモシアニン hemocyanin, シトクロム P 450 cytochrome P450

軌道から O_2 の π^* 軌道（図 9.3, p.145）への電子供与が結合に関与する．鉄イオンが Fe^{3+} になるとこの相互作用が小さくなり，酸素との結合性はほとんどなくなる．

　一方，軟体動物や節足動物の酸素運搬体には，銅を含む金属タンパク質ヘモシアニンが見いだされている．図 6.2 のように銅イオンに His のイミダゾールが三つ配位した錯体が二分子隣り合っており，銅イオンが酸素分子を挟み込んで複合体をつくっている．酸素付加体のヘモシアニンは青，デオキシ体は無色である．

6.2.2　酸化酵素

　(1) シトクロム P 450：ヘモグロビンなどによって細胞内に取り込まれた O_2 は，ミトコンドリアによりエネルギー獲得に利用されるほか，生体分子や外来異物（基質）に酸素原子を導入するためにも利用される．基質に酸素原子を導入（添加）する反応を触媒する代表的酵素はシトクロム P 450 とよばれ，薬物などの脂溶性異物を肝臓で水溶性を高め，体外へ排泄しやすくしている（薬物代謝）．このシトクロム P 450 はステロイド類やプロスタグランジン類など生理的化合物の生合成にも関与する．シトクロム P 450 が触媒する反応は，酸素分子を還元的に活性化し，不活性な脂肪族や芳香族炭化水素の水酸化，アルキルアミンやエーテル類の酸化的脱アルキル化などである．

　シトクロム P 450 はヘモグロビンと異なりヘムの軸配位子が Cys のチオレート（R-S⁻）である（図 6.3）．活性部位の環境は一般にきわめて疎水性が高いため，疎水性基質との親和性が高くなっている．ヘム

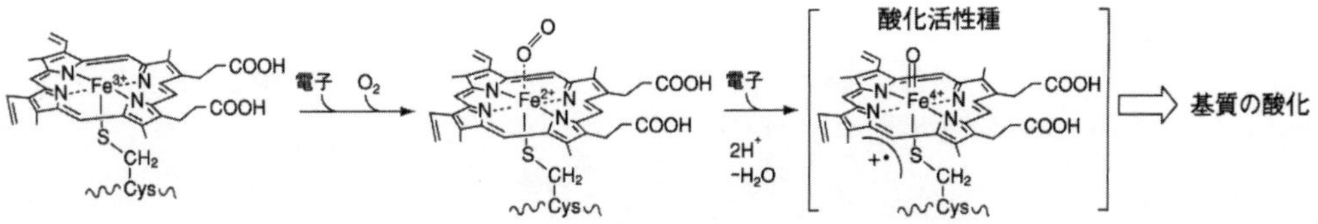

図 6.3 シトクロム P 450 の活性中心の構造と酸素分子の活性化

(Fe^{2+})-CO 錯体の吸収スペクトルは通常 420 nm 付近に存在するのに対し，シトクロム P 450 では 450 nm に見いだされる．これが P 450 の名前の由来である．ヘモグロビンの場合と同様に Fe^{2+} のヘムに O_2 が結合するが，さらに還元酵素により一電子還元されることにより活性種が生じ，基質を効率よく酸化すると考えられている．(157 ページ参照)

（2）ペルオキシダーゼ：過酸化水素などヒドロペルオキシド (R—OOH) を酸化剤として基質を酸化する酵素を一般にペルオキシダーゼといい，金属イオンを活性中心にもっている．ヘムを含むペルオキシダーゼでは，R—OOH との反応により $O=Fe^{IV}$ ポルフィリン π カチオンラジカル (Compound I とよぶ) が活性中間体として生じ，これが基質から電子を奪い酸化する．

Key Word
ペルオキシダーゼ peroxidase, カタラーゼ catalase, スーパーオキシドジスムターゼ superoxide dismutase, シトクロム c cytochrome c

6.2.3 抗酸化酵素

過酸化水素を酸素分子と水に分解するカタラーゼはヘム酵素である．カタラーゼの活性中心はヘム鉄であり，軸配位子が Tyr のフェノレート (PhO$^-$) である．ヘム鉄が過酸化水素と反応すると鉄オキソ活性中間体が生成し，これがもう一分子の過酸化水素を酸化する．

スーパーオキシドアニオンラジカルを酸素分子と過酸化水素に不均化するスーパーオキシドジスムターゼ (SOD) には，銅と亜鉛を含む Cu-Zn SOD，マンガンを含む Mn SOD，鉄を含む Fe SOD が知られている．Cu—Zn SOD では，銅イオンを含む活性中心で電子の授受が行われ，スーパーオキシドアニオンラジカルを不均化する．

6.2.4 電子伝達をする金属タンパク質

ミトコンドリアの電子伝達系にはシトクロム類とよばれる多くのヘムタンパク質が機能している．たとえば，シトクロム c のヘムの軸配位子はイミダゾールと Met のスルフィドであり六配位構造をしている．この錯体の鉄原子が＋2 価と＋3 価状態をとることにより，電子伝達を仲介する．

6.2.5 金属の輸送と貯蔵をするタンパク質

金属イオンは食物などから消化管で吸収され血流に入る．微量の鉄や銅などの遷移金属イオンは消化管からの吸収性が低いため，それを捕捉し輸

Key Word

トランスフェリン transferrin, フェリチン ferritin, メタロチオネイン metallothionein

送するためのタンパク質が生体には備わっている．これらのタンパク質は必要に応じて細胞内の必要な部位に金属イオンを輸送し，金属イオンの濃度を制御している．

(1) トランスフェリン：食物中の鉄イオンが腸管膜から血流に入ると，鉄イオンはトランスフェリンというタンパク質と結合する．トランスフェリンと鉄イオンの結合した部位は，図6.4のように二つのTyrのフェノレートとHisのイミダゾール，さらに炭酸イオンが配位した珍しい構造をとっている．

(2) フェリチン：鉄を貯蔵する代表的なタンパク質は，真核生物ではフェリチンがよく知られている．このタンパク質はFe^{2+}を取り込み，これを酸素分子で酸化して安定なFe^{3+}の集合体を内部につくることによって鉄イオンを貯蔵している．集合体は最大約4,500個の鉄を含むフェリハイドライト・リン酸塩$(Fe(O)OH)_8(FeOPO_3H_2)\cdot xH_2PO_4$の微結晶として存在し，それを納めるコア空間は直径60～80 Åある．貯蔵した鉄を放出するときには，NADHがタンパク質表面のFMNのフラビンを還元し，それがFe^{3+}をFe^{2+}に還元することによって水溶性の高いFe^{2+}イオンが溶けでる仕組みとなっている．

(3) メタロチオネイン：メタロチオネインは，構成アミノ酸61個中システイン残基を1/3に当たる20個を含む特殊なタンパク質である．システインのチオール基と金属イオンとが複数結合し安定な錯体を形成する（図6.5）．水銀，鉛，カドミウムなどの金属イオンは体内に入ると多くのタンパク質や酵素のチオール基に強く結合するため，それらの作用を阻害し毒性を示す．しかし，メタロチオネインは多数のシステイン残基をもつため金属イオンを解毒する役割をもっていると考えられている．一方で，生体内の亜鉛と銅イオンの濃度を一定に保つ役割も知られ，生体微量元素

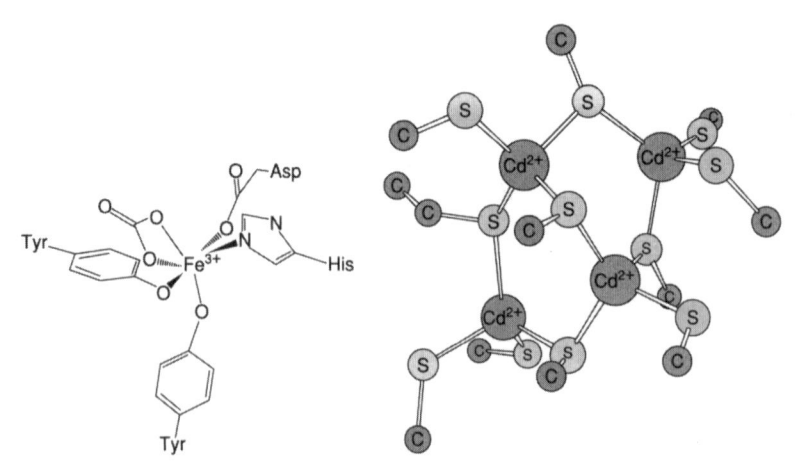

図6.4 ヒト血清トランスフェリンの配位構造

図6.5 カドミウムイオンと結合したメタロチオネインの錯体構造

の恒常性（ホメオスタシス）を保つ機能も果たしていると考えられている．図6.5は，メタロチオネインの4個のCysチオレート基がカドミウム原子に正四面体構造で配位し，2個のカドミウム原子をCysの硫黄が架橋した構造を示している．

Key Word
シスプラチン cisplatin, オーラノフィン auranofin

6.3 金属を含む医薬品

金属を含む医薬品は，医薬全体からみるとまだ数少ないが，金属原子に特徴的な配位性，磁性あるいは生理活性を利用して特徴ある錯体がつくられている．ここでは代表的な錯体とその医薬品を紹介する．

6.3.1 金属を含む医薬品

（1）白金錯体：睾丸や卵巣などのがんに有効な制がん剤として白金錯体シスプラチンがよく使用されている．シスプラチンは，図6.6のように，平面四配位構造をとっているが，塩素配位子は交換しやすく，細胞に入ると水と交換した後にDNAの塩基と結合して，DNAが折れ曲がった三次元構造をとる．細胞はDNAに重大な異常が生じたと認識し自滅すると考えられている．なお，ジクロロジアミン白金（II）錯体のトランス異性体（図5.13参照）の制がん作用はきわめて低い．

（2）金錯体：チオレート基（R—S$^-$）と金イオンは強く結合する．チオレート基をもつ有機化合物と1価の金が結合した金錯体はリウマチ性関節炎の進行を抑える作用があり治療に使われている．これらは細胞内のリソゾームに蓄積する性質があり，そこで周辺組織を破壊する炎症に関係する酵素の放出を抑制していると考えられている．経口投与できるリウマチ薬としてオーラノフィンが用いられている（図6.7）．

（3）亜鉛錯体：亜鉛は生体微量元素の中では鉄についで多く存在する金属であり，それ自身生体内でさまざまな生理的機能を果たしている．亜鉛錯体の医薬品としては抗潰瘍薬ポラプレジンクがあげられる（図6.8）．これは，β-アラニンとヒスチジンが結合したジペプチドであるカルノシンと亜鉛イオンとの錯体であり，胃粘膜，潰瘍部分を覆い保護する働

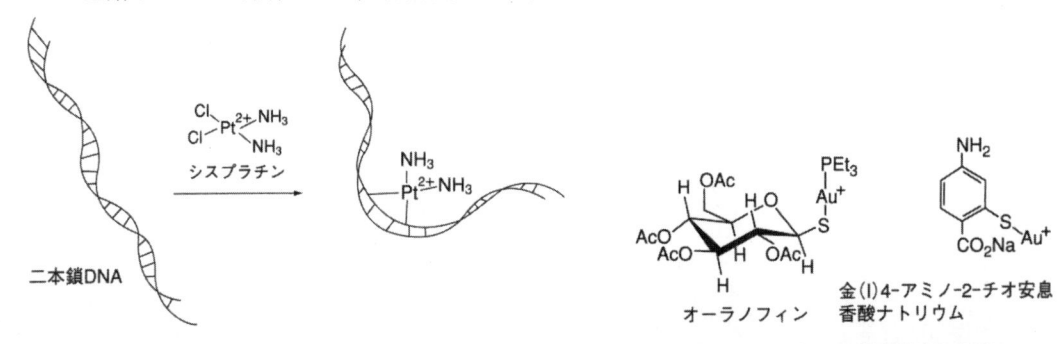

図6.6 シスプラチンの配位により引き起こされるDNAの構造変化

図6.7 リウマチ性関節炎治療薬
オーラノフィン　　金(I)4-アミノ-2-チオ安息香酸ナトリウム

ポラプレジンク（抗潰瘍剤）

図 6.8　亜鉛錯体ポラプレジンク

スクラルファート（胃粘膜保護，制酸作用など）

図 6.9　アルミニウム錯体

Key Word

放射性医薬品　radiopharmaceutics，ポラプレジンク polaprezinc，スクラルファート sucralfate

きがある．また，亜鉛イオンはその欠乏により味覚障害などが起きることが知られており，これを補うために亜鉛グルコネート（グルコン酸亜鉛）などが用いられている．

（4）アルミニウム錯体：アルミニウムの錯体として消化性潰瘍治療薬スクラルファートが使用されている．スクラルファートは，ショ糖ポリ硫酸エステルのアルミニウム塩で（図6.9），胃や十二指腸の潰瘍部に選択的に結合し保護する働きがある．さらに胃酸のペプシン活性の抑制，制酸作用などもある．

（5）リチウム化合物：リチウムイオンは躁病に効果があることが知られており，炭酸リチウム（Li_2CO_3）が実際に治療に使用される．作用機序は不明であるが，Li^+ と Na^+ の置換による神経興奮の抑制や神経伝達物質の遊離抑制などが考えられている．

（6）そのほかの無機化合物：硝酸銀（$AgNO_3$）は，古代エジプト時代にすでに使われていた，最も古い医薬品の一つである．主として粘膜の殺菌薬，収れん薬として，点眼や口内炎の治療に使用される．

ホウ酸（H_3BO_3）もまた，その弱い殺菌作用のために洗眼薬として用いられる．

貧血の原因には鉄欠乏による場合があり，鉄剤としてクエン酸第一鉄が治療に用いられている．

次硝酸ビスマス（$Bi(OH)_2NO_3$）は，収れん作用や粘膜面，潰瘍面を覆う保護作用をもち，腸内で異常発酵によって生じる硫化水素と結合するため，止瀉薬（下痢止め）などに使用される．

6.3.2　放射性医薬品

放射性同位元素は，粒子線や電磁波を放出してより安定な原子核に変換する．α線，β線，γ線などは高いエネルギーを有しているため，水や生体分子と作用して・OHを生成し細胞毒性を発現する．したがって，放射性同位元素を腫瘍など特定部位へ集積することができればがんの治療などに用いることができる．また，γ線は体の組織を容易に透過するため，それを放出する分子を投与するとその存在位置を体外から計測できる造影剤

となりえる．放射性医薬品の投与は，微量で半減期の短いものであればすみやかな放射性の消失により危険性が低くなる．また短すぎても医薬品の調製が困難である．適当な半減期をもつ核種は多くはないが，たとえばテクネチウムの放射性同位体 ^{99m}Tc は半減期6時間で望ましい．心臓の造影剤として，錯体カーディオライトが開発され臨床の場で使用されている（図6.10）．この錯体の配位子は直線形のイソシアニドであり，炭素が ^{99m}Tc に配位した有機金属錯体の一種である．この錯体の投与により，心臓の造影をすみやかに行い，診断に必要な病理学的情報が得られる．

6.3.3 磁気共鳴画像診断（MRI）に用いる造影剤

磁気共鳴画像診断法（MRI法）は，X線より危険性の低い磁場と電磁波により人体の詳細な断層像を得る診断技術である．X線CTはX線の透過率の差を画像化するため骨のような密度の高い部位を必要とするが，MRIでは通常は水のプロトン核の核磁気を観測するため，低密度の組織でも断層像が得られることより応用範囲は広い．ただし，血管などの精細な像を得たい場合には，画像を強調するために造影剤を注入して測定する必要がある．造影剤には，ガドリニウムなどの希土類錯体がおもに用いられている（図6.11）．これらの錯体は毒性が低い一方で，常磁性が高く接触あるいは接近する水の水素の磁気的性質を変化させるため，多数の水分子の磁気的変化を観測でき，鮮明で詳細な画像が得られる．

Key Word
カーディオライト cardiolyte, テクネチウム technetium, 磁気共鳴画像診断 magnetic resonance imaging, ガドリニウム gadolinium

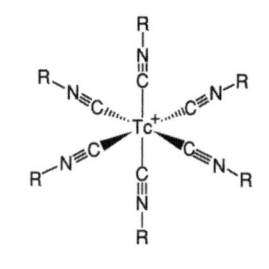

R= $-\underset{H_3C}{\overset{H_2}{C}}\underset{CH_3}{\overset{|}{C}}-O-CH_3$

$^{99m}Tc^+ \xrightarrow{\tau_{1/2} 6h} {}^{99}Tc^+$
γ線

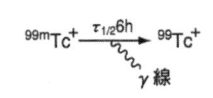

図6.10 放射性心臓造影剤，カーディオライト

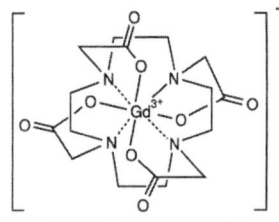

ガドリニウムDOTA錯体

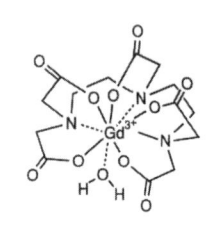

ガドリニウムDTPA錯体

図6.11 MRIに用いる造影剤

演習問題

問題6.1 次の金属含有医薬品に関する記述のうち正しいものの組合せはどれか．
 a 金を含有するオーラノフィンはリウマチ性関節炎の治療に用いられる．
 b シスプラチンはがん細胞の中の特定のタンパク質の活性部位に配位することで細胞の増殖を抑えることにより制がん効果を示す．
 c 心臓造影剤カーディオライト中の γ 線を放射する放射性同位体 ^{99m}Tc の半減期は6時間である．
 d 造影剤である Gd(DOTA) はX線の透過率が低いことを原理として画像診断に用いられている．
 1 (a, b) 2 (a, c) 3 (a, d) 4 (b, c) 5 (b, d) 6 (c, d)

解　答

6.1 正解：2
 a オーラノフィンはリソソームに蓄積し細胞を破壊する加水分解酵素の働きを阻害することでリウマチ性関節炎の症状を抑える．
 b シスプラチンはがん細胞の DNA に配位することで異常を起こし細胞死に追い込むことで制がん作用を発揮する．
 c ^{99m}Tc はその半減期は6時間であり，カーディオライトを調製し投与する時間的余裕を与え，かつダメージを与えすぎない，ほどよい半減期を有していることが利点である．
 d Gd(DOTA) は強い磁性をもつことで周囲の水分子の磁気的緩和時間を変化させることから磁気共鳴画像診断（MRI）の造影剤として用いられる．

7 水および非水溶液中の無機化合物

7.1 溶液と溶解度

ヒトの体には，新生児で体重の75％そして成人では60％以上の割合で水が存在する．体内の水は栄養素や生理活性物質を溶かして，体の機能を調節している．第7章では，生命維持にとって基本的に重要な溶液の性質を学ぶこととする．

溶液は二種類以上の物質を含み，イオンや分子が均一に分散していて，どの部分の化学組成や物理的性質も変わらないものと定義される．溶液は，溶質と溶媒とからなり，溶媒は，溶液の相を決定し，最も高い濃度で存在する．

Key Word
溶液 solution, 溶質 solute, 溶媒 solvent, モル mole, 国際単位系 Le Système International d'Unites（略してSI）

7.1.1 濃度の表現

溶液中の溶質の濃度はいろいろな方法で表現される．まず，国際単位系で用いられるモル（記号，mol）の定義を述べる．

モル (mol)：

（1）1モルは正確に $6.02214076 \times 10^{23}$ 個の要素粒子を含む．この数値はアボガドロ定数である．

（2）要素粒子とは，原子，分子，イオン，電子，そのほかの粒子またはそれらの組合せであり，モルの単位を用いるときは，それをはっきり規定しなければならない．たとえば，1モルの $Ce(SO_4)_2 \cdot 2(NH_4)_2SO_4 \cdot 4H_2O$ の質量は668.56グラムである．1モルの NaCl の質量は58.44グラムである．

1モルの Hg_2^{2+} の質量は401.18グラムである．

1モルの H^+ の質量は1.0080グラムである．

Key Word

原子量 atomic weight, 分子量 molecular weight, 質量 mass, 重量モル濃度 molality, モル濃度 molarity, モル分率 molar fraction, 百万分率 parts per million, 重量パーセント percent weight by weight, 容量パーセント volume percent, 重量対容量パーセント percent weight in volume, イオン強度 ionic strength, 飽和溶液 saturated solution

1モルの電子eの質量は $5.4860×10^{-4}$ グラムである．

国際単位系で定義される原子量と分子量は次の通りである．

（1）原子量（A＝元素の相対的原子質量）：自然の核種組成をもつ元素の平均原子質量とC-12核種の原子質量の1/12との比

（2）分子量（N＝元素の相対的分子質量）：自然の核種組成をもつ元素の平均分子質量とC-12核種の原子質量の1/12との比

以上の定義を用いて，溶液の濃度がいろいろな形で表される．

（1）**重量モル濃度　molality**：溶質の量を，溶媒の質量で割った値．通常は，溶媒1000 g（＝1 kg）中に含まれる溶質のモル数で表す．

（2）**モル濃度　molarity**：単位体積の溶液に含まれる物質の量．通常は，溶液1 dm³（＝1 L）中に溶解している溶質のモル，mol dm^{-3} で表す．

（3）**モル分率　mol fraction**：溶液中の成分のモル数 n_i を全成分のモル数の和（$\sum n_i$）で割った値．モル分率は $x_i = n_i / \sum n_i$ で表す．ここで $\sum x_i = 1$ である．モル分率に100を掛けた値はモルパーセントとよぶ．

（4）**質量分率，百万分率　parts per million (ppm)**：重量対重量の百万分率．ppmの千分の1はppb（parts per billion）である．

（5）パーセント表示：

a．重量パーセント　percent weight by weight (w/w %)
　　溶質および溶媒をともに重量で求めた百分率

b．容量パーセント　percent volume by volume (v/v %)
　　溶質および溶媒をともに容量で求めた百分率

c．重量対容量パーセント　percent weight in volume (w/v %)
　　溶質を重量，溶媒を容量で求めた百分率．注射剤の濃度にはこの表示法が採用される．

（6）日本薬局方で用いられる表示法：

a．(1→10)：固形物質の場合は1 g，液状物質の場合は1 mLを溶媒に溶かし，全量を10 mLとすることを意味する．このとき±10 %の誤差が許される．

b．(1:10)：液状物質の1容量と溶媒10容量の混合液を意味する．

（7）**イオン強度　ionic strength**：

$I = 1/2 \sum c_i z_i^2$ で定義する．c_i はイオン濃度（mol dm^{-3}），z_i はイオンの電荷．たとえば，0.002 mol/L の K₂SO₄ 溶液のイオン強度は，

$$I = 1/2[0.004×(+1)^2 + 0.002×(-2)^2] = 0.006$$

である．

（8）**飽和溶液　saturated solution**：一定の温度で溶液が溶質相と共存して平衡にあるとき，この溶液を飽和溶液という．飽和溶液中に溶

けている溶質の濃度を溶解度といい，溶質が溶媒にどのくらい溶解するかを定量的に表す．たとえば，ホウ酸の濃度は4.5〜5.0％でほぼ飽和する．

7.1.2 溶解度の表現

ある物質を溶媒に溶かすとき，「溶けやすい」や「溶けにくい」という表現を用いる．「溶けにくい」には，溶解度が低いことや溶解速度が遅いことの二つの意味がある．

溶解度は，一般に，100 g の溶媒に溶解する溶質の g 数で表現するが，物質 1 g を溶かすために必要な溶媒の容量で表すこともある．溶質が溶媒にどれだけ溶けるかの表現にはいくつかの種類がある（表7.1）．

物質の溶解度に対する温度の効果は溶解度曲線といわれ，異なった温度での固体（沈殿）と平衡にある飽和溶液の濃度を図示化したものである（図7.1）．曲線が急に立ち上がる場合には，温度上昇に伴い溶解度が急激に増大し，一方，曲線が立ち上がらない場合には，溶解度に対する温度の効果は，ほとんどないことを示している．曲線下降を示すこともある．この場合には，温度が上昇すると，溶解度が小さくなる．たとえば，図7.1の硫酸ナトリウム（Na_2SO_4）では，それが観察される．これは，水

Key Word

溶解度 solubility, 沈殿 precipitate

室温以下では，ホウ酸が結晶化するため，結晶が析出しているときは，少し温めて使用する．

表7.1 溶解性を表す用語

日本薬局方での用語	溶質1gまたは1mLを溶かすに要する溶媒量		国際薬局方での用語
きわめて溶けやすい		1 mL 未満	very soluble
溶けやすい	1 以上	10 mL 未満	freely soluble
やや溶けやすい	10 以上	30 mL 未満	soluble
やや溶けにくい	30 以上	100 mL 未満	sparingly soluble
溶けにくい	100 以上	1,000 mL 未満	slightly soluble
きわめて溶けにくい	1,000 以上	10,000 mL 未満	very slightly soluble
ほとんど溶けない		10,000 mL 以上	practically insoluble

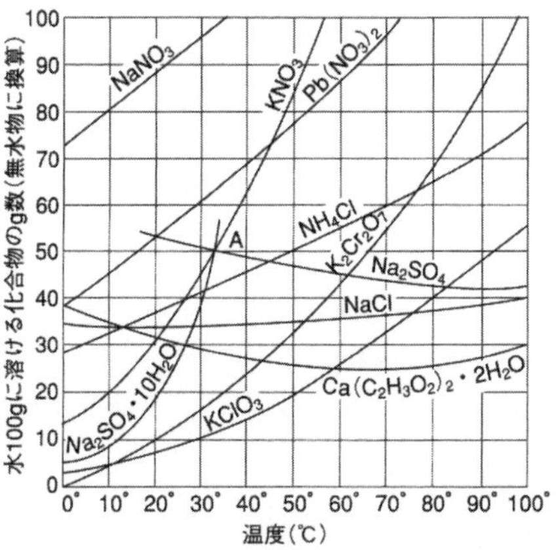

図7.1 代表的な無機化合物の溶解度曲線

Key Word

溶解度積 solubility product, 共通イオン効果 common ion effect, 錯イオン効果 complex ion effect, 極性 polarity, 非（無）極性 nonpolarity

和した塩が無水物に変化することを示している。

溶解した物質と溶解していない物質を含む不均一な系での平衡は，溶解度積といわれる値で表す。たとえば，$BaCl_2$ と Na_2SO_4 の 0.1 モル水溶液を等量ずつ混合すると，ただちに $BaSO_4$ の沈殿が生じる。そして短時間で平衡が成立する。

$$BaCl_2 + Na_2SO_4 \rightleftarrows BaSO_4\downarrow + 2NaCl$$
$$BaSO_4 \rightleftarrows Ba^{2+} + SO_4^{2-}$$
（沈殿）　　　　（溶液）

この反応で平衡定数 K は次のように書かれる。

$$K = \frac{[Ba^{2+}][SO_4^{2-}]}{[BaSO_4]}$$

溶液中の $BaSO_4$ はすべて解離し，沈殿 $BaSO_4$ の濃度が一定とすると，上の式は次のように表現される。

$$K[BaSO_4] = K_{sp} = [Ba^{2+}][SO_4^{2-}]$$

平衡定数と固体 $BaSO_4$ の濃度の積は，新しい定数 K_{sp} として表され，二つのイオン濃度の積に等しい。これを溶解度積といい，K_{sp} を溶解度積定数という。溶解度積の原理は，一定温度において，わずかに溶ける塩の飽和溶液中のイオンのモル濃度の積は一定であり，またそこに含まれるイオン濃度を計算できることを示している。したがって，この原理は沈殿が生成するか，あるいは沈殿がある条件下で溶解するかどうかを知るために役に立つ。さらに，K_{sp} を超える点まで，どちらかのイオン濃度を加えると，さらに沈殿が生成する。これは一般に共通イオン効果といわれる。逆に溶解度積中のイオンの一つを除去すると，K_{sp} は小さくなり，沈殿が溶液中に溶解してくる。たとえば塩化銀の沈殿は，アンモニウムを加えると銀アンモニウム錯体を形成し，溶液中の Ag^+ が減少するために，溶解する。これを錯イオン効果という。

7.1.3 溶質と溶媒

物質が溶解することは，溶質分子またはイオンが溶媒分子と静電的に相互作用することを意味する。つまり，溶質分子は溶媒分子間に存在する静電的な力を，また溶媒分子は溶質分子間に存在する静電的な力を，それぞれ打ち破る化学的な力をもつ必要がある。この力により，溶質分子やイオンは溶媒全体に分散され，それが維持される。溶媒や溶質とそれらの相互作用にはさまざまな形式がある。

（a）溶媒の性質

溶媒の性質は，極性と非（無）極性の二種類に大別される。この性質を

決めているのは，溶媒中に働く力であるクーロン力，双極子間力，水素結合およびファンデルワールス力である．クーロン力は，反対の符号をもつ点電荷の間に働く力であり，次のように表される．

$$f = \frac{q_1 q_2}{\varepsilon r^2}$$

f は，距離 r にある二つの点電荷 q_1 と q_2 との間に働く力であり，ε は溶媒の誘電率である．溶媒の誘電率が大きくなると，イオン間に働く力 f は小さくなる．いろいろな溶媒の誘電率をほかの物性と合わせて表7.2 にまとめた．

＋の重心と－の重心が一致しない分子の場合，電荷量 e と両重心間の距離 l との積を，双極子モーメントと定義し，これをもつ分子を極性分子という．極性分子が互いに接近すると，相互作用して，鎖状に配列する．これを双極子-双極子相互作用という．

水は特徴的な分子の一つである．水分子中の H—O 結合は，純粋な共有結合ではなく，ある程度のイオン性をもっている．電子密度は酸素のほうへ片寄り，永久双極子の性質をもっている．一般に，電気陰性度の高い原子に結合している水素原子は，ほかの電気陰性度の高い原子に接近することができ，これにより形成される結合を水素結合という．水分子は，したがって水素結合を形成して双極子-双極子相互作用により会合している．

Key Word

クーロン力 Coulomb force, 双極子 dipole, 水素結合 hydrogen bond, ファンデルワールス力 van der Waals force, 誘電率 dielectric constant, 双極子モーメント dipole moment, 極性分子 polar molecule, 双極子-双極子相互作用 dipole–dipole interaction, 永久双極子 permanent dipole

表7.2 代表的な溶媒の物性と誘電率 (25°C)

溶媒	融点 °C	沸点 °C	比重 d	粘度 μ/cp	表面張力 dyn cm^{-1}	誘電率 ε
水	0.0	100.0	0.997	0.890	71.8	78.4
メタノール	−96.0	64.7	0.787	0.545	22.6 (20°)	32.7
エタノール	−114.5	78.3	0.785	1.078	22.3 (20°)	24.6
エチレングリコール	−12.6	197.7	1.110	13.550 (30°)	46.5 (20°)	37.7
グリセリン	18.2	290.0	1.258	945.000	63.3 (20°)	42.5
酢酸	16.6	117.8	1.044	1.040 (30°)	27.4 (20°)	6.2 (20°)
酢酸エチル	−83.6	76.8	0.895	0.426	23.0	6.0
ジエチルエーテル	−116.3	34.5	0.708	0.242 (20°)	16.5	4.3 (20°)
1,4-ジオキサン	11.8	101.4	1.028	1.087 (30°)	32.8	2.2
テトラヒドロフラン	−108.5	66.0	0.884	0.460	26.4	7.6
アセトン	−94.8	56.3	0.78	0.304	22.3	20.7
N,N-ジメチルホルムアミド	−60.4	153.0	0.944	0.802	35.2	36.7
ジメチルスルホキシド	18.5	189.0	1.096	1.996	42.9	46.7
アセトニトリル	−45.7	81.6	0.777	0.325 (30°)	27.6	37.5 (20°)
アニリン	−6.0	184.5	1.018	3.770	42.8	6.9 (20°)
ピリジン	−42.0	115.5	0.978	0.884	36.3	12.4 (21°)
ベンゼン	5.5	80.1	0.874	0.603	28.2	2.3
クロロホルム	−63.5	61.2	1.480	0.514 (30°)	26.5	4.8 (20°)
四塩化炭素	22.9	76.7	1.584	0.845 (30°)	26.2	2.2 (20°)
二硫化炭素	−112.0	46.5	1.255	0.363 (20°)	32.3	2.6 (20°)
n-ヘキサン	−95.3	68.8	0.655	0.299	17.9 (20°)	1.9
シクロヘキサン	6.5	80.8	0.774	0.898	24.4	2.0 (20°)

Key Word

非極性分子 nonpolar molecule, 誘起双極子-誘起双極子相互作用 induced dipole-induced dipole interaction, 溶媒和 solvation, クラスター cluster, 水和 hydration, 甲状腺腫 goiter

低い誘電率をもつ溶媒は無極性分子といわれ，単独では双極子モーメントをもたない．しかし，ほかの分子が無極性分子に接近すると，その影響により双極子モーメントが現れることがある．このような相互作用により生じる分子間力をファンデルワールス力または誘起双極子-誘起双極子相互作用という．この引力は原子間距離の6乗に逆比例し，5 Å以上離れると無視できる．

(b) 溶質の性質

溶質の性質は溶媒と同様に，極性と無極性に大別される．最も強い相互作用は，クーロン力によるイオン-イオン相互作用であり，金属酸化物や金属水酸化物にみられる．次に強い相互作用は，双極子-双極子相互作用であり，ホウ酸やエチルアルコールにみられる．

(c) 溶質-溶媒相互作用

溶質と溶媒の相互作用の形式は，いくつか知られている．極性の強い順に述べる．

(i) イオン-双極子相互作用：電解質を水に溶かす，つまり塩類を極性溶媒に溶かす過程で，最も重要な相互作用はイオン-双極子相互作用である．溶媒分子の極性は，溶質の結晶格子を打ち破るのに必要である．つまり結晶からイオンを解き放つためには，その反対に荷電している極性溶媒分子を引きつけることが必要である．この過程は溶媒和といわれ，静電的な力により溶質分子のまわりに溶媒分子がクラスターを形成する．水が溶媒の場合，この過程は水和とよぶ．

(ii) 双極子-双極子相互作用：主として水素結合からなり，溶質分子が溶媒分子に割り込む溶解過程で重要である．水素結合の力は，有機カルボニル化合物，アミン，有機水酸化化合物やある種の無機水酸化化合物の溶解の際に作用する．

(iii) イオン-双極子相互作用：イオン性化合物が無極性溶媒に溶解する場合にあてはまる．たとえば，ヨウ化物イオンとヨウ素との相互作用がある．ヨウ素分子は水に溶けないが，ヨウ化物イオンの存在下では，水に溶解する．

$$K^+ + I^- + I_2 \rightleftharpoons K^+ + I_3^-$$

この反応での溶解度は，三ヨウ化物イオンと水との間のイオン-双極子相互作用によっている．ヨウ化物イオンによる静電場により誘起されたヨウ素分子内の電子分布は，二重結合もしくは負電荷の移動による共鳴構造式で表される．

$$I^- \cdots\cdots I^{\delta+} \text{---} I^{\delta-} \quad (\equiv I_3^-)$$

(iv) 双極子-誘起双極子相互作用：弱い相互作用であり，不活性ガスが

甲状腺腫（ゴイター）の治療や抗バクテリア剤としてのヨウ素水溶液の製剤に双極子―双極子相互作用を利用する．

極性溶媒中に溶解するときにみられる．双極子としての水は，強い電場をもっているので，ヘリウムやネオンのような安定な元素の周囲に電子分布の片寄りを生じさせる．

Key Word
酸 acid, アルカリ alkali, 塩基 base, リトマス紙 litmus paper

7.2 酸と塩基の定義

日常生活の中で，酸性やアルカリ性などの言葉がよく使われる．酸やアルカリはどのようにして考えられ，具体的にどのような物質をさすのであろうか？ ここでは，化学の中で最も主要な位置を占める酸とアルカリについて学ぶこととする．

7.2.1 歴史の流れと酸・塩基の考え方

自然界の物質を分類する方法は多くある．その中でも酸と塩基は最も広く用いられる．

酸っぱい味がする酸は，ラテン語の *acetum*（酢酸）に由来し，青色リトマスを赤変させる．一方，苦い味がするアルカリはアラビア語の *al-quali*（植物の灰）に由来し，赤色リトマスを青変させる．ルエルは，酸とアルカリを反応させてできる物質を塩と，また酸を中和して塩をつくる物質をすべて塩基と名づけた．今日，これらの用語が広く用いられている．

リトマスは，地衣類から得られる色素

歴史上，はじめて酸について述べたのは，ボイルであった．ボイルは酸とは①スミレの花のしぼり汁を赤くさせ，また②石灰岩を入れると泡を発生させるものと定義した．スミレの花のしぼり汁には植物色素が含まれ，これが酸と反応して構造が変化し赤くなり，また石灰岩中の炭酸カルシウムが酸と反応して炭酸ガスを発生したことを述べたものである．

次に酸・塩基を定義したのはアレニウスであった．1887年に「酸は水素を含み，水に溶かすと水素イオン（H^+）と陰イオン（A^-）に解離する物質であり，塩基はヒドロキシル基（OH基）を含み，水に溶かすと水酸化物イオン（OH^-）と陽イオン（B^+）に解離する物質である」と定義した．この定義法によると，酸と塩基とが反応すると水と塩ができる．

$$HA + BOH \rightleftarrows H_2O + AB$$
（アレニウス酸）（アレニウス塩基） （塩）

ボイル (Robert Boyle, 1627～1691)，イギリスの物理学者，化学者．

HClやH_2SO_4などの酸とNaOHやCa(OH)$_2$などの塩基との反応はアレニウスの定義で説明できた．しかし，アンモニアやアミンなど解離するOH基をもたない物質の反応については説明できなかった．

一方，ブレンステッドとローリーは1923年にそれぞれ独自に，異なった定義法を提案した．「ほかの物質に水素イオン（H^+）を与える物質を酸とし，水素イオンを受け取る物質を塩基とする」．つまり，酸はH^+供与体であり，塩基はH^+受容体である．

アレニウス (Svante August Arrhenius, 1859～1927), スウェーデンの物理化学者．1903年ノーベル化学賞受賞．

Key Word
共役 conjugation, 錯体 complex

$$HA \rightleftharpoons H^+ + A^-$$
（ブレンステッド酸）（ブレンステッド塩基）

このとき，HA と A^- は共役の関係にあるという．

$$HCl \rightleftharpoons H^+ + Cl^-$$
$$NH_3 + H_2O \rightleftharpoons NH_4^+ + OH^-$$
$$H_2O + H_2O \rightleftharpoons H_3O^+ + OH^-$$

ブレンステッドの定義によると，確かにアンモニアやアミンなどの塩基は説明できるが，NaOH や KOH などの塩基について説明ができない．この難問を解決したのはルイスであった．同じ 1923 年に「電子対を与える物質を塩基，電子対を受け入れる物質を酸とし，この両者が反応してできる物質を錯体とよぶ」と定義し，電子対と錯体という考え方を導入した．

$$A + :B \rightleftharpoons A:B$$
（ルイス酸）（ルイス塩基）（錯体）

塩基に所属する電子対は非共有電子対であるが，それを酸との共有状態（共有電子対）とし，そこに結合が生まれて錯体をつくるというわかりやすく，そして応用しやすい定義法が生まれた．

ブレンステッド (Johannes Nicolaus Brønsted, 1879～1947)，デンマークの物理化学者．

ローリー (Thòmas Martin Lowry, 1874～1936)，イギリスの物理化学者．

ルイス (Gilbert Newton Lewis, 1875～1946)，アメリカの物理化学者．

ルイス酸		ルイス塩基		錯体
H^+	+	OH^-	$\rightleftharpoons$	H_2O
H^+	+	CH_3COO^-	$\rightleftharpoons$	CH_3COOH
H^+	+	NH_3	$\rightleftharpoons$	NH_4^+
BF_3	+	NH_3	$\rightleftharpoons$	$BF_3:NH_3$
Al^{3+}	+	$6 H_2O$	$\rightleftharpoons$	$Al(OH_2)_6^{3+}$
$AlCl_3$	+	$C_6H_5N:$	$\rightleftharpoons$	$C_6H_5N:AlCl_3$
Ag^+	+	I^-	$\rightleftharpoons$	AgI
Fe	+	$5 CO$	$\rightleftharpoons$	$Fe(CO)_5$
Cu^{2+}	+	$4 NH_3$	$\rightleftharpoons$	$Cu(NH_3)_4$

7.2.2 ピアソンの HSAB 理論
(a) クラス a とクラス b の酸

ルイスが提案した酸塩基の定義法は多くの化学者に受け入れられた．ルイスの定義法を用いて，アーランド，シャットあるいはデイビスらは，1958 年に酸と塩基からつくられる錯体はある一定の傾向を示すことを見いだした．まず，錯体の生成されやすさが，

$$F^- > Cl^- > Br^- > I^-$$

の順となる 1 群のルイス酸をクラス a 酸，これとは逆に

シャット (Joseph Chatt, 1914～1994)，イギリスの化学者．

$$F^- < Cl^- < Br^- < I^-$$

の順になる1群のルイス酸をクラスb酸と名づけた．たとえば，Mg^{2+} はクラスa酸であり，Ag^+ はクラスb酸である．そして，クラスa酸は酸素（O）を含む塩基と，またクラスb酸は硫黄（S）を含む塩基と反応しやすく，それぞれ安定な錯体をつくる傾向があることを見いだした．

(b) ピアソンの考え方

この現象に着目したピアソンは，この考え方をさらに発展させ，1968年にルイス酸を"硬い酸"と"軟らかい酸"に，またルイス塩基を"硬い塩基"と"軟らかい塩基"に分類し，「硬い酸・塩基と軟らかい酸・塩基の理論」，略して HSAB 理論を提案した．

ここで「硬い」あるいは「軟らかい」は，原子がもっている電子の挙動を表している．ある原子あるいは原子団が他のそれらと反応するときは，必ず相手の静電気力（電場）の影響を受けて，自らの原子のまわりの電子分布が，変化する．これは分極とよばれる．したがって，相手の静電気力により分極しにくい原子または原子団を「硬い」といい，分極されやすい原子または原子団を「軟らかい」と表した．

原子または原子団が「硬い」ということは，（1）大きなプラス電荷をもつか，もしくは小さなマイナス電荷をもち（電子に対する引力），かつ（2）半径が小さい（電荷に対する引力が大きい）ことが条件であり，逆に「軟らかい」ということは，（1）小さなプラス電荷をもつか，もしくは大きなマイナス電荷をもち，かつ（2）半径が大きいことが条件となる．たとえば，F^- と I^- についてみる．F^- のイオン半径は 1.33 Å（0.133 nm），I^- のそれは 2.20 Å（0.220 nm）であり，I^- のほうが約 1.7 倍大きい．したがって，I^- の電子は中心の原子核による引力を受けにくく，反応する相手の電荷の影響を受けやすい，つまり，分極しやすいことを示している．

さらに，ピアソンは，酸塩基反応によってつくられる錯体の安定性を比較し，重要な結論に達した．

「硬い酸は硬い塩基と結合しやすく，イオン結合性の高い錯体をつくり，軟らかい酸は軟らかい塩基と結合しやすく，配位結合性の高い錯体をつくる」．ピアソンの HSAB 理論は，単にわかりやすいのみならず，反応の方向を予測できるため，多くの分野の研究にも受け入れられ，現在世界中で用いられている．

(c) ルイスの酸と塩基のピアソンによる分類

ルイスの酸と塩基はピアソンの HSAB 理論にしたがって表 7.3 のように分類されている．この表からいくつかの特徴的なことがわかる．

1. 同じ元素でも，酸化数が小さくなると，軟らかくなる．

Key Word

硬い酸・塩基 hard acid and base，軟らかい酸・塩基 soft acid and base，分極 polarization

ピアソン（R. G. Pearson, 1919年生まれ），アメリカの化学者．

HSAB は，*J. Chem. Educ.*, **45**, 581, 643 (1968) にまとめられている．

表7.3 ルイスの酸と塩基の分類表

ルイス酸
（a）硬い酸
H$^+$, Li$^+$, Na$^+$, K$^+$, Mg^{2+}, Ca^{2+}, Sr^{2+}, Mn^{2+}, Al^{3+}, Cr^{3+}, Co^{3+}, Fe^{3+}, Sn^{4+}, BF$_3$, AlCl$_3$, SO$_3$, CO$_2$, HA（水素結合する化合物）など
（b）軟らかい酸
Cu$^+$, Ag$^+$, Au$^+$, Hg$^+$, Pd^{2+}, Pt^{2+}, Hg^{2+}, I$^+$, Br$^+$, ICN, 1, 3, 5-トリニトロベンゼン，クロラニル，キノン，テトラシアノエチレンなど
（c）中間の酸
Fe^{2+}, Co^{2+}, Ni^{2+}, Cu^{2+}, Zn^{2+}, Pd^{2+}, Sn^{2+}, Sb^{2+}, Bi^{2+}, SO$_2$, NO$^+$, R$_3$C$^+$, C$_6$H$_5$$^+$ など
ルイス塩基
（a）硬い塩基
H$_2$O, OH$^-$, F$^-$, CH$_3$COO$^-$, PO$_4$$^{3-}$, SO$_4$$^{2-}$, Cl$^-$, CO$_3$$^{2-}$, ClO$_4$$^-$, NO$_3$$^-$, ROH, RO$^-$, R$_2O, NH_3$, RNH$_2$, N$_2H_4$, HQ など
（b）軟らかい塩基
R$_2$S, RSH, RS$^-$, I$^-$, SCN$^-$, S$_2$O$_3$$^{2-}$, R$_3$P, (RO)$_3P, CN^-$, RNC, CO, C$_2H_4$, C$_6H_6$, H$^-$, R$^-$, Phen, Hdz など
（c）中間の塩基
C$_6$H$_5$NH$_2$, C$_5$H$_5$N, N$_3$$^-$, Br$^-$, NO$_2$$^-$, SO$_3$$^-$, N$_2$ など

R：アルキル基またはアリル基，HQ：8-ヒドロキシキノリン（オキシン），Phen：1,10-フェナントロリン，Hdz：ジチゾン．

Fe^{3+}（硬い），Fe^{2+}（中間），Fe^0（金属）（軟らかい）

2．同じ族の元素では，下の周期へいくほど軟らかくなる．

F$^-$, Cl$^-$（硬い），Br$^-$（中間），I$^-$（軟らかい），O（硬い），S（軟らかい）

3．硬い元素と結合している原子団は硬く，軟らかい元素と結合している原子団は軟らかい．

NO$_3$$^-$, SO$_4$$^{2-}$, PO$_4$$^{3-}$（硬い），R$_2S, RSH, RS^-$, S$_2O_3$$^{2-}$（軟らかい）

4．2価の遷移金属イオンは中間の性質をもつ．

（d）HSAB 理論が適用される例

自然界や化学・医学の領域で HSAB 理論が適用される例はきわめて多い．

（ⅰ）岩石や土壌中の Al は，たいてい酸素，炭酸イオン，硫酸イオンや水酸化物イオンと結合している．

Al$_2$O$_3$（アルミナ），Al$_2$(CO$_3$)$_3$, Al$_2$(SO$_4$)$_3$, KAl(SO$_4$)$_2$・12 H$_2$O（ミョウバン），Al(OH)$_3$（ギブス石）

（ⅱ）硫化水素ガスを放出している火山には，Pb, Hg, Cd, Cu, Au, Ag などが多く発見される．

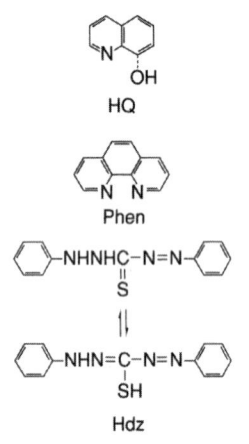

PbS, HgS, CdS, CuS, Au$_2$S, Ag$_2$S

(iii) 硝酸銀を含む水溶液に硫化水素を通気すると，黒色沈殿を生じる．
$$2\,AgNO_3 + H_2S \longrightarrow Ag_2S + 2\,HNO_3$$

(iv) 牛肉に亜硝酸をふりかけると，よりいっそう赤くなる．
$$\text{ヘム-}Fe^{2+} + NO_2^- + 2\,H^+ \longrightarrow \text{ヘム-}Fe\text{-}NO + H_2O$$

(v) ジメチルスルホキシド（DMSO）溶媒中で KO_2 と 18-クラウン-6-エーテルとを反応させると，スーパーオキシドアニオン（O_2^-）を生成する．

(vi) 銅代謝異常疾患であるウイルソン病の治療薬には，一般に D-ペニシラミンが用いられる．

(vii) 鉄に CO を作用させるとカルボニル化合物ができる．
$$Fe + 5\,CO \longrightarrow Fe(CO)_5$$
鉄ペンタカルボニル

(viii) 芳香族化合物に塩化アルミニウム（$AlCl_3$）の存在下でハロゲン化アルキル（RX）を作用すると，アルキルベンゼンが得られる．
（フリーデル-クラフツ反応）

ここでは RX がルイス塩基であり，$AlCl_3$ がルイス酸である．

（ルイス塩基）（ルイス酸）

7.3 酸と塩基の強さ
7.3.1 水溶液中の酸の強さ
(a) 一塩基酸

酸 HA を両性溶媒 HS に溶かしたとき，反応は次式のようにイオン化と解離の二段階で進む．

$$HS + HA \underset{}{\overset{\text{イオン化}}{\rightleftarrows}} H_2S^+\cdot A^- \underset{}{\overset{\text{解離}}{\rightleftarrows}} H_2S^+ + A^-$$

ベンゼンのような低い誘電率の溶媒中では，電離はほとんど起こらない

Key Word

酸解離定数 acid dissociation constant, 電離定数 ionization constant, ヒドロニウムイオン hydronium ion, 水平化効果 leveling effect

が，水のような高い誘電率の溶媒中では，平衡反応は次のように表される．

$$H_2O + HA \underset{}{\overset{K}{\rightleftharpoons}} H_3O^+ + A^-$$
$$酸_1 \quad 塩基_2 \rightleftharpoons 酸_2 \quad 塩基_1$$

この平衡定数 K は，式 (7.1) で表され，その対数値は酸解離定数，または電離定数とよばれる．

$$K_a = K[H_2O] = \frac{[H_3O^+][A^-]}{[HA]} \tag{7.1}$$

[HA]：電離していない酸の濃度 (mol/L)

酸の強さは，この K_a の大小により決まり，この K_a が大きい酸はよく電離することを意味し，このような酸を強酸という．K_a が小さい酸は弱酸である．

塩酸，過塩素酸，硝酸などのような強酸は，定量的にヒドロニウムイオン (H_3O^+) を生じる．このとき H_3O^+ より強い酸は，次に示すように H_3O^+ の強さに揃えられてしまうので，H_3O^+ がこの系で最も強い酸となる．

$$HCl + H_2O \rightleftharpoons H_3O^+ + Cl^-$$
$$HClO_4 + H_2O \rightleftharpoons H_3O^+ + ClO_4^-$$
$$HNO_3 + H_2O \rightleftharpoons H_3O^+ + NO_3^-$$

この現象を水平化効果という．

酸 HA の水中での電離平衡と平衡定数は，H_3O^+ を H^+ で表すと，式 (7.2)，および (7.3) のように表すことができる．

$$HA \overset{K_a}{\rightleftharpoons} H^+ + A^- \tag{7.2}$$

$$K_a = \frac{[H^+][A^-]}{[HA]} \tag{7.3}$$

塩酸 HCl は，強電解質であり，うすい水溶液中では完全に電離し，反応は右にかたより，K_a の値は無限大となる．

酢酸は弱電解質で，わずかしか電離しない弱酸であり，水溶液中での電離平衡とその平衡定数は，次式で表される．

$$CH_3COOH \overset{K_a}{\rightleftharpoons} H^+ + CH_3COOH^- \tag{7.4}$$

$$K_a = \frac{[H^+][CH_3COOH^-]}{[CH_3COOH]} \tag{7.5}$$

ここで，酢酸の初濃度を c (mol/L) とし，電解度を a とすると，式 (7.5) は次式のようになる．

$$K_a = \frac{c\alpha^2}{1-\alpha} = 10^{-4.74} = 1.82 \times 10^{-5}$$

たとえば，酢酸の濃度が $c=0.1$ (mol/L) のときは $\alpha=0.0134$ となるから，この水溶液中の酢酸の電離度は約 1.3％ である．

(b) 多塩基酸

2価の弱酸 H_2A の水溶液中で電離平衡と平衡定数は，それぞれ次の式で表される．

$$H_2A \underset{}{\overset{K_{a1}}{\rightleftarrows}} H^+_{(1)} + HA^- \qquad K_{a1} = \frac{[H^+]_T[HA^-]}{[H_2A]} \qquad (7.6)$$

$$HA^- \underset{}{\overset{K_{a2}}{\rightleftarrows}} H^+_{(2)} + A^{2-} \qquad K_{a2} = \frac{[H^+]_T[A^{2-}]}{[HA^-]} \qquad (7.7)$$

ただし，$[H^+]_T = H^+_{(1)} + H^+_{(2)}$ （T：総濃度）

一般に，多塩基酸 H_nA ($n \geq 2$) の電離は，次式のように段階的に起こり，各段階における電離の程度は pH と各平衡定数によって決まる．

$$H_nA \underset{}{\overset{K_{a1}}{\rightleftarrows}} H^+_{(1)} + H_{n-1}A^- \qquad K_{a1} = \frac{[H^+][H_{n-1}A^-]}{[H_nA]}$$

$$H_{n-1}A^- \underset{}{\overset{K_{a2}}{\rightleftarrows}} H^+_{(2)} + H_{n-2}A^{2-} \qquad K_{a2} = \frac{[H^+][H_{n-2}A^{2-}]}{[H_{n-1}A^-]}$$

$$\vdots \qquad\qquad\qquad \vdots$$

$$HA^{(n-1)-} \underset{}{\overset{K_{an}}{\rightleftarrows}} H^+_{(n)} + A^{n-} \qquad K_{an} = \frac{[H^+][A^{n-}]}{[HA^{(n-1)-}]} \qquad (7.8)$$

Key Word
多塩基酸 polybasic acid

7.3.2 水溶液における塩基の強さ

NaOH は，うすい水溶液中では完全に電離し，水酸化物イオン（OH^-）を生成する．

$$NaOH \longrightarrow Na^+ + OH^-$$

KOH, $Ca(OH)_2$, C_2H_5ONa なども水溶液中では完全に電離し，OH^- を生成する．これらの系では，OH^- よりも強い塩基は存在せず，いずれの場合も OH^- の強さに揃えられてしまう．したがって，強酸と同様，強塩基の場合にも水平化効果が観察される．

弱塩基，たとえばアンモニアの電離平衡とその平衡定数 K_b は次のように表される．

$$NH_3 + H_2O \overset{K}{\rightleftarrows} NH_4^+ + OH^-$$

$$K_b = K[H_2O] = \frac{[NH_4^+][OH^-]}{[NH_3]}$$

塩基 NH_3 の共役酸である NH_4^+ の電離平衡とその平衡定数 K_a は次の

Key Word

水素イオン濃度 hydrogen ion concentration, 活量係数 activity coefficient, ガラス電極 glass electrode, 参照電極 reference electrode, 気体定数 gas constant, 絶対温度 absolute temperature, ファラデー定数 Faraday constant

ように表される．

$$NH_4^+ + H_2O \overset{K}{\rightleftharpoons} NH_3 + H_3O^+$$

$$K_a = K[H_2O] = \frac{[H_3O^+][NH_3]}{[NH_4^+]}$$

したがって，

$$K_a \times K_b = [H_3O^+][OH^-] = K_w \tag{7.9}$$

の関係が得られる．K_w は水のイオン積といわれ，K_a がわかれば K_b は容易に求められるから，酸塩基対の強さの比較には，一般に K_a が用いられる．

7.3.3 pHの定義

(a) セーレンセンの考え方

溶液中の水素イオン濃度 [H$^+$] を測定するため，セーレンセンは，1909年に，pHという概念を考えた．すなわち，pHを水素イオン濃度 [H$^+$] の逆数の常用対数として定義した．

$$pH = -\log[H^+] \tag{7.10}$$

しかし，水溶液中における水素イオンの挙動は，[H$^+$] ではなくて水素イオンの活量 a_{H^+} に従うため，セーレンセンは，1924年に，pHの定義を次のように改めた．

$$pH = -\log a_{H^+} \tag{7.11}$$

ただし，$a_{H^+} = f_{H^+} c_{H^+}$ （f_{H^+}：活量係数）

しかし，活量 a_{H^+} を正しく測定する方法はないため，現在では，理論的なpHと実用上のpHとを区別している．実用上のpHは，pH測定の基準となるいろいろな標準緩衝液のpH$_s$を定め，これをもとにpH計によって試料のpHを測定して決められている．

(b) pHの測定

pHは，ガラス電極と参照電極（飽和カロメル電極または銀-塩化銀電極）を用いて，起電力を測定し，それをpHに変換して測定する（図7.2）．

日本薬局方で規定されているpHは，式（7.12）で表される．

$$pH = pH_s + \frac{E - E_s}{2.3026RT/F} \tag{7.12}$$

ここで，R は気体定数，T は絶対温度，F はファラデー（Faraday）定数，pH$_s$ はpH標準液のpH値，E_s はpH標準液中のガラス電極と参

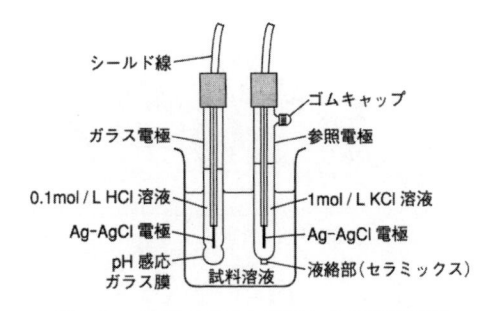

図7.2 pH計のガラス電極および参照電極

照電極を組み合わせた電池の起電力（ボルト）である．25 ℃では，次式のようになる．

$$\mathrm{pH} = \mathrm{pH_s} + \frac{E - E_\mathrm{s}}{0.05916} \tag{7.13}$$

7.3.4 化学種とpH分布

酸とその共役塩基の相対的な存在割合をpHの関数として図示すると，あるpHにおける化学種の存在を容易に知ることができる．この化学種-pH分布曲線は，ある化合物が一定のpH環境下でどのような化学種で存在するかを知るためにきわめて重要である．

スペシエイション（speciation）という．

（a）一塩基酸（電離定数 K_a）

一塩基酸HAの水溶液中に存在する化学種は，HAとA$^-$の二種類である．HAのモル分率を α_0 とすると，

$$\alpha_0 = \frac{[\mathrm{HA}]}{[\mathrm{HA}] + [\mathrm{A}^-]} = \frac{1}{1 + \dfrac{K_\mathrm{a}}{[\mathrm{H}^+]}} = \frac{1}{1 + 10^{\mathrm{pH}-\mathrm{p}K}}$$

A$^-$ のモル分率を α_1 とすると

$$\alpha_1 = \frac{[\mathrm{A}^-]}{[\mathrm{HA}] + [\mathrm{A}^-]} = \frac{1}{1 + \dfrac{[\mathrm{H}^+]}{K_\mathrm{a}}} = \frac{1}{1 + 10^{\mathrm{p}K-\mathrm{pH}}}$$

酢酸（$\mathrm{p}K_\mathrm{a}$：4.74）について，縦軸にモル分率（存在割合），横軸にpH値をとると図7.3が得られる．両化学種がそれぞれ50％ずつ存在する

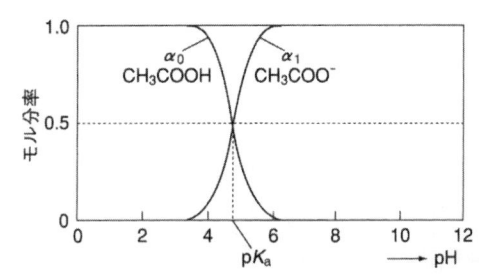

図7.3 酢酸（$\mathrm{p}K_\mathrm{a}=4.74$）の化学種-pH分布曲線

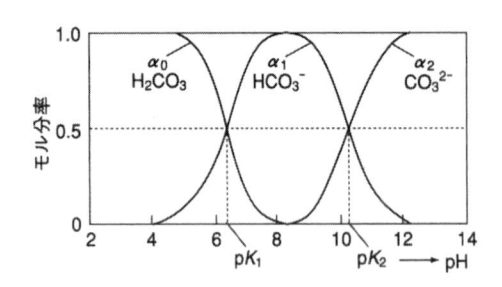

図 7.4 炭酸（$pK_1=6.34$, $pK_2=10.25$）の化学種-pH 分布曲線

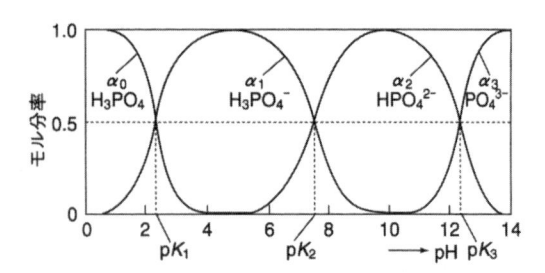

図 7.5 リン酸（$pK_1=2.13$, $pK_2=7.21$, $pK_3=12.32$）の化学種-pH 分布曲線

Key Word
緩衝液 buffer solution

pH が酢酸の pK_a を示していることがわかる．

（b）二塩基酸（電離定数：K_{a1}, K_{a2}）

2 価の弱酸 H_2A の水溶液中に存在する化学種は，H_2A，HA^-，および A^{2-} の三種である．$c=[H_2A]+[HA^-]+[A^{2-}]$ とおくと各化学種のモル分率 α_0, α_1, および α_2 は次のようになる．

$$\alpha_0 = \frac{[H_2A]}{c} = \frac{1}{1+10^{pH-pK_1}+10^{2pH-pK_1-pK_2}}$$

$$\alpha_1 = \frac{[HA^-]}{c} = \frac{1}{10^{pK_1-pH}+1+10^{pH-pK_2}}$$

$$\alpha_2 = \frac{[A^{2-}]}{c} = \frac{1}{1+10^{pK_2-pH}+10^{pK_1+pK_2-2pH}}$$

たとえば，炭酸（$pK_1:6.34$，$pK_2:10.25$）の水溶液中での化学種-pH 分布曲線は図 7.4 のようになる．

（c）三塩基酸（電離定数：K_{a1}, K_{a2}, K_{a3}）

3 価の弱酸 H_3A の水溶液中に存在する化学種は，H_3A，H_2A^-，HA^{2-} および A^{3-} の 4 種である．二塩基酸と同様に計算できる．

たとえば，リン酸（$pK_1:2.13$，$pK_2:7.21$，$pK_3:12.32$）の各化学種-pH 分布曲線は図 7.5 のようになる．

7.3.5 pH 緩衝液

弱酸または弱塩基のそれぞれの共役塩基または共役酸が共存する溶液に，ほかの化合物を少量加えてもその溶液の pH はほとんど変化しない溶液を緩衝液という．よく用いられる弱酸と弱塩基とからなる緩衝液について述べる．

（a）酸性の緩衝液

酢酸と酢酸ナトリウムとが共存する水溶液中では，次の平衡が成立している．

$$CH_3COOH \rightleftharpoons H^+ + CH_3COO^-$$
$$CH_3COONa \rightleftharpoons CH_3COO^- + Na^+$$

酢酸ナトリウムは完全解離するが，酢酸の電離はきわめてわずかである．酢酸の初濃度を c_a(mol/L)，酢酸ナトリウムの初濃度を c_s(mol/L) とすると，酢酸の濃度 $[CH_3COOH]$ と酢酸ナトリウムの濃度 $[CH_3COO^-]$ はそれぞれ次のように表される．

$$[CH_3COOH] = c_a - [H^+]$$
$$[CH_3COO^-] = [H^+] + c_s$$

この両項を式 (7.5) に代入すると

$$K_a = \frac{[H^+][CH_3COO^-]}{[CH_3COOH]} = \frac{[H^+]([H^+] + c_s)}{c_a - [H^+]}$$

となる．ここで，実際には $c_a, c_s \gg [H^+]$ であるので，この系の水素イオン濃度 $[H^+]$ は，次式で表される．

$$[H^+] = K_a \times \frac{(c_a - [H^+])}{(c_s + [H^+])} \fallingdotseq K_a \times \frac{c_a}{c_s}$$

この式を $pK_a = -\log K_a$，および $pH = -\log[H^+]$ を用いて書き換えると，次式が得られる．

$$pH = pK_a + \log \frac{c_s}{c_a} \tag{7.14}$$

この式は，ヘンダーソン-ハッセルバルクの式とよばれ，弱酸 HA とその塩 BA からなる混合溶液（酸性の緩衝液）の調製に使われる．

Henderson - Hasselbalch equation

(b) 塩基性の緩衝液

アンモニウムと塩化アンモニウムとが共存する水溶液中では，次の平衡が成立している．

$$NH_3 + H_2O \xrightleftharpoons{K} NH_4^+ + OH^-$$
$$NH_4Cl \rightleftharpoons NH_4^+ + Cl^-$$

塩化アンモニウムは完全解離するが，アンモニアの電離はきわめてわずかである．アンモニアの電離定数 K_b は，次式で表される．

$$K_b = K[H_2O] = \frac{[OH^-][NH_4^+]}{[NH_3]}$$

アンモニアの初濃度を c_b(mol/L) とし，塩化アンモニウムの濃度をはじめ c_s(mol/L) とすると，

$$[NH_3] = c_b - [OH^-]$$
$$[NH_4^+] = c_s + [OH^-]$$

であるから，この両項を上の K_b の式に代入して整理すると次のようになる．

$$K_b = \frac{[OH^-](c_s + [OH^-])}{(c_b - [OH^-])} = \frac{K_w(c_s + [OH^-])}{[H^+](c_b - [OH^-])}$$

このとき，c_b，$c_s \gg [OH^-]$ とすると，この系の水素イオン濃度 $[H^+]$ は，次のように表される．

$$[H^+] = K_a \times \frac{(c_s + [OH^-])}{(c_b - [OH^-])} \fallingdotseq K_a \times \frac{c_s}{c_b}$$

となり，式（7.14）と同様に，ヘンダーソン-ハッセルバルクの式となる．したがって，

$$pH = pK_a + \log\frac{c_b}{c_s} \tag{7.15}$$

これまで，多数の酸や塩基を扱ってきたが，無機化合物としての代表的な酸と塩基を巻末の付表にまとめておいた．

演習問題

問題 7.1　次の化合物a～dについて，永久双極子モーメントをもつものの正しい組合せはどれか．

a　CO_2　　b　H_2O　　c　NH_3　　d　Cl_2

1（a，b）　2（a，c）　3（a，d）
4（b，c）　5（b，d）　6（c，d）

問題 7.2　電解質溶液の電気伝導性に関する記述のうち，正しいものの組合せはどれか．

a　強電解質のモル電気伝導率 Λ は濃度増加と共に増加し，濃度と直線関係を示す．これはイオン間相互作用の効果である．
b　電解質溶液の電気伝導性は，無限希釈ではイオン独立移動の法則が成立する．
c　KCl，NaCl および LiCl の Λ が KCl>NaCl>LiCl であるのは，陽イオンの水和イオン半径の効果である．
d　HCl の Λ がほかの強電解質と比べ非常に大きいのは，H^+ イオン半径が小さいためである．
e　酢酸の Λ が濃度の増加と共に急激に減少するのは，酢酸イオンの Λ が小さいためである．

1（a，b）　2（a，e）　3（b，c）
4（b，d）　5（c，d）　6（d，e）

問題 7.3　ある難溶性塩 M_2X（分子量 250）は，水中で解離し，次式のような平衡状態にある．

$(M_2X)_{固体} \rightleftharpoons 2M^+ + X^{2-}$

M_2X は水 1 L に 1.0 mg 溶けた．溶解度（mol/L）と溶解度積の正しい組合せはどれか．

	溶解度	溶解度積
1	4.0×10^{-6}	2.56×10^{-16}
2	4.0×10^{-6}	6.40×10^{-11}
3	4.0×10^{-3}	2.56×10^{-16}
4	4.0×10^{-3}	1.60×10^{-17}
5	2.5×10^{-3}	6.40×10^{-11}

問題 7.4　解離定数に関する記述の正誤について正しい組合せはどれか．

a　pK_aの値が小さいほど，酸性の強さは小さい．
b　pK_b の値が大きいほど，塩基性の強さは大きい．
c　pK_a の値は，解離している分子種と解離していない分子種が等モル量存在している溶液の pH に等しい．
d　25°C における弱電解質水溶液では，$pK_a \times pK_b = 14$ として取り扱える．

	a	b	c	d	e
1	正	正	誤	誤	正
2	誤	誤	正	誤	正
3	正	正	誤	正	誤
4	誤	誤	正	誤	誤
5	誤	正	正	正	正

e　pK_b 8 の塩基性薬物は，pH 9 の水溶液においてはほとんどがイオン型で存在している．

問題 7.5　弱酸 HA とそのナトリウム塩 NaA からなる緩衝溶液中では，次の平衡が成り立っている．
NaA $\rightleftharpoons$ Na$^+$ + A$^-$
A$^-$ + H$_2$O $\rightleftharpoons$ HA + OH$^-$
HA + H$_2$O $\rightleftharpoons$ A$^-$ + H$_2$O$^+$
NaA が強電解質である場合には，完全に解離しているため，A$^-$ の濃度 [A$^-$] は塩の全濃度 C_B に等しく，また，弱酸の濃度 [HA] は弱酸の全濃度 C_A に等しいとみなすことができる．
H$_3$O$^+$ を H$^+$ とみなし，弱酸の解離平衡定数を K_a とすると，
$K_a = \dfrac{[H^+][A^-]}{[HA]}$ で表され，
$[H^+] = \dfrac{K_a[HA]}{[A^-]} = K_a \times \dfrac{C_A}{C_B}$ となる．
2.0×10^{-2} mol/L 酢酸と 3.6×10^{-2} mol/L 酢酸ナトリウムからなる緩衝液の pH は，どれか．ただし，酢酸の $K_a = 1.8 \times 10^{-5}$ とする．
1．3.0　2．4.0　3．4.5　4．5.0　5．5.5

問題 7.6　図は三塩基酸（H$_3$Y）のモル分率と pH との関係を示したものである．次の記述の正誤について，正しい組合せはどれか．

a　曲線の交点 A では，H$_3$Y と H$_2$Y$^-$ のモル比は 1：1 である．
b　点 D の pH ではほとんどが H$_2$Y$^-$ として存在し，点 E の pH ではほとんどが HY^{2-} として存在している．
c　曲線の交点 A，B，C の pH 値は，それぞれ pK_a 値である．
d　pH 14 では，ほとんどが Y^{3-} であり，HY^{2-} は 10 % 以下である．
e　三種の化学種 H$_2$Y$^-$，HY^{2-}，Y^{3-} が同量存在するのは pH 7 である．

	a	b	c	d	e
1	誤	正	正	正	誤
2	正	正	正	誤	誤
3	正	正	誤	誤	誤
4	正	誤	正	誤	正
5	誤	正	誤	正	正

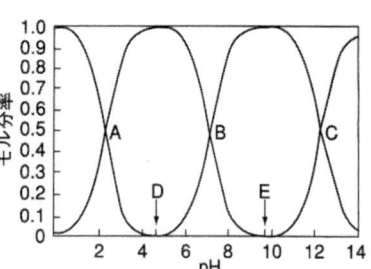

解　答

7.1　正解：4

a　誤．炭酸ガスは O=C=O の構造をした対称性分子であり，個々の O=C 結合は双極子モーメントをもつが，対称性が高いために相互に打ち消しあって永久双極子モーメントは 0 となる．
b　正．O の電気陰性度は 3.5 であり，H のそれは 2.1 で大きな差があるため，永久双極子モーメントは 1.84 デバイの大きな値を示す．
c　正．N の電気陰性度は 3.0 であり，H のそれは 2.1 で大きな差があるため，1.49 デバイと永久双極子モーメントを示す．
d　誤．Cl の電気陰性度は 3.0 と大きいが，同じ原子からなる元素（単体）は分極しないので無極性を示す．

参考のため，小分子の双極子モーメントを，下に示す．

分　子	HF	HCl	HBr	HI	H$_2$O	H$_2$S	NH$_3$	CO$_2$	SO$_2$	CHCl$_3$	CH$_3$OH
μ (D)	1.91	1.03	0.78	0.38	1.85	0.98	1.49	0	1.61	1.04	1.66

（単位：デバイ (D) 10^{-18} esu cm）

7.2　正解：3

a　誤．導電率は単位体積中のイオン数によって変化するが，モル電気伝導率 Λ は濃度による変化は変化は小さい．イオン間相互作用によりイオンの動きが妨げられるためと考えられる．
b　正．無限希釈溶液です．イオン間相互作用はきわめて小さい．

c　正．アルカリ金属イオンでは，Λ はイオン結晶半径の大きさの順となる．イオン半径（Å）は左の通りである．
　　d　誤．H^+ は水中では H_3O^+ となり，H^+ 移動は電荷の受け渡しにより生ずる．
　　e　誤．酢酸の濃度が低くなると，相対的に電離度が大きくなり，イオン濃度は増大する．したがって Λ は大きくなる．

7.3　正解：1
溶解度：$1.0 \text{ mg/L} = 1.0 \times 10^{-3} \text{ g/L} = (1.0 \times 10^{-3}/250) \text{ mol/L}$
　　　　　　　　　　　　　　　　$= 4.0 \times 10^{-6} \text{ mol/L}$
溶解度積：$[M^+]^2[X^{2-}] = (4.0 \times 10^{-6} \times 2)^2(4.0 \times 10^{-6}) = 2.56 \times 10^{-16}$

7.4　正解：4
　　a　誤．強い酸は K_a が大きく，そのマイナスの対数値である．pK_a は小さくなる（$pK_a = -\log K_a$）．
　　b　誤．$pK_b = \log K_b$ であるから，pK_b の値が小さいほど塩基性は強い．
　　c　正．解離型と分子型が 50 ％ずつ存在するときの pH 値が pK_a である．
　　d　誤．$K_a \times K_b = 10^{-14}$ であるから，$pK_a + pK_b = 14$ となる．
　　e　誤．$pK_b = 8$ の塩基性薬物の共役酸の pK_a は 6 である．pH が大きくなるに伴い分子型の存在する割合は大きくなる．

7.5　正解：4
$$[H^+] = K_a \times \frac{C_A}{C_B} = 1.8 \times 10^{-5} \times \frac{2.0 \times 10^{-2}}{3.6 \times 10^{-2}} = 10^{-5.0} \text{ (mol/L)}$$
したがって，$pH = -\log[H^+] = -\log 10^{-5.0} = 5.0$

7.6　正解：2
　　a　正．H_3Y と H_2Y^- の濃度が等しい点が A である．
　　b　正．点 D では H_3Y はほとんどが H_2Y^- として存在し，点 E ではさらに解離して，HY^{2-} として存在する．
　　c　正．点 A は H_3Y，点 B は H_2Y^-，そして点 C は HY^{2-} の pK_a を示す．
　　d　正．$H_3Y \to H_2Y^- \to HY^{2-} \to Y^{3-}$ の順に解離する．
　　e　誤．pH 7 では，H_2Y^- と HY^{2-} が同濃度で存在する．

8 細胞と細胞膜

8.1 非水溶媒と生体

　生命にとって水は不可欠である．生物の体内は水に満ちあふれて親水的であり，非水環境とは無関係のようにみえる．ところが，ミクロにみると生体内には多くの疎水的環境がある．たとえば，細胞を包む細胞膜は脂質二重層であり，膜内部は疎水的である．この中を栄養素，金属イオンあるいは医薬品が透過する．また，多くの球状タンパク質分子の内部は疎水的であり，水を避けるようにして金属イオンが埋め込まれている．

　一方，医薬品の中には有機溶媒にしか溶けないものが多いが，これは有機溶媒としての細胞膜を通過することを意識して設計されたものである．そこで，第8章には有機溶媒，すなわち非水溶媒の性質とその応用として生体関連分子の特徴や細胞膜について学ぶこととする．

8.1.1 非水溶媒

(a) 非水溶媒の種類

　酸と塩基は，それらが溶解している溶媒によって，その強さが変化する．非水溶媒中においても，溶媒の種類とその溶媒中でのプロトンの授受反応はきわめて重要である．そのため，溶媒はプロトン授受のできる溶媒とできない溶媒に大別される．前者は陽子性溶媒またはプロトン溶媒，そして後者は非陽子(非プロトン)性溶媒とよばれている．陽子性溶媒は，溶媒分子間でプロトン交換を行い，

$$HA + HA \rightleftharpoons H_2A^+ + A^-$$

酸としても，塩基としても作用する両性陽子溶媒（水やアルコールを代表

Key Word

親水的 hydrophilic, 非水溶媒 nonaqueous solvent, 疎水的 hydrophobic, 細胞膜 cell membrane, 脂質二重層 lipid bilayer, 球状タンパク質 globular protein, 活性部位 active site, 金属酵素モデル化合物 metalloenzyme model compound, クラウンエーテル crown ether, 環状ポリエーテル cyclic polyether, 陽子性溶媒, プロトン溶媒 protic solvent, 非陽子性溶媒 aprotic solvent, 両性陽子溶媒 amphiprotic solvent,

Key Word
酸性陽子溶媒 protogenic solvent, 塩基性陽子溶媒 protophilic solvent, 非陽子性溶媒 aprotic solvent, 不活性溶媒 innert solvent, 混合溶媒 mixed solvent

表 8.1　溶媒の分類

A. 陽子性溶媒	
両性陽子溶媒	水, メタノール, エタノール, n-プロパノール, 2-プロパノール, 1-ヘキサノール, ベンジルアルコール
酸性陽子溶媒	酢酸, ギ酸, 硫酸, トリフルオロ酢酸
塩基性陽子溶媒	アンモニア, ブチルアミン, ジメチルホルムアミド, エチレンジアミン
B. 非陽子性溶媒	
非陽子性溶媒	アセトン, ピリジン, エーテル, 1,4-ジオキサン, ジメチルスルホキシド, N_2O_2, F_2, Cl_2, I_2, ICl, IBr, ClF_3, BrF_3, ICl_3, ClF_5, BrF_5, $AsCl_3$, $SnCl_4$, $BiCl_3$, NOCl, $POCl_3$, $BiOCl_3$
不活性溶媒	ベンゼン, ニトロベンゼン, トルエン, クロロホルム, 四塩化炭素, アセトニトリル, 酢酸エチル, 飽和炭化水素

とする), 酢酸を典型とする酸性の強い酸性陽子溶媒およびアミン類を例とする塩基性の強い塩基性陽子溶媒があげられる. 一方, 非陽子性溶媒には, プロトン解離はできないが非共有電子対などの求核的攻撃をしてルイス塩基として作用するものや, アニオンの授受による自己解離で酸・塩基として作用するものなどがあり, 非陽子性溶媒または半プロトン溶媒といわれる. ピリジンは塩基性がかなり強いので塩基性溶媒と考えられるが, ほかの塩基性溶媒とは異なりプロトンを放出することはできないので非陽子性溶媒に分類される. 非陽子性溶媒に分類されないもの, たとえばベンゼンや四塩化炭素のように誘電率が低く, プロトンの授受をしない, つまり酸・塩基としての働きを示さないものは, 不活性溶媒とよばれる. 以上をまとめて, 溶媒の分類を表8.1に示す.

化合物の水への, あるいは有機溶媒への溶解性, 酸や塩基としての強度, 溶媒の誘電率や電導性の大小などの問題をまとめて, 上に述べたそれぞれの溶媒の短所を補い, 長所を生かすために, 陽子性溶媒と非陽子性溶媒を混合して使用することがある. これを混合溶媒という. 混合溶媒は医薬品の溶媒や定量試験のときなどによく用いられる.

(b) 非水溶媒中での酸・塩基の強さ

溶質 HA が, 陽子性溶媒 SH に溶解するときの化学平衡は次のように示される.

$$HA + SH \rightleftharpoons A^- + SH_2^+$$
$$HA + SH \rightleftharpoons H_2A^+ + S^-$$

平衡定数は, 溶媒の活量を一定と考えると,

$$K_a = \frac{[A^-][SH_2^+]}{[HA]}$$
$$K_b = \frac{[H_2A^+][S^-]}{[HA]}$$

となり，$pK_a = -\log K_a$ および $pK_b = -\log K_b$ と定義される．

酢酸およびアンモニアの水またはメタノール中の pK_a と pK_b 値は，それぞれ次の通りである．

$$CH_3COOH + H_2O \rightleftharpoons CH_3COO^- + H_3O^+ \quad : pK_a = 4.75$$
$$CH_3COOH + CH_3OH \rightleftharpoons CH_3COO^- + CH_3OH_2^+ \quad : pK_a = 9.65$$
$$NH_3 + H_2O \rightleftharpoons NH_4^+ + OH^- \quad : pK_b = 4.75$$
$$NH_3 + CH_3OH \rightleftharpoons NH_4^+ + CH_3O^- \quad : pK_b = 5.92$$

酢酸およびアンモニアは，ともにメタノール中よりも水中においてそれぞれ強い酸であり強い塩基である．つまりメタノールは，プロトンの授受という点に関しては，水に劣っていることを示している．

溶質が溶媒の性質に依存して，その酸や塩基としての性質を変えることは，酸-塩基としての医薬品を扱うときいつも考慮しなければならない問題である．

水中では弱酸に属するカルボン酸は，アンモニアのような塩基性の強い溶媒中では，よく解離して強酸となる．塩基性の強い溶媒中では，酸が一様に強い酸となる効果を溶媒の水平化効果という．一方，きわめて強い酸は，水溶液中で pK_a 値を測定することはできないが，水よりも塩基性の弱い酢酸などの溶媒を用いると $HClO_4$，HBr，H_2SO_4，HCl や HNO_3 などの強酸の酸解離定数が測定できる．

8.1.2 クラウンエーテル

塩化ナトリウムのような金属塩は水に溶けるが，ベンゼンやクロロホルムのような非水溶媒には溶けない．無機塩類を非水溶媒に溶かせるのだろうか．この疑問への解決の糸口は偶然に見つかった．ペダーセンは1961年にクラウンエーテルを発見した．この物質は副産物としてごく少量（収率0.4％）できた偶然の産物であった．クラウンエーテル分子は環状ポリエーテルで，王冠（クラウン）のような形をもつ分子である．その特異な性質が世界的注目を集めた．たとえば，塩である過マンガン酸カリウムはベンゼンに溶けないが，クラウンエーテルを加えるとベンゼンに溶けて赤紫色溶液となる．また，クラウンエーテルを加えたクロロホルムに塩化ナトリウムが溶ける．この発見は分子認識化学や超分子化学に発展する大潮流となった．

（a）クラウンエーテルの命名

クラウンエーテルの命名にはペダーセンによる簡易命名法が使われる．その概要は次の通りである．(1) ポリエーテル環についた置換基の種類と数，(2) 環の大きさを示す原子数，(3) "クラウン"の呼称，(4) 最後にドナー原子（酸素原子のように非共有電子対をもつ原子）の数を順次

Key Word

水平化効果 leveling effect, 分子認識化学 molecular recognition chemistry, 超分子化学 supramolecular chemistry

ペダーセン（Charles J. Pedersen, 1904〜1989），アメリカの化学者．1987年ノーベル化学賞受賞．

この命名法は完全ではなく，エチレングリコール単位（OCH_2CH_2O）だけがあるという仮定や構造式の併記が必要である．しかし，厳密なIUPAC命名法などよりも簡潔でわかりやすい．

IUPAC: International Union of Pure and Applied Chemistry

Key Word
空孔 hole

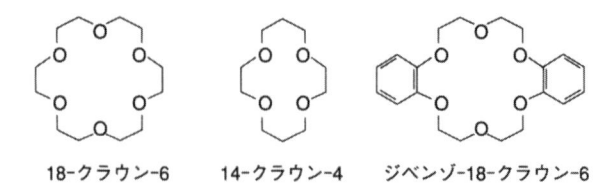

図 8.1 代表的なクラウンエーテル化合物
（18-クラウン-6、14-クラウン-4、ジベンゾ-18-クラウン-6）

ハイフンで結ぶ．ペダーセンが最初に見つけた分子はジベンゾ-18-クラウン-6，シクロヘキサン環をもつものはジシクロヘキサノ-18-クラウン-6，無置換の化合物は 18-クラウン-6 となる．

ジベンゾ-18-クラウン-6 の分子構造に刺激されて，さまざまな誘導体が合成された．環の拡張のほかに，（1）酸素原子を窒素や硫黄原子を導入する（ヘテロクラウン），（2）分子周辺にカルボニル基や複素芳香環を取りつける（コロナンド），（3）分子の対角側を架橋する（クリプタンド），（4）非環状分子にする（ポダンド）などであり，それぞれ固有の名称がつけられている．代表的なクラウンエーテルの分子構造を図 8.1 に示す．

(b) クラウンエーテルの性質

クラウンエーテルを加えた有機溶媒に過マンガン酸カリウムや塩化ナトリウムが溶けるのは，クラウンエーテル分子の中央に酸素原子で取り囲まれた空孔があり，ここに陽イオンが入って金属錯体ができるためである．結合するイオンはアルカリ金属やアルカリ土類金属だけでない．Ag^+，Au^+，Cd^{2+}，Pb^{2+}，La^{3+}，Ce^{2+} など金属カチオンのほかに，アンモニウムイオン NH_4^+ やアルキルアンモニウムカチオン RNH_3^+ も結合する．空孔の大きさを変えると金属イオンの選択性を変えることができる．たとえば，Li^+ はクラウン-5 と，Na^+ はクラウン-6 と，K^+ はクラウン-6 や-7 と選択的に結合する（表 8.2）．金属イオンとクラウンエーテルの錯体形成能は空孔の大きさだけでなく，環にあるヘテロ原子の種類や方向，対アニオンの種類，生成する錯体の立体配座によっても変化する．

表 8.2 クラウンエーテルとアルカリ金属イオンの結合定数

	12-クラウン-4 (0.12〜0.15)	15-クラウン-5 (0.15〜0.22)	18-クラウン-6 (0.26〜0.32)	21-クラウン-7 (0.34〜0.43)
Li^+ (0.146)	−0.57	1.21	0.00	—
Na^+ (0.226)	1.67	3.32	4.28	2.12
K^+ (0.302)	1.60	3.50	5.67	4.30
Rb^+ (0.332)	1.65	3.22	5.53	4.86
Cs^+ (0.362)	1.63	2.74	4.50	5.01

溶媒はメタノール，結合定数は $\log K$ 値，クラウンエーテルおよびイオンに記載した数値は空孔直径（nm）とイオン直径（nm）を表す．*Chem. Rev.*, **91**, 1721 (1991) および *J. Am. Chem. Soc.*, **115**, 5736 (1993).

アルカリ金属イオンがクラウンエーテルと有機溶媒中で錯体を形成することを利用して，クラウンエーテルによるイオン捕捉や分離，濃縮ができる．さらに，CN^-やMnO_4^{2-}などのアニオンがK^+と分離すると高反応状態になるので*，クラウンエーテルはアニオン活性化剤としてよく利用される．

8.1.3 ポルフィリン

ポルフィリンは血液中のヘモグロビンに補欠分子として含まれる．ピロール四分子が結びついた大きな芳香族環で，分子中央には窒素原子が並んだ空孔があり，クラウンエーテルのように金属イオンが結合する（図8.2）．鉄イオンと結合したポルフィリンはとくにヘムとよばれ，ヘモグロビンでは酸素分子がヘム鉄に結合して酸素が運搬される．鉄ポルフィリンはヘモグロビンだけでなく，シトクロムやペルオキシダーゼなどヘムタンパク質全般にみられる補欠分子である．鉄は必須元素の一つで，成人1人当たり4gが存在するが，その70％がヘモグロビンやミオグロビンのヘム鉄である．ヘムは水に溶けにくい疎水性分子で，タンパク質分子が形づくる疎水空間に納まっている．ヘムタンパク質の反応場は水分子の侵入から守られている．

（a）代表的なポルフィリン化合物

図8.2には代表的なポルフィリン化合物の分子構造を示す．最も一般的なポルフィリンは，プロトポルフィリンIXといわれ，分子周辺にはメチ

Key Word
ポルフィリン porphyrin, ヘム heme, プロトポルフィリン protoporphyrin

* たとえば，
KO_2＋ジベンゾ-18-クラウン-6 ⟶ K^+-ジベンゾ-18-クラウン-6＋$\cdot O_2^-$ のように，スーパーオキシドアニオンを発生するために用いられる．

添字のギリシャ数字IXは，これらの置換基を並べ変えてできる15種類の構造異性体の第九番分子を指す言葉である．

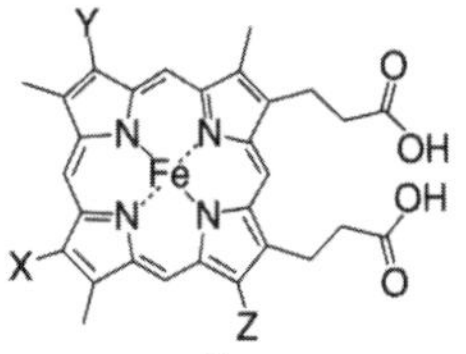

	X	Y	Z
ヘム a	$-CH(OH)((CH_2)_2CH=C(CH_3))_3CH_3$	$-CH=CH_2$	$-CHO$
ヘム b	$-CH=CH_2$	$-CH=CH_2$	$-CH_3$
ヘム c	$-CH(CH_3)SCH_2CH(NH_2)CO_2H$	Xと同じ	$-CH_3$

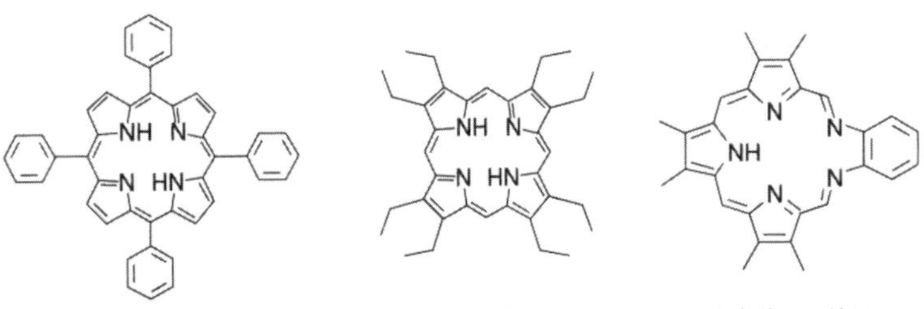

テトラフェニルポルフィリン　　オクタエチルポルフィリン　　テキサフィリン

図 8.2 天然ポルフィリンと合成ポルフィリンの構造

Key Word

クロロフィル chlorophyll, ビタミン B_{12} vitamin B_{12}, テトラフェニルポルフィリン tetraphenylporphyrin, オクタエチルポルフィリン octaethylporphyrin, ソーレー帯 Soret band, 光線動力学的治療法 photodynamic therapy

フランスの J. L. Soret が 1883 年に発見.

ル基, ビニル基, プロピオン酸基などの置換基がある. プロトポルフィリン IX の鉄錯体はヘム b ともよばれる. 電子伝達にかかわるシトクロム c ではプロトポルフィリン IX の代わりにヘム c が存在する. また, 植物にはクロロフィルとよばれるポルフィリン類似の色素が葉緑体に含まれる. 中心金属は鉄ではなくマグネシウムであり, ポルフィリン環の二重結合が一部分消失しているために緑色を帯びている. ちなみに, 抗悪性貧血作用をもつビタミンであるビタミン B_{12} はコバルトを含むポルフィリン類似化合物である. 天然ポルフィリンより簡単な分子構造をもつ合成ポルフィリンが開発されている. 代表的なものにテトラフェニルポルフィリンとオクタエチルポルフィリンがある. 分子対称性がよいこれらのポルフィリンは合成しやすく有機溶媒によく溶けるので, ヘムタンパク質のモデル化合物として研究に使われている.

(b) ポルフィリンの利用

ポルフィリンという言葉は紫色をさす purple に由来する. その由来通り, ポルフィリンは溶けると紫色に見える. また, 鉄を含む鉄ポルフィリンでは, 鉄イオンが還元されて2価になると血のような赤色になる. このように共役二重結合が広がるポルフィリン分子は波長 400〜700 nm の可視光線を吸収する特徴的な性質を示す (図 8.3). ポルフィリンの光吸収スペクトルをみると, 400 nm 付近にはソーレー帯という強い吸収帯が, また 700〜500 nm 領域に Q バンドとよばれる複数個の弱い光吸収帯がある. ポルフィリンの光吸収帯の位置や強度は, 周辺置換基や中心金属によって変化するので, ポルフィリンの種類や溶液濃度を決めるのに役だつ. ポルフィリンが光を吸収する性質を利用して腫瘍を治療することができる. この治療法は光線動力学的治療法とよばれている.

コールマンは 1975 年にヘモグロビンに類似した鉄ポルフィリン化合物を合成し, 酸素分子がヘム鉄に傾いて結合することを明らかにした. これ

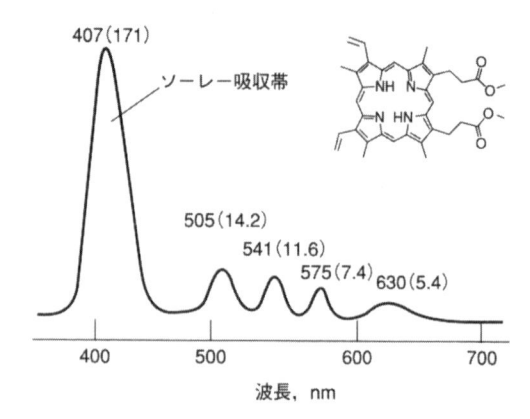

図 8.3 ポルフィリンの光吸収スペクトル
数値は吸収極大波長とミリモル吸光係数を示す.

は酸素がヘム鉄に結合する様式をはじめて解明した生物無機化学の大きな成果である．鉄ポルフィリンは人工酸素運搬体（＝人工血液）の素材となる．ベンゼンなどの有機溶媒に溶けた鉄ポルフィリンを Fe^{2+} 状態にして，酸素分子を吹き込むと酸素がヘム鉄に結合する．しかし，水が少しでも共存すると，酸素は酸化剤となり Fe^{2+} を Fe^{3+} に酸化してしまい酸素は結合しなくなる．したがって，Fe^{2+} ポルフィリンにとって水のない環境は重要である．タンパク質内部のような疎水環境をつくるため，土田らはリン脂質二重膜の小胞体リポソームに Fe^{2+} ポルフィリンを埋め込む工夫をした．これにより，生理条件で血液の2倍あまりの酸素運搬能力をもつ人工血液が開発され臨床試験が行われている．

Key Word
磁気共鳴造影法 magnetic resonance imaging, ヘモシアニン hemocyanin, ヘムエリトリン hemerythrin

　ポルフィリン分子の空孔には鉄以外にもさまざまな金属イオンが結合するが，原子半径の大きい金属イオンは結合できない．セスラーはポルフィリンを拡張した分子構造をもつテキサフィリン（図8.2）を合成した．アメリカの広大なテキサス州にちなんで名づけられたように，通常のポルフィリンより広い空孔をもっている．そのためポルフィリンには結合しにくいランタノイド元素も容易に結合する．切開しないで体内を調べる磁気共鳴造影法（MRI）を用いてガドリニウム Gd^{3+} イオンを投与した生体を観察すると，臓器や血管の鮮明なMRI画像が得られる．毒性の高い Gd^{3+} イオンをテキサフィリン錯体にすると毒性が消失するだけでなく腫瘍組織へ集積しやすくなる．ウサギを使った動物実験では $5\mu\,mol\,kg^{-1}$ のGd錯体を静脈注射して，急性毒性なしで明瞭な全身画像が得られている．

8.1.4 ヘムを含まない金属錯体

　生体内の金属イオンの多くは酵素と結合して，水分子が侵入しない酵素内部の疎水環境にある．金属イオンはポリペプチド鎖のアミノ酸残基に由来する窒素，酸素，硫黄原子などと配位結合している．金属イオンが一原子から構成されるものを単核錯体，2個の金属イオンが近づいて相互作用しているものを二核錯体という．

　エビ，カニ，クモなどの甲殻類，節足動物の血液は赤くなくうす青色で，酸素運搬タンパク質ヘモシアニン（"青い血"の意味）が含まれる．ヘモシアニンの酸素結合部位には銅二核錯体があり，銅原子に酸素が結合する（図8.4）．ヘモシアニンの銅原子はそれぞれヒスチジン3個で保持され，二つの銅原子で酸素分子を挟み込む．銅二核錯体はチロシナーゼやシトクロムオキシダーゼなどの酵素にも存在する．

　ホシムシやシャミセンガイのような無脊椎海産動物には，きわめて薄い赤色の酸素運搬であるヘムエリトリンが存在する．ヘムエリトリンにはヘムという言葉があるがヘムタンパク質ではなく，ヒスチジン，アスパラギン酸，グルタミン酸残基に取り囲まれた鉄二核錯体がポリペプチドに挟ま

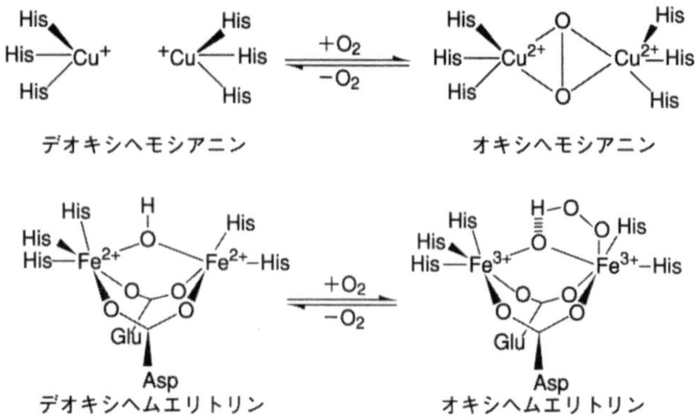

図 8.4　ヘモシアニンとヘムエリトリンの活性中心構造

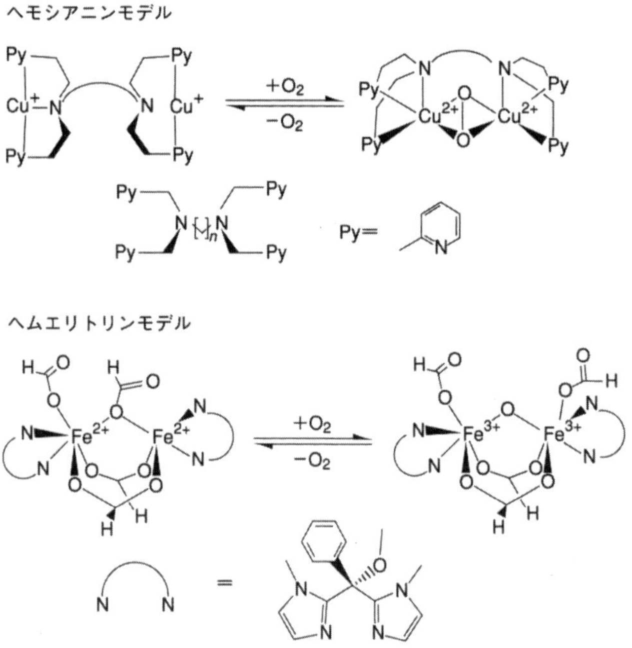

図 8.5　ヘモシアニンとヘムエリトリンのモデル化合物

れている（図 8.4）．鉄二核錯体はリボヌクレオチドレダクターゼやメタンモノオキシゲナーゼなどの酵素にもみられる．ヘモシアニンやヘムエリトリンのこれらのタンパク質の構造解析のためにさまざまなモデル化合物が開発されている．その例を図 8.5 に示す．モデル化合物を使って酵素反応を再現するためにはタンパク質内部のような非水環境が必要で，実験では有機溶媒が使われる．ヘモシアニンの配位構造をまねたピリジンを使った金属錯体では可逆的な酸素結合が観測されている．

8.2　細胞と細胞膜

　酸素のような中性分子や水のような極性低分子は細胞膜を通りやすいが，

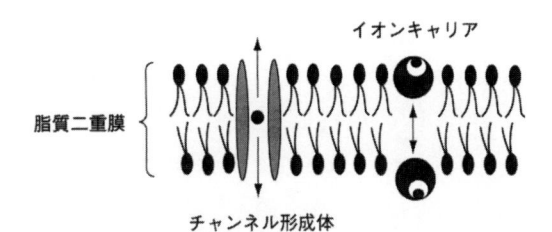

図 8.6 脂質二重膜に埋め込まれたチャンネル形成体とイオン運搬体の模式図

Key Word
チャンネル形成体 channel former, イオン運搬体 ion carrier, ナトリウムポンプ sodium pump, H^+, K^+-ATPアーゼ H^+, K^+-ATPase

電荷をもつ金属イオンは透過しにくい．そのため細胞膜を貫通するチャンネル形成体とよばれるタンパク質が埋め込まれ，イオンの通り道をつくっている（図8.6）．チャンネルを透過できるイオンは大きさと電荷によって厳密に決まる．また，チャンネルにはゲートがあり，膜電位の変化やATPやCa^{2+}イオンの結合で開閉する．細胞の種類やイオンゲート開閉の仕組みが違う100種類ほどのイオンチャンネルが知られている．一方，タンパク質ではない分子量1000程度の低分子物質であるイオン運搬体が金属イオンを包み込み，細胞膜を横断してイオンを輸送することもある．

8.2.1　Na^+, K^+-ATPアーゼとH^+, K^+-ATPアーゼ

細胞内液のK^+イオン（140 mM）とMg^{2+}イオン（30 mM）の濃度は外液に比べてそれぞれ30倍および15倍あまり高い．一方，Na^+イオンの細胞内液濃度（10 mM）は外液濃度のおよそ1/15である．高等動物の細胞膜には濃度勾配に逆らってNa^+イオンを汲みだすナトリウムポンプとよばれるタンパク質がある．ナトリウムポンプの代表例がNa^+, K^+-ATPアーゼ（Na^+, K^+ポンプともいう）とよばれる膜貫通型タンパク質である．この酵素*はMg^{2+}イオン存在下，ATP加水分解と共役して細胞からNa^+イオンを汲みだし，K^+イオンを細胞内に取り込む．その構造はαサブユニット（分子量11.2万）とβサブユニット（分子量5.5万）からなる四量体$\alpha_2\beta_2$で，α鎖は細胞基質側に，β鎖は細胞外に向かって伸びている．Na^+の汲みだしとK^+の取り込みは共役し，それぞれのイオンは逆方向に輸送されるが，Na^+/K^+比は1ではなく，ATP一分子が加水分解されるとNa^+イオン3個が外に，K^+イオン2個が中に運ばれるので，正電荷は一つ外にでて電位が生じる．濃度勾配に逆らう能動輸送にはエネルギーが必要であるが，ATP加水分解によるエネルギーにより膜中でNa^+, K^+-ATPアーゼが回転し，K^+イオンが入りNa^+イオンがでてゆく．Na^+, K^+-ATPアーゼはNa^+イオンを汲みだすために基礎代謝エネルギーの1/3を消費している．生体がかなりのエネルギーを注ぐのは，細胞内のイオン強度維持や浸透圧調整のみならず，K^+, Na^+イオンが神経細胞における興奮性の発現や糖やアミノ酸の吸収に必須であり，

スコウ（Jens C. Skou, 1918〜2018）

＊この酵素の研究に対し，1997年度のノーベル化学賞がデンマークのJ. C. Skouらに与えられている．

Key Word

ヒスタミン受容体 histamine receptor, シメチジン cimetidine, H2ブロッカー H2 blocker, Ca^{2+} ポンプ calcium pump, シナプス synapse, 軸索 axon

"H"はヒスタミン, "2"は胃粘膜にあって胃酸分泌にかかわる三種の受容体のうち第二番目に発見されたもの, "ブロッカー"は阻害薬の意味である.

ブラック (Sir James W. Black, 1924～2010).

シメチジンは胃潰瘍治療薬として使われている. 1988年, この研究に対してイギリスの J. W. Black らにノーベル生理学医学賞が与えられた.

ウサギ筋小胞体の Ca^{2+}-ATPアーゼは分子量11万の単一ポリペプチドで, 2000年に豊島らにより立体構造が解明された.

K^+ イオンが多くの代謝系酵素の必須成分であるといった生理的理由による.

胃粘膜の細胞膜には H^+, K^+-ATPアーゼが存在する. この酵素は胃酸の分泌を制御する機能をもち, ATP一分子を使い H^+ イオンを2個排出し, K^+ イオンを2個取り込む. 取り込まれた K^+ イオンは Cl^- イオンと結合してKClとなって細胞外にでる. 細胞外では H^+ と Cl^- すなわち塩酸が蓄積して胃酸となって分泌される. H^+, K^+-ATPアーゼはヒスタミン受容体により活性化される. ヒスタミンと分子構造が似ているシメチジンはヒスタミン受容体を阻害するH2ブロッカーで, 過剰な胃酸分泌を抑える薬理作用がある. 最近では, H^+, K^+-ATPアーゼを直接阻害する薬剤がH2ブロッカーよりも強力な胃酸抑制剤として使われている.

8.2.2 Ca^{2+}-ATPアーゼ

Ca^{2+} イオンは体内に広く分布し, 筋肉の収縮, 網膜の視覚調節, 白血球の活動などシグナル伝達経路における伝達物質として働いている. Ca^{2+} イオン濃度は細胞内で 0.1 μM, 細胞外で 1.5 mM と1万倍も違う. 極端な濃度差は細胞膜にある Ca^{2+}-ATPアーゼ (Ca^{2+} ポンプ) による. Ca^{2+}-ATPアーゼは Na^+, K^+-ATPアーゼと同様に ATP加水分解によるエネルギーを使う. 細胞内の Ca^{2+} 貯蔵部位である小胞体の表面膜には細胞膜よりも多くの Ca^{2+}-ATPアーゼがあり, 小胞体にカルシウムを蓄える機能をもつ. 骨格筋小胞体に蓄えられた Ca^{2+} は細胞内部に放出されて筋肉収縮を引き起こす. 細胞膜にある Ca^{2+}-ATPアーゼが小胞体から放出された Ca^{2+} イオンを細胞外に排出すると, 筋肉は弛緩する. 筋小胞体の Ca^{2+} ポンプは筋収縮のために筋細胞中に放出されたカルシウムを, 筋肉の再弛緩のためにATPの化学エネルギーを使って筋小胞体中に取り込んでいる.

8.2.3 神経細胞の刺激伝達

神経細胞にはシナプスとよばれる複数の樹状突起と, 軸索とよばれる1本の長いひも状突起がある. 神経刺激はシナプスから入り軸索を通って次の細胞に伝わる. 離れた神経細胞の間にはシナプス間隙という 50 nm ほどの狭いすき間がある. アセチルコリンなどの拡散しやすい化学物質が神経伝達物質として軸索先端からシナプス間隙に放出され, 次の神経細胞のシナプス後膜にあるアセチルコリン受容体に届く.

K^+ イオンと Na^+ イオンの出入りは神経細胞の刺激伝達に重要な役割を果たす. 神経細胞でも細胞膜の内側では, 細胞膜にある Na^+, K^+-ATPアーゼにより K^+ イオン濃度が高く, Na^+ イオン濃度が低い. シナプス後膜にアセチルコリンが届くとチャンネル形成体であるアセチルコリ

ン受容体の陽イオンチャンネルが開き，内部にNa^+イオンが大量に流れ込む．同時に，正電荷を帯びた膜外部に少量のK^+がでる．神経細胞ではNa^+，K^+-ATPアーゼにより膜外部は内部よりもカチオン濃度が高く，細胞内部が負に荷電して-70 mVの静止膜電位ができている．この状態を分極とよぶ．アセチルコリンが受容体に結合して膜内部へNa^+イオンが流入すると膜電位がおよそ$+50$ mVの正値になり脱分極という現象が起きる．

脱分極による膜電位変化により活動電位が発生して神経細胞は興奮する．次の刺激がいつきてもよいように，刺激伝達にかかわったアセチルコリンは数ミリ秒で分解される．一方，神経細胞内部に誘起された局所的な活動電位は軸索に伝わり軸索膜にあるNa^+チャンネルが開く．すると，Na^+イオンが流入して局所的に膜電位が発生する．誘起された膜電位は隣接部分に活動電位を誘発する．この過程が繰り返されて，ひものように長い軸索を50 m/sの速さで神経刺激が伝わっていく．

8.2.4 イオノホア

無機イオンは細胞膜内を移動するイオノホアによって輸送されることもある．イオノホアは微生物が分泌する抗菌物質で，クラウンエーテルのようにアルカリ金属やアルカリ土類金属の陽イオンと強く結合するので，周辺雑菌に金属イオンを過剰に取り込ませて細胞毒性を発現する．

イオノホアはポリペプチド，またはペプチド構造とラクトン基が組み合わされ，多くが環状分子である．代表的なイオノホアを図8.7に示す．イオノホアは構造と機能により三つに分類できる．第一番目は放線菌がだすバリン残基を豊富に含む環状ペプチド，バリノマイシンに代表される中性イオノホアである．イオン性官能基はなくK^+をNa^+よりも1000倍強く結合する．K^+イオンは内孔にある複数の酸素原子と結合する．第二はニゲリシンのようなカルボキシルイオノホアで，やはりK^+イオンに強い親和性をもつ．カルボキシル基があるため，K^+を運ぶだけでなくH^+を細胞外に汲みだすこともできる．イオノマイシンはCa^{2+}と特異的に結合するカルボキシルイオノホアである．カルボキシルイオノホアは金属イオンとキレートすると，分子両端にあるカルボキシル基とヒドロキシル基が接近した球状構造となる．第三のイオノホアはチャンネル形成イオノホアである．中性イオノホアやカルボキシルイオノホアが膜移動型のキャリアであるのに対し，チャンネル形成イオノホアは膜内で静止したままイオンの通路をつくる．代表例はグラミシジンSで，10残基からなる環状ペプチドである．数分子が集まってチャンネルを形成し，細胞膜でK^+-H^+やK^+-Na^+の交換反応を行う．イオノホアがアルカリ金属イオンを捕らえる仕組みはクラウンエーテルと同じである．したがって，クラウンエーテ

Key Word

分極 polarization, 脱分極 depolarization, イオノホア ionophore, バリノマイシン valinomycin, ニゲリシン nigercin, カルボキシルイオノホア carboxyl ionophore, イオノマイシン ionomycin, チャンネル形成イオノホア channel-forming ionophore, グラミシジンS gramicidin S

アセチルコリン受容体は神経細胞の膜貫通型タンパク質で，分子量27万で四種類のサブユニットからなる五量体である．

Key Word

シデロホア siderophore, フェリクロム ferrichrome, エンテロバクチン enterobactin, フェリオキサミン ferrioxamin, ムギネ酸 mugineic acid

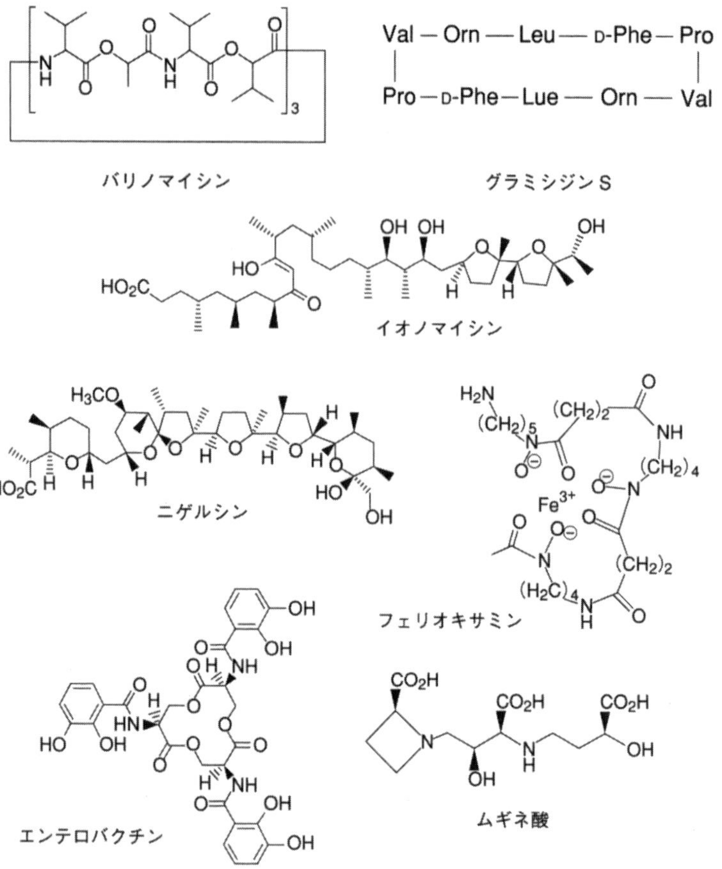

バリノマイシン

グラミシジン S

イオノマイシン

ニゲルシン

フェリオキサミン

エンテロバクチン

ムギネ酸

図 8.7 天然にみられるイオノホアとシデロホア

ルは人工イオノホアとみなせる．

8.2.5 シデロホア

　鉄は地殻中で第四番目に豊富に存在するが，生物にとっては必ずしも利用しやすくはない．鉄イオンの水溶性は低く，石灰質のアルカリ性土壌ではとくに低い．pH 4 以上で pH が 1 増えるごとに溶解度は 1/1000 ずつ減少する．中性では $Fe(OH)_3$ はほとんど凝集沈殿し，溶けている濃度はわずか 10^{-18} M にすぎない．植物や微生物，菌類は外界の鉄濃度が低いときに鉄を栄養素として取り込み，また鉄イオンを奪いとり周辺の細菌の生育を妨害するシデロホアを分泌する．現在では 200 種類以上が知られているが，代表的なフェリクロムとエンテロバクチンの Fe^{3+} イオン結合定数は，それぞれ 10^{32} および 10^{52} M^{-1} で，$Fe(OH)_3$ から OH^- をひき抜くほど大きな値である．細菌が分泌するフェリクロムとフェリオキサミンではヒドロキサム酸が，またエンテロバクチンではカテコールが鉄イオンへの配位基となっている．ムギの根から分泌されるムギネ酸の場合，窒素 2 個と酸

シデロは鉄，ホアは運搬体．シデロクロムともいう．

素4個が鉄イオンに配位する．いずれのシデロホアも鉄錯体になるとコンパクトな球状構造をとる．ムギ根への Fe^{3+} 取り込み実験によると，鉄・ムギネ酸錯体の吸収速度は鉄・EDTA錯体に比べて100倍あまり大きい．シデロホアは細胞膜でキャリアとして働き鉄イオンの膜透過性を促す機能も兼ね備えていると考えられる．膜透過した鉄は Fe^{2+} に還元されてシデロホアから解離する．輸血を繰り返して鉄過剰症になった患者から鉄を排出する医薬品としてシデロホアが使われることもある．

演習問題

問題8.1 次の金属タンパク質に関する記述の正誤について，正しい組合せはどれか．

a ヘモグロビン，ミオグロビン，シトクロム c は酸素の運搬または貯蔵にかかわる分子である．
b ヘモグロビンのヘム鉄にはイミダゾールが，シトクロムP450のヘム鉄には中性のシステイン残基が結合している．
c 軟体動物のヘムエリトリンは鉄イオンを補欠分子としてもつヘムタンパク質で，哺乳動物のミオグロビンのような酸素運搬機能をもつ．
d 節足動物のヘモシアニンは鮮血色をおびた酸素運搬タンパク質で，鉄イオンの代わりに銅イオンが入ったポルフィリンを含んでいる．
e ヘモグロビンは赤色を帯びるが，その色はグロビンではなくヘムに由来する．

	a	b	c	d	e
1	正	誤	誤	正	正
2	正	正	誤	誤	誤
3	正	誤	正	誤	正
4	誤	正	正	誤	誤
5	誤	誤	誤	誤	正

問題8.2 クラウンエーテルはアルカリ金属に高い親和性をもつ．次の記述の正誤について正しい組合せを選べ．

a クラウンエーテルはベンゼンやクロロホルムには溶けるが，水やアルコールには溶けない．
b クラウンエーテルは金属イオンのほかに，カチオンであるアンモニウムイオンも結合する．
c ベンゼン中のフッ化カリウムにクラウンエーテルを添加すると，フッ素アニオンの活性は低下する．
d クラウンエーテルと金属イオンの結合力は，非極性溶媒中のほうが極性溶媒中よりも大きい．
e ある種の抗生物質はカリウムイオンと結合するが，その結合様式はクラウンエーテルと似る．

	a	b	c	d	e
1	正	誤	誤	正	誤
2	正	正	誤	誤	正
3	正	誤	正	誤	誤
4	誤	正	正	誤	正
5	誤	誤	誤	正	正

問題8.3 鉄ポルフィリンと関連化合物の特徴に関する次の記述の正誤について，正しい組合せはどれか．

a 高等動物の血液にあるヘモグロビンはヘムを補欠分子とする．ヘムの分子構造は動物種により違う．
b クロロフィルはポルフィリンに類似した分子構造をもつが，金属イオンとして鉄の代わりに亜鉛を含んでいる．
c ポルフィリンにはソーレー帯とよばれる強い光吸収帯があり，波長400nm周辺の光をよく吸収する．
d ビタミン B_{12} はポルフィリンに類似した分子構造をもつが，金属イオンとしては鉄の代わりに

	a	b	c	d	e
1	誤	誤	正	正	誤
2	正	正	誤	誤	正
3	正	誤	正	誤	誤
4	誤	正	正	正	正
5	誤	正	正	正	誤

コバルトを含んでいる．
e　ミオグロビンは筋肉中の酸素貯蔵タンパク質である．ミオグロビンのヘムはチオエーテル結合により，グロビンと共有結合している．

問題8.4　生体膜と金属イオンに関する次の記述のうち，正しいものの組合せはどれか．
a　カリウムイオン濃度は，細胞内部のほうが細胞外部よりも低い．
b　ナトリウムイオン濃度は，細胞内部のほうが細胞外部よりも低い．
c　細胞膜中にある膜タンパク質は金属イオンと結合し，金属イオンをかかえて膜を移動することによりイオン輸送を行う．
d　マグネシウムイオンをとくに強く結合する物質はシデロホアとよばれる．
e　小分子が濃度勾配にそって細胞膜から輸送されることを受動輸送といい，勾配に逆らって輸送されることを能動輸送という．
1 (a, b)　2 (a, c)　3 (a, e)　4 (b, c)　5 (b, d)　6 (b, e)

解　答

8.1　正解：5
a　誤．シトクロム c は電子伝達に関与するタンパク質である．
b　誤．シトクロム P450 のヘム鉄にはアニオン化したシステイン残基（S^-，チオレート）が結合している．
c　誤．ヘムエリトリンは酸素運搬体だがヘムタンパク質ではない．きわめて淡い赤色である．
d　誤．ヘモシアニンにある銅イオンは，ポルフィリンではなくアミノ酸のヒスチジン残基と結合している．
e　正．　グロビンは無色であり，ヘモグロビンの色はヘムの色である．

8.2　正解：4
a　誤．親水性の酸素原子があるため，水やアルコールにも溶ける．水中では酸素原子を外側に向ける．
b　正．金属イオンと同様に正電荷をもつアンモニウムイオンも結合する．
c　誤．フッ素イオンは裸の状態になり強い求核試薬として作用するよう活性化される．
d　誤．非極性溶媒でクラウンエーテルは酸素原子を内側に向け，金属イオンと結合する空孔を形成するので，結合力は極性溶媒中のほうが大きい．
e　正．バリノマイシンやノナクチンのような抗生物質も酸素原子が金属イオンに配位結合する．クラウンエーテルと同じ配位結合様式がみられる．

8.3　正解：1
a　誤．すべての動物で同じである．共通の生合成経路を使っている．
b　誤．クロロフィルに含まれる金属イオンはマグネシウムである．
c　正．ソーレー帯は発見者のフランス人 Soret に因んで名づけられた．
d　正．コバルトは生体にとって必須金属元素の一つである．
e　誤．ミオグロビンのヘムはヘム b であり，タンパク質と共有結合することはない．シトクロム c にあるヘム c がチオエーテル結合をもつ．

8.4　正解：6
a　誤．細胞内で約 150 mM，細胞外で約 5 mM である．
b　正．細胞内で約 10 mM，細胞外で約 140 mM である．
c　誤．膜タンパク質はイオンチャンネル形成体で，移動せずにイオンの透過経路を提供する．
d　誤．シデロホアは鉄に強い親和性をもつ運搬体である．
e　正．能動輸送には代謝エネルギーが使われる．

9 無機化合物の酸化と還元

9.1 酸化と還元

古来，酸化とは酸素と結合することあるいは水素を失うことであり，還元とは水素と結合することあるいは酸素を失うことと理解されてきた．しかし，酸化と還元のとらえ方は電子の移動で説明されるようになった．すなわち，酸化とは酸化数が増加すること，すなわち電子数が減少することであり，還元とは酸化数が減少すること，すなわち電子数が増加することと表現されるようになった．この酸化と還元は，常に同時に起こる反応であり，すでに学んだ酸と塩基と並んで，われわれの体の中で絶えまなく進んでいる反応である．とくに，酸化と還元は，われわれが生きていくために常に大気から取り入れている酸素分子とその還元過程で得られる巨大な生体エネルギーを産みだす反応に深くかかわっているために，きわめて重要な反応である．

第9章では，酸化と還元を基本的に理解し，続いてその応用として生体内に取り込まれた酸素分子から産生される活性酸素種の生物無機化学を学ぶこととする．

Key Word

抗酸化剤 antioxidant

9.2 酸化還元反応の基礎

酸化還元反応は，医薬品の定量に用いられる反応だけでなく，医薬品や食品を安定に保存するため重要である．とくに食品中に含まれている油脂は，空気の存在下，変色し，刺激臭を発したり，毒性を発現したりするようになる．この油脂の変敗防止のために多くの食品に抗酸化剤（酸化防止剤）が添加される．抗酸化剤とよばれる一連の化合物は，化学的に還元剤として作用できるものである．抗酸化作用には二通りの機構が知られてい

Key Word
標準酸化還元電位 standard oxidation-reduction potential

る．物質の代わりに抗酸化剤が酸化される場合と，物質が酸化されると，抗酸化剤が酸化された物質を元の還元状態にする場合である．

酸化還元反応は，一つの化合物からほかの化合物への電子移動反応であるから，電子の授受を個々の反応について考えればよい．いま，化合物1と2についてその酸化型および還元型をそれぞれ Ox および Red で表すと，酸化反応は化合物からの電子を放出することであり，還元反応は電子を獲得することであるから，個々の反応は次のように表される．

$$\text{Ox}\,1 + n\text{e}^- \rightleftharpoons \text{Red}\,1 \tag{9.1}$$

$$\text{Red}\,2 \rightleftharpoons \text{Ox}\,2 + n\text{e}^- \tag{9.2}$$

このそれぞれの反応は，半反応といわれ，この系の酸化還元反応は，式 (9.1) と式 (9.2) の和をとると得られる．

$$\text{Ox}\,1 + \text{Red}\,2 \rightleftharpoons \text{Red}\,1 + \text{Ox}\,2 \tag{9.3}$$

酸化物質が，酸化還元反応を受けるかどうかは，電極系を通じて電子移動が生じるかどうかで決まる．セル中で生じる電位差は，電位差計で測定される．自発的な酸化・還元反応は正の電位を，逆に外部からのエネルギーを必要とする非自発的反応は負の電位を示す．

電池の電位（半電池の電極電位）はネルンストの式で表される．

$$E_{\text{セル}} = E°_{\text{セル}} - \frac{RT}{nF} \ln \frac{[\text{Red}]}{[\text{Ox}]} \tag{9.4}$$

ここで，$E_{\text{セル}}$ はボルトで表したセルの電位，$E°_{\text{セル}}$ は標準酸化還元電位，すなわち酸化体と還元体の濃度が等しいときの不活性電極（たとえば白金）電位，R は気体定数（$=8.314\,\text{J}\,\text{mol}^{-1}\,\text{K}^{-1}$），$T$ は絶対温度，F はファラデー定数（$=96{,}500\,\text{Coulomb}\,\text{mol}^{-1}$），$n$ は反応に関与する電子数である．温度を 298 K（$=25\,°\text{C}$）とすると

$$E_{\text{セル}} = E°_{\text{セル}} - \frac{0.059}{n} \ln \frac{[\text{Red}]}{[\text{Ox}]} \tag{9.5}$$

となる．$E°_{\text{セル}}$ の値は通常，表 9.1 の標準酸化還元電位（$E°$）から求められる．$E°_{\text{セル}}$ は酸化と還元の半反応の和 $E°$ である．

$$E°_{\text{セル}} = E°_{\text{Ox}} + E°_{\text{Red}}$$

抗酸化剤の例として，ブチルヒドロキシトルエン，ブチルヒドロキシアニソール，$dl\text{-}\alpha\text{-}$トコフェロールなどのフェノール性連鎖停止剤の酸化防止過程を考えてみよう．油脂の変敗は，油脂を構成している不飽和脂肪酸の自動酸化によって起こる．不飽和脂肪酸に熱や光が当たるとラジカルが生成し，そのラジカルに空気中の酸素が反応してペルオキシラジカルができる．ペルオキシラジカルは，別の脂肪酸から水素ラジカルを引き抜いて，

ネルンスト（Walther Nernst, 1864～1941），ドイツの化学者．1920年ノーベル化学賞受賞．

表 9.1 標準酸化還元電位 $E°$ (V)

$Li^+ + e^- \rightleftharpoons Li$	−3.04		$Cu^{2+} + 2e^- \rightleftharpoons Cu$	+0.34
$K^+ + e^- \rightleftharpoons K$	−2.93		$I_2 + 2e^- \rightleftharpoons 2I^-$	+0.54
$Rb^+ + e^- \rightleftharpoons Rb$	−2.93		$Hg^{2+} + 2e^- \rightleftharpoons 2Hg$	+0.79
$Cs^+ + e^- \rightleftharpoons Cs$	−2.92		$Ag^+ + e^- \rightleftharpoons Ag$	+0.80
$Ca^{2+} + 2e^- \rightleftharpoons Ca$	−2.87		$2Hg^{2+} + 2e^- \rightleftharpoons Hg_2^{2+}$	+0.91
$Na^+ + e^- \rightleftharpoons Na$	−2.71		$Br_2 + 2e^- \rightleftharpoons 2Br^-$	+1.09
$Mg^{2+} + 2e^- \rightleftharpoons Mg$	−2.37		$Pt^{2+} + 2e^- \rightleftharpoons Pt$	+1.20
$Al^{3+} + 3e^- \rightleftharpoons Al$	−1.66		$Cl_2 + 2e^- \rightleftharpoons 2Cl^-$	+1.36
$Zn^{2+} + 2e^- \rightleftharpoons Zn$	−0.76		$Au^{2+} + 2e^- \rightleftharpoons Au$	+1.70
$Fe^{2+} + 2e^- \rightleftharpoons Fe$	−0.44		$F_2 + 2e^- \rightleftharpoons 2F^-$	+2.87
$Ni^{2+} + 2e^- \rightleftharpoons Ni$	−0.23		$O_2 + 2H^+ + 2e^- \rightleftharpoons H_2O_2$	+0.69
$Sn^{2+} + 2e^- \rightleftharpoons Sn$	−0.14		$Cr_2O_7^{2-} + 14H^+ + 6e^- \rightleftharpoons 2Cr^{3+} + 7H_2O$	+1.33
$Pb^{2+} + 2e^- \rightleftharpoons Pb$	−0.13		$MnO_4^- + 8H^+ + 5e^- \rightleftharpoons Mn^{2+} + 4H_2O$	+1.51
$Fe^{3+} + 3e^- \rightleftharpoons Fe$	−0.04		$H_2O_2 + 2H^+ + 2e^- \rightleftharpoons 2H_2O$	+1.77
$2H^+ + 2e^- \rightleftharpoons H_2$	0.00			

比較的安定なヒドロペルオキシドを生成する．そのとき生成した脂肪酸のラジカルもまた，酸素と反応してペルオキシラジカルを生成する．生成したヒドロペルオキシドは，熱，光，金属などにより，さらにアルデヒド，ケトン，低級脂肪酸まで分解される．

Key Word

イオン化傾向 ionization tendency, 酸化還元対 oxidation-reduction couple, 標準水素電極 standard hydrogen electrode

9.3 酸化還元電位

イオン化傾向の大きな金属から順に並べると，おおよそ

K＞Ca＞Na＞Mg＞Al＞Zn＞Fe＞Ni＞Sn＞Pb＞(H₂)＞Cu＞Hg＞Ag＞Pt＞Au

と示される．

金属のイオン化傾向は電子を放出する性質であるから，イオン化傾向の大きい金属は還元力が大きいといえる．イオン化傾向の定量的な表現が標準酸化還元電位（標準還元電位ともよばれる）である．いま，金属単体 M とそのイオン M^{n+} との酸化還元反応は

$$M \rightleftharpoons M^{n+} + ne^- \tag{9.6}$$

で表される．式（9.6）にはMと M^{n+} という一組の還元体と酸化体の対が含まれている．これを酸化還元対といい M/M^{n+} のように表現する．この M/M^{n+} の標準酸化還元電位を決定するためには，図9.1のような電池を組立てればよい．図の左側の容器に示した電極は標準水素電極とよばれる．塩橋というのは適当な塩を含む溶液でつくった寒天を詰めたり，左右の溶液の間に細孔をもつ溶融ガラスを挟んだチューブである．要するに，左右の溶液間を電流を通すが，溶液は混合しないように工夫されている．

標準酸化電位とイオン化傾向

金属	電位(V)	イオン化傾向
Li	−3.04	大 ↑
K	−2.92	
Ca	−2.87	
Na	−2.71	
Mg	−2.37	
Zn	−0.76	
Fe(II)	−0.44	
Co	−0.28	
Ni	−0.23	
Pb	−0.12	
Fe(III)	−0.04	
H^+/H_2	0	
Ca(II)	0.35	
Ag	0.80	小

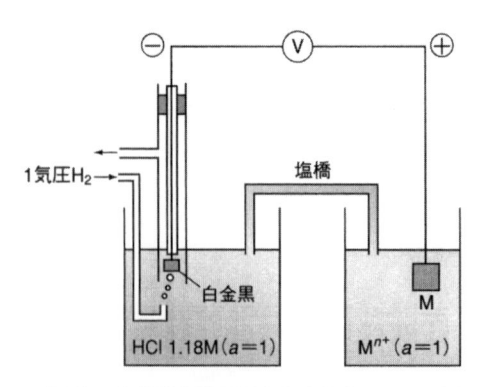

図 9.1 M/M^{n+} の標準酸化還元電位を決定するための電池の構成

このような電池の表現には国際的な約束（IUPAC規約）があり，図9.1の電池は式（9.7）のように表せる．

$$\text{Pt, } H_2(1\,\text{atm})|H^+(a_{H^+}=1)\|M^{n+}(a_{M^{n+}}=1)|M \tag{9.7}$$

たとえば，図9.1の右側の電極系を硫酸銅（II）溶液（$a_{Cu^{2+}}=1$）と銅板にした場合，25℃では水素電極と銅板との間に+0.34 Vの起電力が生じる．

$$\text{Pt, } H_2(1\,\text{atm})|H^+(a_{H^+}=1)\|M^{n+}(a_{Cu^{2+}}=1)|Cu$$
$$E° = +0.34\,\text{V}\ (25\,℃) \tag{9.8}$$

この起電力+0.34 Vが酸化還元対 Cu/Cu^{2+} の標準酸化還元電位 $E°$ である．この電池式（9.8）で起こる反応は，電子が電池内を左から右に流れるときに起こる反応を示す約束になっている．
したがって，塩橋の左側では

$$H_2(1\,\text{atm}) \longrightarrow 2\,H^+(a_{H^+}=1) + 2\,e^- \tag{9.9}$$

塩橋の右側では

$$Cu^{2+}(a_{Cu^{2+}}=1) + 2\,e^- \longrightarrow Cu \tag{9.10}$$

の反応が起こり，電池全反応では式（9.11）のように表すことができる．

$$H_2(1\,\text{atm}) + Cu^{2+}(a_{Cu^{2+}}=1) \longrightarrow 2\,H^+(a_{H^+}=1) + Cu \tag{9.11}$$

式（9.11）には Cu/Cu^{2+} と $1/2\,H_2/H^+$ という二つの酸化還元対が組み合わされている．ニッケル板をニッケルイオンを含む溶液に浸すと，金属ニッケルと溶液の界面に電位差を生じる．しかし，このような電位差を単独で測定することはできない．そこで，標準水素電極電位を基準に選び，これと組み合わせてその起電力を測定することができる．
　しかしながら，水素電極は組み立てるのがやっかいで使いにくい電極で

ある．標準電位の定義をするために水素電極と組み合わせた電池を組み立てることになっているが，実際には起電力を測定するときに，必ずしも水素電極を使う必要はない．水素電極の代わりによく使われるのは，甘こう電極（カロメル電極）である．

$$Hg|Hg_2Cl_2,\ KCl_{soln.}\|\ 起電力を測定したい電極系 \qquad (9.12)$$

甘こうというのは Hg_2Cl_2 の古い名称で，たとえば，飽和 KCl 溶液で作製した電極（飽和甘こう電極とよばれ，SCE と略記される）は標準水素電極に対して $+0.242\ V$ である．同様に Ag/AgCl 電極もよく使用される．

Key Word
飽和甘こう電極 saturated calomel electrode

9.4 生体内の酸化還元

オゾン層がなく，太陽からの強い紫外線が地表に届き，放射性元素の崩壊の際に放出される放射線や熱，地球の固化による圧縮熱そして雷などがあったとされる原始大気の条件で，生化学的に重要な有機分子は，非生物的に合成されることが明らかにされている．

このような化学進化の時代を経て，ある種の単純な組織が形成され，原始生命は約 35 億年前に誕生したといわれている．この生命の誕生と進化が海洋で行われた証拠として，われわれの血漿中の元素組成と海洋中の元素組成とが，酷似していることがあげられる．原始地球の大気中の酸性成分は，岩石中の Na^+，K^+，Ca^{2+} や Mg^{2+} を溶かし，海に流し込み，生物進化を促進したであろう．地球上に光合成生物が現れると，大気には O_2 濃度が上昇し，3 億年前には現在の濃度に達したと考えられている．O_2 濃度の急激な上昇により，エネルギー獲得のために鉄や銅イオンを用いて O_2 を利用する好気的呼吸を行う生物が現れ，生物進化は加速された．そして約 14 万年前に，この地球上に人類が現れたと考えられている．地球上における生命誕生は，あらゆる元素の中から，特定の元素を選びだし，それらを濃縮し，利用することにより，はじめて達成されたであろう．

酸化還元反応はすべての生命活動にとって基本的な反応である．銅や鉄を含むタンパク質は電子伝達の主役であるが，その主成分であるポリペプチドやタンパク質は，金属中心を酸化還元の役割に適合させているらしい．また，タンパク質が，ある酸化還元反応の中心からかなり離れた距離にあるほかの中心金属へ電子を運ぶことができると考えられる理由である．しかし，この過程のメカニズムはまだはっきりわかっていない．

9.4.1 生物学的酸化還元反応

一般に，すべての生物学的酸化還元系は，水素電極と酸素電極間の酸化還元電位をもつ．水素電極（NHE）は，pH=0 のときのもので，この値は，$E°=0.0$ と定義される．反応にはプロトンが関与するので pH=7 に

Key Word
サイクリックボルタンメトリー
cyclic voltammetry

調節しなければならない．

$$H^+(aq) + e^- \longrightarrow \frac{1}{2}H_2$$

pH=7 での水素電極の電位（$E^{\circ\prime}$）は，25 ℃ では式 (9.13) から，37 ℃ では式 (9.14) から計算できる．

$$E^{\circ\prime} = E^\circ - 0.059 \times \text{pH} \quad (25\ ℃) \tag{9.13}$$

$$E^{\circ\prime} = E^\circ - 0.061 \times \text{pH} \quad (37\ ℃) \tag{9.14}$$

25 ℃ では，$E^{\circ\prime} = -0.41\ \text{V}$ となる．

$1/2\,O_2(g) + 2\,e^- \longrightarrow O^{2-}(aq)$ の反応が完全に可逆的でないので，酸素電極の電位を直接求めることはできない．酸素-水素電池の EMF は熱力学的データから計算できる．

$$H_2(g) + \frac{1}{2}O_2(g) \longrightarrow H_2O(l)$$

という反応に対して，$\Delta G^\circ = -nFE^\circ$，$\Delta G^\circ = -236.6\ \text{kJ mol}^{-1}$ (25 ℃) であるから

$$E^\circ = -\frac{\Delta G^\circ}{nF} = \frac{236.6 \times 10^3}{2 \times 96,500} = +1.23\ \text{V}$$

（反応には二つの電子が関与している）

+1.23 V という値は pH=0 のときのものであるから，式 (9.13) で pH=7 に補正すると，$E^{\circ\prime} = +0.82\ \text{V}$ となる．この値を反応 $1/2\,O_2(g) + H^+(aq) + 2\,e^- \longrightarrow OH^-(aq)$ の値とみなすことになっている．

9.4.2 酸化還元電位の測定

　生体系におけるエネルギー代謝や物質代謝系では，いろいろな電子伝達タンパク質や酸化還元酵素が働いて，生命の維持を行っている．電子伝達タンパク質や酸化還元酵素などの多くは，活性中心に遷移金属イオンを含み酸化還元中心を形成している．このような電子の授受を行う系について電気化学的なアプローチは有力な方法であり，酸化還元電位などの熱化学的情報や電子移動反応に関する速度論的情報などが得られる．多くの電気化学的測定法の中でもサイクリックボルタンメトリー法は操作の簡便性や電極界面近傍での酸化還元反応の直接的観測などの点から電極反応の初期の研究法として優れている．この方法は，静止溶液中，静止電極状での酸化還元反応（電子移動反応）を観察する方法である．

　この方法では酸化還元を受ける物質の溶液に加える電圧（加電圧）を時間とともに三角形状に掃引する（図 9.2）．作用電極には白金電極やグラシーカーボン電極などがよく使われる．

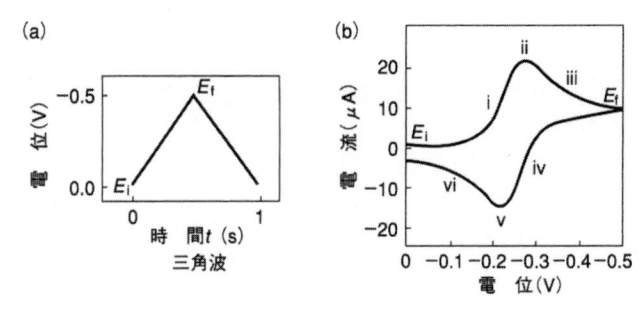

図9.2 サイクリックボルタングラム

　たとえば，電解質溶液中には酸化体（Ox）のみが存在し，電位を負方向に掃引するのに伴い，Oxが還元され，還元電流が流れはじめる．この掃引をさらに続けると電流値にピークを生じたのち減少する．この図で示されている初期電位（E_i）は $E^{o\prime}$ に対して十分正であるので，電解電流はほとんど流れず，Oxが支配的に存在する．電位を負方向に掃引するにしたがって，$Ox + ne^- \rightarrow Red$ の反応が進行し還元電流が流れる．電極表面でのOxの濃度が次第に減少してゆくが，還元電流ではOxの濃度がある程度減少するまで急激に減少し，E^{o} で還元ピーク電流を与え，その後，さらに負電位に掃引するにつれて電流値は減少する．このようにピーク電流を生じるのは，電極表面での電極反応の速度が負電位の増加とともに速くなり，Oxが消費されその濃度がほとんどゼロになるからである．このため溶液と電極表面では濃度勾配が生じ，Oxはこの濃度勾配に基づいて電極表面に供給されることになる．しかし，その速度が追いつかないためピーク電流を生じることになる．なお，ピーク電流を過ぎた後の電流値の減少は拡散支配の電流となり，その時間変化は電位には依存しない．反転電位（E_f）で電位を逆転方向に掃引した場合，電極表面で生成したRedが $Red \rightarrow Ox + ne^-$ の酸化に基づく酸化電流が流れる．

　生体系の酸化還元反応を簡単に調べるには，古来より色素すなわち酸化還元指示薬が用いられてきた．試料溶液に指示薬を少量加えると，その酸化還元電位に応じて酸化または還元されて色素の色が変化するため，色調から試料溶液の酸化還元電位を推定できる．たとえば，pH=7で標準水素電極に対する指示薬の中間変色点の電位をボルト（V）で表すと，メチレンブルーは0.53，ジフェニルアミンは0.76，フェロインは1.11などとなる（表9.2）．これらの方法を用いて測定された代表的な生体成分の還元電位を表9.3に示した．この表から，たとえばアスコルビン酸により Fe^{3+} を Fe^{2+} に還元でき，またNADHやNADPHはシトクロム類で代表されるヘム鉄タンパク質の鉄イオン（Fe^{3+}）を還元できることなどが読みとれる．

フェロインは 1,10-フェナントロリンの Fe(II) 錯体をいう.

5-メチル-1,10-フェナントロリン-Fe(II)錯体
(5-メチルフェロイン)

表 9.2 酸化還元指示薬

指示薬	還元型の色	酸化型の色	変色電位(V)
フェノサフラニン	無色	赤色	0.28
インジゴテトラスルホン酸	無色	青色	0.36
メチレンブルー	無色	青色	0.53
ジフェニルアミン	無色	スミレ色	0.76
ジフェニルベンジジン	無色	スミレ色	0.76
ジフェニルアミンスルホン酸	無色	赤紫色	0.85
エリオグラウシン A	黄緑色	青赤色	0.98
5-メチルフェロイン	赤色	淡青色	1.02
フェロイン	赤色	淡青色	1.11
ニトロフェロイン	赤色	淡青色	1.25

表 9.3 代表的な生体成分の還元電位[a]

系の反応	$E^{o\prime}$(pH 7)(V)[b]
$O_2 + 4H^+ + 4e^- \longrightarrow 2H_2O$	$+0.815$
$Fe^{3+} + e^- \longrightarrow Fe^{2+}$	0.771
$NO_3^- + 2H^+ + 2e^- \longrightarrow NO_2^- + H_2O$	0.421
シトクロム $f(Fe^{3+}) + e^- \longrightarrow$ シトクロム $f(Fe^{2+})$	0.365
$Fe(CN)_6^{3-} + e^- \longrightarrow Fe(CN)_6^{4-}$	0.36
$O_2 + 2H^+ + 2e^- \longrightarrow H_2O_2$	0.295
シトクロム $a(Fe^{3+}) + e^- \longrightarrow$ シトクロム $a(Fe^{2+})$	0.29
p-キノン $+ 2H^+ + 2e^- \longrightarrow$ ヒドロキノン	0.285
シトクロム $c(Fe^{3+}) + e^- \longrightarrow$ シトクロム $c(Fe^{2+})$	0.254
シトクロム $b_2(Fe^{3+}) + e^- \longrightarrow$ シトクロム $b_2(Fe^{2+})$	0.12
ユビキノン $+ 2H^+ + 2e^- \longrightarrow$ ユビキノン H_2	0.10
シトクロム $b(Fe^{3+}) + 2e^- \longrightarrow$ シトクロム $b(Fe^{2+})$	0.075
デヒドロアスコルビン酸 $+ 2H^+ + 2e^- \longrightarrow$ アスコルビン酸	0.058
フマル酸 $+ 2H^+ + 2e^- \longrightarrow$ コハク酸	0.031
メチレンブルー $+ 2H^+ + 2e^- \longrightarrow$ ロイメチレンブルー	0.011
クロトニル-CoA $+ 2H^+ + 2e^- \longrightarrow$ ブチリル-CoA	-0.015
グルタチオン $+ 2H^+ + 2e^- \longrightarrow$ 2 還元型グルタチオン	-0.10
オキサロ酢酸 $+ 2H^+ + 2e^- \longrightarrow$ リンゴ酸	-0.166
ピルビン酸 $+ 2H^+ + 2e^- \longrightarrow$ 乳酸	-0.185
アセトアルデヒド $+ 2H^+ + 2e^- \longrightarrow$ エタノール	-0.197
リボフラビン $+ 2H^+ + 2e^- \longrightarrow$ ジヒドロリボフラビン	-0.208
アセトアセチル-CoA $+ 2H^+ + 2e^- \longrightarrow \beta$-ヒドロキシブチリル-CoA	$-0.238(38\,°C)$
$S + 2H^+ + 2e^- \longrightarrow H_2S$	-0.274
リポ酸 $+ 2H^+ + 2e^- \longrightarrow$ ジヒドロリポ酸	-0.29
$NAD^+ + H^+ + 2e^- \longrightarrow NADH$	-0.32
$NADA^+ + H^+ + 2e^- \longrightarrow NADPH$	-0.324
フェレドキシン $(Fe^{3+}) + e^- \longrightarrow$ フェレドキシン (Fe^{2+})	-0.413
$2H^+ + 2e^- \longrightarrow H_2$	-0.414
$CO_2 + H^+ + 2e^- \longrightarrow$ ギ酸	$-0.42(30\,°C)$

a) "Handbook of Biochemistry and Molecular Biology: Physical and Chemical Data 3rd Ed.," ed. by G. D. Fasman, CRC Press (1976), p.122〜130.
b) pH 7 の緩衝溶液中での単極電位であり, プロトンの消失を伴う反応の場合には, 標準電極電位 E^* と次の関係にある. $E^{o\prime} = E^* - 0.207n$

9.4.3 活性酸素種の化学

1960年代のはじめ，フリドヴィッチらは酸素分子を一電子還元して得られるスーパーオキシドアニオン（$\cdot O_2^-$）が生体内で生じることを発見し，さらにこれを消去する酸素を赤血球より分離精製してスーパーオキシドジスムターゼ（SOD）と名づけた．この一連の発見を契機として，酸素分子の還元型や光や熱による励起型分子を総称して活性酸素種（ROS）とよばれた．活性酸素の化学生物学的研究は，医学薬学の分野で大きな潮流となる学問となった．

われわれが呼吸によって取り入れる重要な酸素分子はどのような物理化学的性質や電子配置をもっているのだろうか？ 不活性ガスとして知られる窒素分子，そして活性型酸素の一つである一酸化窒素 NO や一酸化炭素のそれらと比較して表9.4および図9.3にまとめた．図から明らかに O_2 は2個の不対電子をもつビラジカル種であり，NO は1個の不対電子をもつモノラジカル種であり，N_2 と CO は電子軌道的には不活性分子であることがわかる．

ビラジカル種である O_2 は生体内に入ると，次つぎと電子を受けとり活性化されていく（図9.4）．最終的には4個の電子を受けとり，水に還元

表9.4 CO, N_2, NO, O_2 の物理化学的性質

	CO	N_2	NO	O_2
色，臭い	無色，無臭	無色，無臭	無色，無臭	無色，無臭
融点（℃）	-205.0	-209.86	-163.6	-218.4
沸点（℃）	-191.5	-195.8	-151.8	-182.96
電子数	14	14	15	16
等電子分子	NO^+	NO^+		NO^-
結合次数	3	3	2.5	2
結合距離（Å）	1.1282	1.0976	1.1508	1.2075
結合解離エネルギー（$kJ\,mol^{-1}$）	1071.8	945.41	626.8	493.6
第一イオン化電位（eV）	14.01	15.57	9.26	12.07
双極子モーメント（D）	0.10980	0	0.15872	0
溶解度，g/100 g・水（20℃）	0.00284	0.00190	0.00617	0.00434
金属に対する親和性	++	+-	++++	+

吉村哲彦 著，『NO 一酸化窒素——宇宙から細胞まで』，共立出版（1998），p.32.

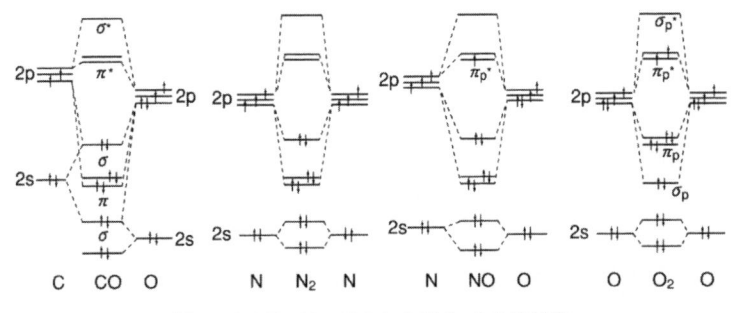

図9.3 CO, N_2, NO および O_2 の分子軌道

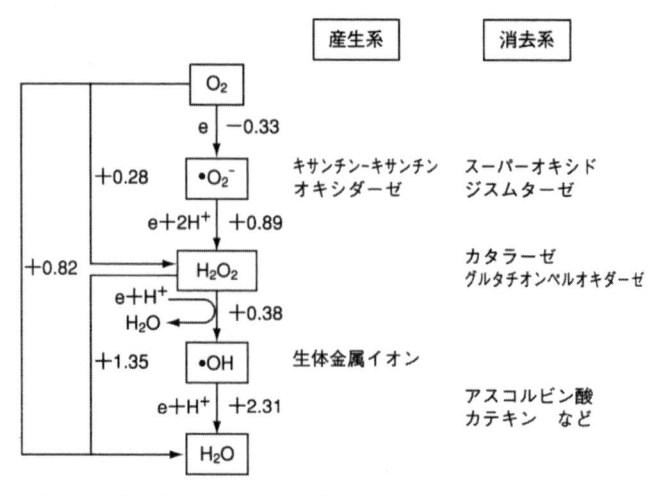

図9.4 酸素分子の活性化と標準還元電位（V）およびそれらの産生・消去系

される．

（a）スーパーオキシドアニオン（超酸化物）

スーパーオキシドアニオン（$\cdot O_2^-$）の化学と反応性は，生化学者や化学者にとって興味のある問題であり，1965〜66年に非プロトン性溶媒中で酸素分子（O_2）が可逆的な電子過程によってスーパーオキシドアニオンに還元されることがはじめて明らかになった．

$$O_2 + e^- \longrightarrow \cdot O_2^- \qquad E° = -0.50 \text{ V vs. NHE}$$

さらにそれは第二の一電子過程（溶媒ジメチルスルホキシドが関与）で還元される．

$$\cdot O_2^- + e^- \longrightarrow O_2^{2-} \qquad E_{Me_2SO} = -1.75 \text{ V vs. NHE}$$

非プロトン溶液中の $\cdot O_2^-$ の安定な溶液は，定電位クーロメトリーにより調整することができる．$\cdot O_2^-$ は水溶液中で不安定であるが，ごく少量なら，酸素を加えたギ酸イオン溶液のパルス放射化分解によってつくりだされる．イオンは強塩基である．

$$2\, O_2^- + HB \longrightarrow O_2 + HO_2^- + B^-$$

$\cdot O_2^-$ 溶液は，$pK_a = 2.3$ の酸の共役塩基に等量のプロトンを基質から移すことができる．スーパーオキシドイオンは求核性である．

$$\cdot O_2^- + RX \longrightarrow RO_2^- + X^-$$

（b）NO（一酸化窒素）

根粒バクテリアが空気中の N_2 をアンモニアに還元する反応は，古くか

ら研究されていたが，窒素の酸化物 NO_x はむしろ大気汚染物質として一般的には理解されていた．しかし，1980 年ファーゴットらは「血管の内皮細胞は血管の平滑筋を弛緩させる因子（血管内皮由来弛緩因子，EDRF）を放出している」と発表し，センセーショナルとなり，多数の研究者がこの発見に向かって研究し，ついに 1986 年にはファーゴットとイグナロらによって NO であることがつきとめられた．この NO は，NO 合成酵素の働きにより，L-アルギニンと酸素分子から，NADPH を還元剤としてつくられることが明らかにされた（図 9.5）．その後，この NO は体のあらゆるところで産生し，重要な生理的役割をしていることが知ら

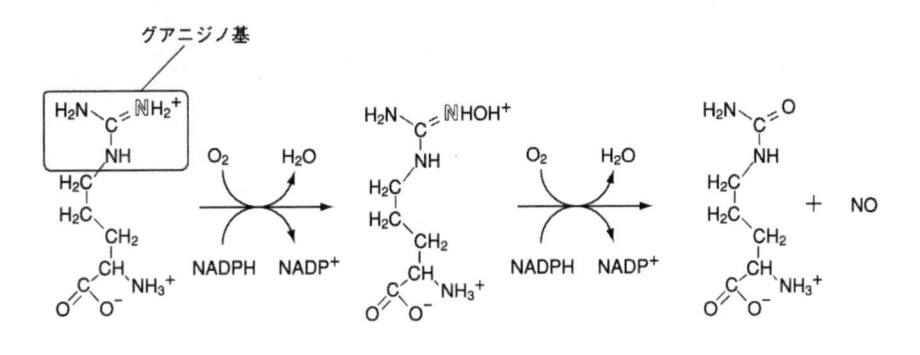

図 9.5 NO 合成酵素が L-アルギニンから NO をつくる反応

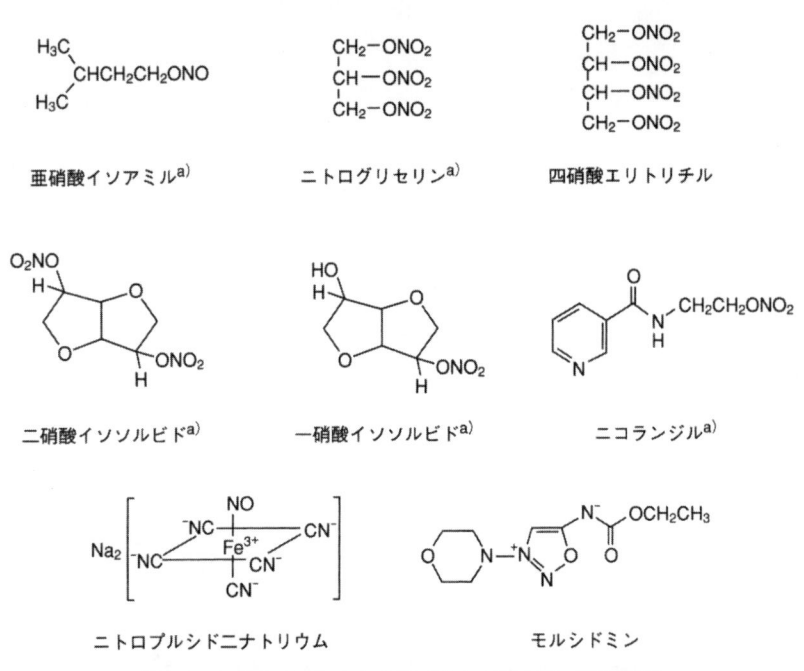

亜硝酸イソアミル[a)]　　ニトログリセリン[a)]　　四硝酸エリトリチル

二硝酸イソソルビド[a)]　　一硝酸イソソルビド[a)]　　ニコランジル[a)]

ニトロプルシドニナトリウム　　モルシドミン

図 9.6 体の中で NO をだす薬（狭心症治療薬，冠拡張薬）
　　a) 現在日本で発売されている医薬品．

れている。さらに，分子中に NO もしくは NO_2 を含む化合物は，血管拡張をおもな作用機構とする狭心症や急性心不全の治療薬として用いられている（図 9.6）。1862 年にニトログリセリンで爆薬をつくったノーベルは，巨額の富を得たが，晩年は，狭心症に苦しみ，ニトログリセリンで治療していたことは有名な話である。

演習問題

問題 9.1 次の各文章の正誤について答えなさい。また，その理由も書きなさい。
（1）殺菌薬として用いられるオキシドールは，酸化作用と還元作用をもっている。
（2）チオ硫酸ナトリウムは，その酸化作用により解毒薬として用いられる。
（3）金属ナトリウムは，酸化されにくい。
（4）亜硝酸ナトリウムの漂白作用は，還元性に基づく。
（5）次亜塩素酸ナトリウムの殺菌効果は，酸性のほうがアルカリ性より強い。
（6）$KClO_3$ には酸化作用はない。
（7）SO_2 には還元作用がある。

問題 9.2 電解質溶液に金属 M および m を浸して電池をつくった。ただし，イオン化傾向は M>m である。この電池を IUPAC 方式で書きなさい。また，そのとき，正極および負極で起こる反応を書きなさい。

問題 9.3 ダニエル電池は次のように表せる。25 ℃ における，この電池の起電力を計算しなさい。
$(-)Zn|Zn^{2+}(a_{Zn^{2+}}=1)\|Cu^{2+}(a_{Cu^{2+}}=1)|Cu(+)$

問題 9.4 燃料電池（アルカリ水溶液電解型）は次のように表せる。そのとき正極および負極で起こる反応を書きなさい。
$(-)Ni(Pt)|H_2|$ 濃厚水酸化カリウム水溶液 $|O_2|Ni(+)$

問題 9.5 次の各文章の正誤について答えなさい。また，その理由も書きなさい。
（1）ブチルヒドロキシアニソール（BHA）は，ラジカル捕捉作用により油脂の酸化を防止する。
（2）生物のカリウム含有率は，海水のカリウム含有率より低い。
（3）シトクロム P 450 は，ヘムタンパク質の一種であり，その分子内の鉄の薬物の酸化過程で 3 価を保っている。
（4）シトクロム P 450 は，一分子の薬物に酸素原子 1 個添加するのに 2 個の電子を必要とする。
（5）セレンは，スーパーオキシドジスムターゼの補因子である。
（6）スーパーオキシドは，活性酸素の一種である。
（7）スーパーオキシドは，過酸化脂質の生成を防止する。

解　答

9.1
（1）正．オキシドールは 3 w/v％-H_2O_2 水溶液である。H_2O_2 は酸化性は強いが，強い酸化剤との反応では還元作用を示す。KI 水溶液に H_2O_2 を作用させると酸化作用によりヨウ素が遊離する。一方，$KMnO_4$ の酸性溶液に H_2O_2 を加えると還元作用によって MnO_4^- の赤紫色が退色する。
（2）誤．$Na_2S_2O_3$ には還元性があり，解毒作用を示す。
（3）誤．金属ナトリウムは，きわめて活性の強い銀白色の無臭の金属で，空気に接すると酸化され灰色に変色する。水と激しく反応して水素を発生する。
（4）正．亜硝酸ナトリウムは還元性漂白剤で，そのほかに亜硫酸ナトリウム，次亜硫酸ナトリウムなどがある。酸化性漂白剤は亜塩素酸ナトリウムのみである。
（5）正．NaClO の殺菌力は，ClO^- または HClO によるものである。pH が低いほど殺菌作用が強くなる。

(6) 誤．KClO₃（塩素酸カリウム）は，塩素のオキソ酸のカリウム塩である．次亜塩素酸（HClO），亜塩素酸（HClO₂），塩素酸（HClO₃），過塩素酸（HClO₄）は，いずれも酸化作用をもっている．
(7) 正．SO₂は水の存在で生じたH₂SO₃がほかから酸素を奪ってH₂SO₄に変わりやすい性質があるため，ほかの物質に対して還元作用を示す．

9.2 一般に，イオン化傾向の異なる二種の金属を電解質溶液に浸して導線につなぐと電池ができる．そのとき，負電極では酸化が起こり，正極では還元が起こる．すなわち，電池は酸化と還元を別々の個所で行い，その両個所を導線でつなぐことによって電流を得る装置である．

(−)M│電解質溶液│m(+)

負極；$M \rightarrow M^{n+} + ne^-$

正極；$ne^- + nH^+ \rightarrow 1/2\, H_2$

9.3 $E = 0.34 - (-0.76) = +1.10 (V)$

9.4 負極；$H_2 + 2\,OH^- \rightarrow H_2O + 2\,e^-$

正極；$1/2\,O_2 + H_2O + 2\,e^- \rightarrow 2\,OH^-$

9.5

(1) 正．油脂の酸化防止剤は，ラジカル捕捉型と金属封鎖型に分かれる．前者は，ジブチルヒドロキシトルエン（BHT），ブチルヒドロキシアニソール（BHA），dl-α-トコフェロールおよび没食子酸プロピルなど，後者には，クエン酸プロピルがある．

(2) 誤．生物のK含有量は0.046％で，海水中K含有量は0.03％である．したがって，K含有量は生物のほうが海水より大である．

(3) 誤．シトクロムP450は，ヘムタンパク質の一種であり，その分子内の鉄の薬物の酸化過程で3価で薬物と結合し，2価となって分子状酸素と結合する．

(4) 正．NADPHに由来する2個の電子と分子状酸素を用いて一原子酸素添加反応を触媒している．

(5) 誤．スーパーオキシドジスムターゼは，マンガンまたは銅と亜鉛を補因子とする活性酸素消去酵素であり，二分子のスーパーオキシドを三重項酸素と過酸化水素に変える働きをする．セレンは，過酸化水素を分解するグルタチオンペルオキシダーゼの補因子である．

(6) 正．活性酸素には，一重項酸素，スーパーオキシド，過酸化水素，ヒドロキシルラジカルなどがある．

(7) 誤．スーパーオキシドなどの活性酸素は，過酸化脂質の生成を促進する．

10 生体酸化還元系

10.1 生体の酸化還元系

第9章で学んだように，生体は簡単な化学的酸化還元の集積系とみることができる．そこで第10章では，生体の複雑な酸化還元系の代表としてミトコンドリアと肝臓ミクロソームについて学ぶこととする．とりわけ後者は，薬学ではきわめて重要である．

10.2 ミトコンドリアの電子伝達系

10.2.1 食物から生体エネルギーへ

食物に含まれるタンパク質，脂質，炭水化物は三段階を経て生体エネルギーになる．炭化水素を例にあげると，第一段階で消化によりグルコースのような単糖に分解されてから解糖系に入り最終産物であるピルビン酸になる．第二段階で，ピルビン酸はアセチルコエンザイムAとなって解糖系のクエン酸回路に入り，NADHを産生する．強い還元剤であるNADHから，エネルギー生産の第三段階である電子伝達系へ電子が供与されてATPをつくりだす．電子伝達系は呼吸鎖ともいう．

10.2.2 呼吸鎖の仕組み

電子伝達系の反応は，水素ガスが燃えて水になる爆発的な反応と基本的に同じである．大きなエネルギーが放出され熱となる．しかし，生体での水素の燃焼は単純な一段階反応ではない．さらに，生体では水素ガスではなく水素原子が関与する．水素原子はプロトンと電子に分かれて多段階でおだやかに反応する．プロトンは周囲の水環境へ入り，一方の電子は呼吸鎖末端にたどりついて酸素分子と反応する．反応熱は効率的にATPとし

Key Word

解糖系 glycolytic pathway, クエン酸回路 citric acid cycle, 電子伝達系 electron transport system, 呼吸鎖 respiratory chain

タンパク質や脂肪も最終的にはアセチルコエンザイムAとなる．

Key Word
ミトコンドリア mitochondria, クリステ crista, マトリックス matrix

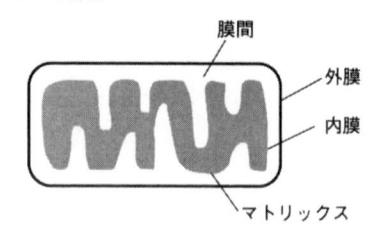

ミトコンドリアの構造

ミトコンドリアの電子伝達系

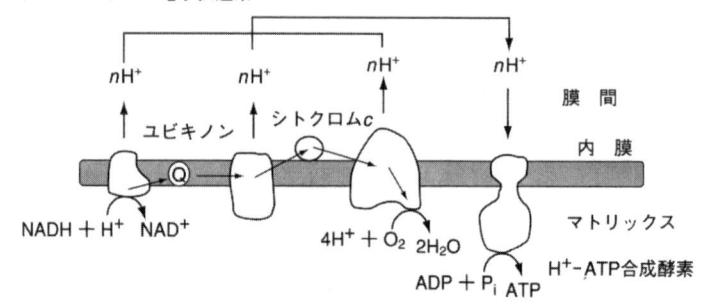

図10.1 ミトコンドリアの構造とミトコンドリアの電子伝達系

て細胞が利用できる形で蓄えられる．これらの反応が起きる場所が細胞内のミトコンドリアにある．図10.1に示すように，ミトコンドリアは外膜と内膜からなる二重膜構造をもち，外膜と内膜の間を膜間という．内膜は何重にも折りたたまれたクリステとよばれるひだ状構造もつ．内膜の内側をマトリックスという．電子伝達系はミトコンドリア内膜に埋め込まれ，四種類のタンパク質複合体から構成されている．

　電子伝達系ではNADHから渡された電子は少しずつ低エネルギー状態になり，最終的には酸素分子と反応して水となる．その過程は次のように概観できる．NADHは電子伝達系の入り口にあるNADH脱水素複合体（複合体Ｉ）に電子を供与し，次に電子はユビキノンに移動する．ユビキノンへの電子供与体はもう一つあり，コハク酸脱水素酵素（複合体II）とよばれる．電子はユビキノンからシトクロム bc_1 複合体（複合体III）をへてシトクロム c に流れる．シトクロム c に渡された電子はシトクロム酸化酵素（複合体IV）に移り，最終的にはシトクロム酸化酵素に結合した酸素分子が電子受容体となる．酸素分子は還元され水分子となる．しかし，電子伝達系の機能は単に電子を流すためではなく，複合体Ｉ，IIおよびIVによりマトリックスから膜間にプロトンを汲みあげることである．ATP合成酵素は汲みあげられたプロトンを使い，ADPと無機リン酸からATPを合成する．ミトコンドリアの電子伝達系では複合体Ｉ～IVが接近して規則正しく並んでいる．図10.2には電子伝達系の各成分の酸化還元電位を示す．NADHと O_2 間には1.14 Vの電位差がみられ，この落差が

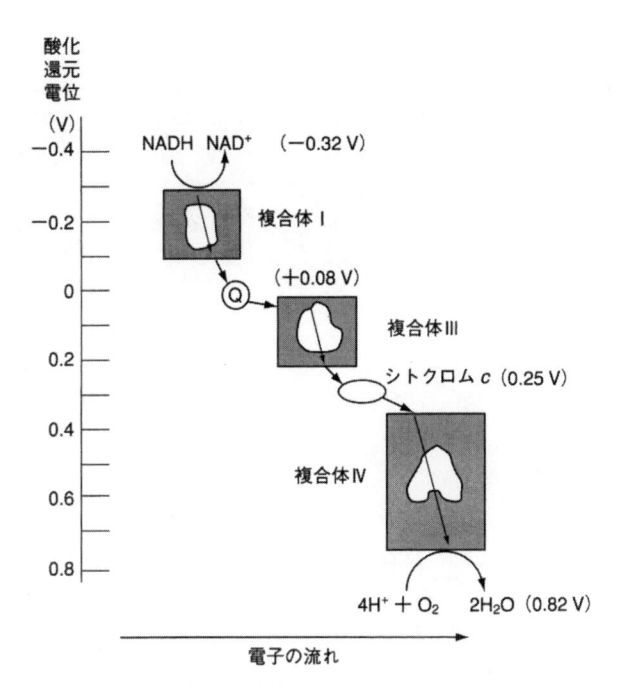

図 10.2　呼吸鎖での電子の流れと酸化還元電位
複合体 I〜IV は複数の酸化還元成分からなるので，酸化還元電位に幅がある．

電子伝達の駆動力となる．複合体 I，III および IV の酸化還元電位は NADH と O_2 の電位差内に納まっている．（図 10.2 参照）

10.2.3　電子の移動経路
（a）複合体 I での電子の流れ

クエン酸回路でつくられた電子供与体 NADH は電子伝達系の入り口にある複合体 I に電子を渡す．複合体 I*は補欠分子として一分子のフラビンモノヌクレオチド FMN と 6，7 個の鉄-硫黄タンパク質を含んでいる（図 10.3）．NADH が複合体 I に結合すると，二当量の電子と二当量のプロトンを用いて FMN を $FMNH_2$ に還元する．電子は $FMNH_2$ から第二補欠分子である鉄-硫黄タンパク質に輸送される．鉄-硫黄タンパク質はシステイン残基と鉄原子が結合した鉄-硫黄クラスターからなり，複合体 I には［2 Fe-2 S］型と［4 Fe-4 S］型の二種類のクラスターがある．これらのクラスターは Fe^{2+} と Fe^{3+} の変換を繰り返して電子を移動させる．電子は次に鉄-硫黄タンパク質から複合体 I の外側にある補酵素 Q に移動する．補酵素 Q は生体内のいたるところに存在するキノン分子であるため，別名をユビキノンという．補酵素 Q は還元されてユビキノールに変わり，複合体 I での電子の流れは完結する．NADH から補酵素 Q へ二電子が伝達されると，最終的には四原子のプロトンがマトリックスからミトコンド

Key Word
鉄-硫黄タンパク質 iron-sulfur protein, 鉄-硫黄クラスター iron-sulfur cluster, 補酵素 Q coenzyme Q, ユビキノン ubiquinone

＊34 個以上のサブユニットから構成され，分子量は 88 万であるが，立体構造はまだ解明されていない．

英語で ubiquitous は，「いたるところの」という意味．

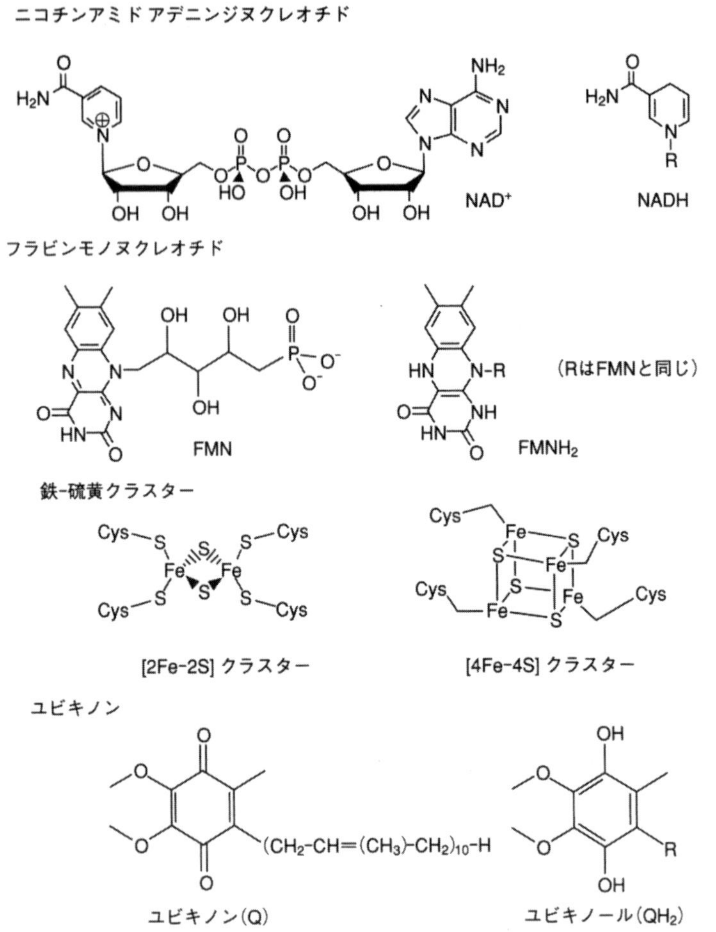

図10.3 電子伝達系に存在する成分

リアの膜間部分へ汲みだされる．

(b) 複合体IIIでの電子の流れ

複合体Iからでた電子は補酵素Qを経由して，第二のプロトンポンプである複合体III（シトクロム bc_1 複合体）に入る．シトクロムの鉄原子も Fe^{2+} と Fe^{3+} の変換を繰り返して電子を運搬する．複合体はシトクロム b（性質の違う2個の b_H と b_L がある），シトクロム c_1 および [2Fe-2S] 型の鉄-硫黄タンパク質など11サブユニットからなり，分子量は24万である．シトクロム b のヘムはプロトヘムであるが，シトクロム c_1 にはヘム c が含まれている．補酵素Qからきた電子はシトクロム b，鉄-硫黄タンパク質，シトクロム c_1 へと流れる．二電子が移動すると，ミトコンドリア内膜から膜間部分へ2個のプロトンが汲みだされる．複合体IIIからでた電子はシトクロム c に渡される．なお，複合体IIIへの電子の入口にある補酵素Qには，複合体IIからも電子が流れ込む．複合体IIはコハク酸デヒドロゲナーゼ二量体と3個の疎水性サブユニットから構成されるタンパ

1988年にはウシ心筋酵素から得られる複合体IIIの立体構造が判明した．

ク質である．電子顕微鏡によれば，複合体II全体はL字型でデヒドロゲナーゼ部分の片方は膜内部に埋め込まれている．

(c) シトクロム c

シトクロム c はミトコンドリア内膜にゆるく結合するヘムタンパク質で，複合体IIIから複合体IVへの電子伝達を介在する．生物には固有のシトクロム c があり，分子量も1万から1.6万と変動するが，どれも一分子当たり1個のヘム c （図8.2）を含む．ヘム鉄は2価に還元されて電子を貯蔵し，電子を放出すると3価になる．ヘモグロビンに含まれるヘム b とは対照的に，シトクロム c のヘム c はチオエーテル結合，ヘム-CH-(CH_3)-S-CH_2-グロビン，でタンパク質と共有結合している．ヘム鉄にはヒスチジンとメチオニン残基が配位する．また，分子表面にはリジン残基とアルギニン残基が多く，正電荷を帯びている．これは，負電荷を帯びた複合体IIIやIVと静電的相互作用するためと考えられている．

(d) 複合体IVでの電子の流れ

複合体IVは呼吸鎖の最終酸化酵素でシトクロム酸化酵素ともよばれる．還元型シトクロム c からの電子は複合体IV中で最終的な電子受容体である酸素分子に渡され，プロトンが加わって水ができる．このとき複合体IVはシトクロム c から電子を受けとるのでシトクロム酸化酵素の名前がついた．還元される酸素分子は複合体IVにあるヘム鉄に結合する．1996年にウシ心筋と細菌から精製された二種類の酵素の結晶構造が解明された．ウシ心筋酵素は分子量20.4万で，13サブユニットからなり，大きさ130×120×60 Å^3 の扁平分子である．結晶中では酵素二分子が会合している．酵素一分子当たりヘム a （図8.2）2個，Cu 3個，Mg 1個，Zn 1個を含んでいる．酸化還元反応に関与する金属はヘム鉄とCuであり，MgとZnの機能は不明である（図10.4）．銅結合部位は2個所あり，Cu 2個からなるCu$_A$部位とCu 1個のCu$_B$部位がある．二つのヘム（ヘム a とヘム a_3）はおよそ20 Å離れている．ヘム a_3 から4.5 Å離れてCu$_B$があり金属クラスターを形成している．水に還元されるO$_2$分子はヘム a_3 に結

Key Word
チオエーテル結合 thioether linkage，シトクロム酸化酵素 cytochrome oxidase

ドイツの生化学者ワールブルクがみつけた酵素で，彼はこの業績で1931年にノーベル医学生理学賞を受賞した．

ワールブルク (Otto Heinrich Warburg, 1883～1970)，ドイツの化学者．1931年ノーベル生理学医学賞受賞．

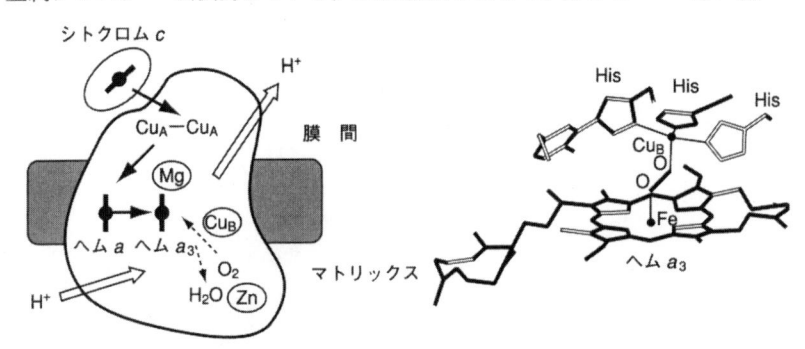

図10.4 複合体IV（シトクロムオキシダーゼ）の分子構造（模式図）と活性中心の構造
月原冨武，酒井宏明，『タンパク質の姿——形とその働き』，大阪大学出版会 (2001)，p. 52.

Key Word

過酸化物イオン peroxide

図10.5 シトクロムオキシダーゼによる酸素分子の還元機構

電子伝達により生みだされたプロトン勾配が，H$^+$-ATPアーゼによりATP合成に使われるという考えは1961年にイギリスのミッチェルにより提唱され，化学浸透説とよばれている．ミトコンドリア内膜にpH勾配をもたせると，電子伝達がなくてもATPが合成されることからも化学浸透説は支持され，ミッチェルは1978年にノーベル化学賞を受賞した．

ミッチェル (Peter Dennis Mitchell, 1920～1992)，イギリスの生化学者．1978年ノーベル化学賞受賞．

合する．

　還元型シトクロム c からきた電子はまず，分子表面に近い Cu$_A$ 部位に入る．Cu$_A$ 部位は銅原子2個からなる［2Cu-2S］型の複核構造をとり，［2Fe-2S］型フェレドキシンと似ている．電子はCu$_A$ からヘム a とCu$_B$ で構成される金属クラスターに渡され，ヘム a のFe^{2+} 原子に配位したO$_2$ が四電子と四プロトンを受け取り二水分子に変換される．ヘム a 鉄原子にはヒスチジンが配位し，基本的にはヘモグロビンのような配位構造をもつが，ヘム鉄に結合した酸素分子のすぐそばにCu$_B$ があるのが特徴的である．Cu$_B$ はヘム a_3 に結合した酸素分子を挟み込み，固定されたFe-O-O-Cu型の酸素分子とプロトンが決まった配置をとって水に効率よく変換する役割をもつと考えられている．現在提唱されている酸素分子の還元機構の詳細を図10.5に示す．還元型シトクロム c から渡った二電子はまずCu^{2+} を，次にヘム a_3 のFe^{3+} 原子を還元する．還元されたヘム鉄にO$_2$ が配位して，Fe^{2+}-O$_2$ 型酸素錯体となり，さらにCu$_B$ が結合して過酸化物イオンO$_2^{2-}$ を含むペルオキソ中間体Fe-O-O-Cuができる．ここに一電子とプロトン2個が流れ込みO$_2$ は開裂して，フェリルオキソ中間体Fe^{4+}=Oとなる．さらに一電子還元されプロトン2個と結合して水分子が生成して元の状態に戻る．このサイクルが一巡するとき，プロトン4個がミトコンドリア膜の細胞質側に移動する．

(e) 電子伝達とATP生産

　ミトコンドリアで電子伝達が起きると三つのプロトンポンプ（複合体Ⅰ，Ⅲ，Ⅳ）により内膜からプロトンが汲みだされる．細胞質側ではプロトン濃度が増えpHが1.4低くなり，正の電位が生まれる．プロトンはマトリ

ックス側に戻るときH^+-ATPアーゼを動かしATPが合成される．生理的条件では電子伝達とATP生産は共役しており，ADPがATPにリン酸化されないかぎり，電子はO_2まで流れつくことはない．H^+-ATPアーゼでのプロトンの流れは電子伝達系のプロトンポンプとは逆向きで，プロトンはマトリックス側からミトコンドリア内膜に流れる．H^+-ATPアーゼは五種類のサブユニットからなる九量体（F_1フラグメント，分子量38万）とF_0フラグメント（分子量2.5万）の複合体である．F_1およびF_0フラグメントはそれぞれATP合成部位とプロトンチャンネルで結ばれ，F_0フラグメントが膜を貫通している．ATPを1個合成するには3個のプロトンが必要である．

10.3 ミクロソームの薬物代謝系
10.3.1 歴史と背景

炭素が燃えると二酸化炭素になるように，酸化といえば「酸素との化合」がすぐ頭にうかぶ．これは無生物の話であって，生物の酸化反応は異なるという説をドイツのウィーラントが20世紀はじめに唱えた．生物での酸化反応は水素が基質から離れる脱水素反応であるという脱水素説である．事実，生体内の酸化反応の大部分は脱水素酵素による脱水素反応である．ところが，1950年代になるとキノコのフェノラーゼがフェノールをヒドロキシル化してカテコールにするとき，空気中の酸素に由来する酸素原子をフェノールに挿入する新しい現象が見つかった．さらに，早石 修は，緑膿菌のピロカテカーゼがカテコール分子を開裂するとき，酸素二原子を添加することを報告した．当初，キノコや緑膿菌で見つかった酸素添加反応は下等生物に限られた例外とみなされていた．やがて，高等生物でも反応例が多数見つかり，酸素添加反応が脱水素反応とともに生物の一般的な酸化反応であることが明らかになった．

10.3.2 シトクロムP450
（a）P450の所在と機能

1958年にアメリカ・ペンシルバニア大学のクリンゲンベルクはラット肝臓から調製したミクロソーム（細胞器官である小胞体が細胞破砕でつぶれたもの）に還元状態で一酸化炭素を吹き込むと，450 nmに極大値をもつ光吸収スペクトルが現れると報告した．ヘモグロビンやミオグロビンに一酸化炭素を吹き込むと420 nmに吸収極大値があるのとは異なった結果である．そのため，彼はその正体を特定しなかった．このとき同じ大学にいた佐藤 了は帰国後，クリンゲンベルクが見つけた異常タンパク質について研究を始め，その正体がプロトヘムをもつヘムタンパク質であることをつきとめた．大村恒雄と佐藤 了は1964年にこれをP450（Pは色素

Key Word
脱水素反応 dehydrogenation, ミクロソーム microsome, 小胞体 endoplasmic reticulum

ウィーラント（Heinrich Otto Wieland, 1877～1957），ドイツの有機化学者，生化学者．1927年ノーベル化学賞受賞．

早石 修（1920～2015）．元京都大学医学部教授．1972年文化勲章受賞．

佐藤 了（1923～1996）．元大阪大学教授．1985年文化勲章受賞．

近年ではCYP（シップ）と表記されることも多い．

表10.1 シトクロムP450による薬物代謝反応

反応	反応式	薬物
アルキル側鎖の酸化	$RCH_2CH_3 \longrightarrow RCH(OH)CH_3$ または RCH_2COOH	バルビタール
芳香族側鎖のヒドロキシル化	R—⟨⟩ ⟶ R—⟨⟩—OH	フェノバルビタール, クロロプロマジン
N-脱アルキル化	$RNHCH_2R' \longrightarrow RNH_2 + OHCR'$	エフェドリン
O-脱アルキル化	RH_2CO—⟨⟩ ⟶ $RCHO$ + HO—⟨⟩	フェナセチン, コデイン, メスカリン
脱アミノ化	$RCH_2NH_2 \longrightarrow RCHO + NH_3$	ヒスタミン, ノルエピネフェリン, メスカリン
芳香族アミンのヒドロキシル化	⟨⟩—NH_2 ⟶ ⟨⟩—NHOH	アニリン化合物
S-酸化反応	$R\text{-}S\text{-}R' \longrightarrow R\text{-}SO_2\text{-}R'$	フェノチアジン

Key Word

一原子酸素添加酵素 monooxygenase, ショウノウ camphor

pigment の意味）と名づけたが，シトクロム b と同じプロトヘムをもつことから，やがてシトクロム P 450 の名称が定着した．

1950 年代に肝臓ミクロソームにステロイドをヒドロキシル化する活性があることが知られていたが，中身は長らく不明であった．やがて1963年になり，その実体が機能不明の P 450 であることが判明した．P 450 はヘム鉄を含む代表的な酸素添加酵素で，酸素一原子を基質に添加する一原子酸素添加酵素である．肝臓以外に脳，肺，腎臓，小腸，精巣，卵巣，胎盤など多くの臓器に多様な P 450 が存在する．ゲノム解析から，動植物，魚類，昆虫，カビ，細菌などさまざまな生物種を通じて 1,500 種類以上の P 450 分子種があるとわかっている．医薬品の 70 ％が P 450 により代謝されるため，P 450 は薬物代謝酵素ともいわれる（表10.1）．しかし，薬物代謝だけでなく，コレステロール，胆汁酸，ステロイドなど生理活性物質の生合成にも関与している．

(b) P 450 の構造

P 450 は膜結合性タンパク質で水に溶けにくく，精製も困難であった．しかし 1968 年に，アメリカ・イリノイ大学のガンサラスはショウノウを炭素源として緑膿菌を培養して水溶性の P 450$_{cam}$ を純粋な形で得た．そこで P 450$_{cam}$（＝CYP 101）は P 450 研究の基本分子となり，立体構造が最初に解明された P 450 となった（図10.6）．P 450$_{cam}$ は分子量 4.5 万で 414 残基からなる 1 本のポリペプチド鎖と一分子のプロトヘムを含む．ポリペプチドは 12 本の α らせんと 5 個の逆平行 β シートから構成されている．分子全体は一辺 60 Å，厚さ 30 Å の三角おむすび型で，ヘムはおむすびの中央にあって I および L らせんに挟まれた疎水空間内に埋め込まれ

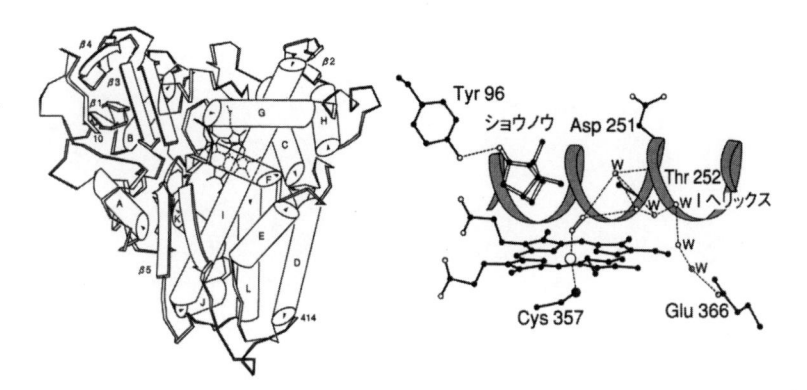

図 10.6　シトクロム P 450cam の結晶構造と活性中心の構造
左：T. L. Poulous, B. C. Finzel, I. C. Gunsalus, G. C. Wagner, J. Kraut, *J. Biol. Chem.*, **260**, 16122 (1985).
右：大村恒雄, 石村 巽, 藤井義明, 『P 450 の分子生物学』, 講談社サイエンティフィク (2003), p. 38.

Key Word
チオレート thiolate, スピン状態 spin state

ている。N末端から357番目にあるシステイン残基がチオレート（S^-）に解離して、プロトヘムの鉄原子に第五配位子として結合している。還元型 P 450 に一酸化炭素を吹き込むと 450 nm に光吸収帯が現れるのはチオレート結合のためである。ヘム平面を挟んで、第五配位座の反対側にあるヘム鉄の第六配位座には水分子が結合しているが、第六配位座周辺ではバリン、チロシン、フェニルアラニンなどの疎水性アミノ酸残基が疎水性ポケットを形成している。疎水性基質であるショウノウ分子はこの疎水性ポケットに結合して、ヘム鉄による酸化反応を受けやすい配向性をとっている。また、第六配位座の斜め上には、分子全体を横切る長いIらせんと、IらせんをV字型に覆うFおよびGらせんが並んでいる。2003年にはヒト P 450 としてははじめての CYP 2 C 9 の立体構造も報告され、現在では10種類あまりの P 450 の結晶構造が解明されている。それらのアミノ酸残基数（およそ 400〜500 残基、分子量は約5万、三角おむすび型）と活性中心の構造（チオレート配位、長いIらせん）はいずれも P 450cam とよく似ている。

チオレートの配位はヘモグロビンやミオグロビンの第五配位子がヒスチジン残基のイミダゾールであるのと対照的である。

（c）P 450 の反応機構

P 450 は一原子酸素添加酵素で、基質に酸素原子を挿入してエポキシ化、ヒドロキシル化、カルボニル化などを行う。基質は疎水性の薬物、アルカロイド、ステロイド、テルペンなど多様である。その反応サイクルを図10.7に示す。反応開始前の休止状態にある P 450 のヘム鉄は Fe^{3+} で六配位低スピン状態にあり、ヘム鉄の軸配位子はチオレートと水分子である。ショウノウのような基質が第六配位座近くの基質結合部位に接近すると水分子はヘム鉄から離れ、鉄は五配位高スピン状態に変化する。

P 450 に基質が結合した P 450・基質複合体に、電子供与体である NADH から一電子が入るとヘム鉄は Fe^{3+} から Fe^{2+} に還元される。この

スピン状態とは鉄イオンの酸化数が同じであるが3d電子の電子配置が違い、不対電子数が異なる状態をいう。低スピン状態と高スピン状態にある Fe^{3+} イオンの不対電子数はそれぞれ1個と5個である。鉄イオンの性質は酸化数だけでなくスピン状態によっても大きく変化する。ここでヘム鉄の酸化還元電位が -300 mV から -170 mV に上昇して、ヘム鉄は数十倍も電子を受けとりやすい状態になる。（p. 89 参照）

還元されて Fe^{2+} をもつ P 450 に一酸化炭素を吹き込むと光吸収帯が 450 nm に見られる。ところが、生体内の一酸化炭素濃度はきわめて低いので、一酸化炭素が反応に関与することはない。

Key Word
超酸化物 superoxide, 過酸化物 peroxide, シャント経路 shunt pathway

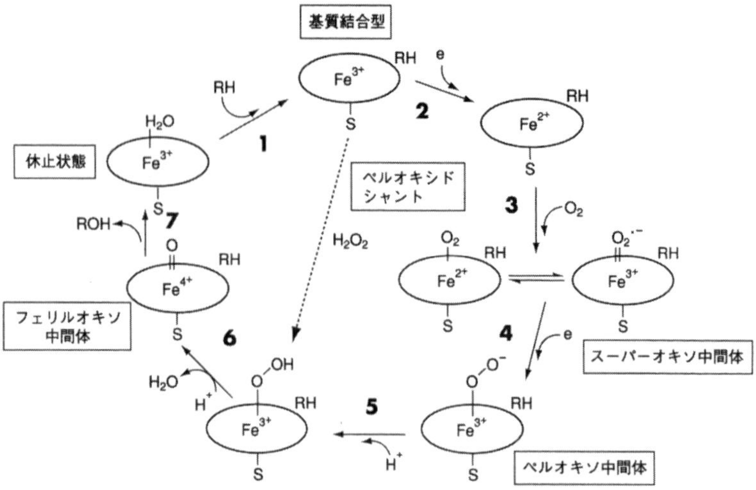

図10.7 シトクロムP450の反応サイクル

酸素結合型P450のFe^{2+}-O$_2$ユニットは，Fe^{2+}イオンから一電子が移動したスーパーオキソ中間体Fe^{3+}-O$_2^-$との共鳴構造をもつ．なお，O$_2^-$をもつ超酸化カリウムKO$_2$のような酸化物を超酸化物，O$_2^{2-}$をもつ過酸化カリウムK$_2$O$_2$のような酸化物や，過酸化水素H$_2$O$_2$のような-O-O-結合をもつ共有結合性化合物を過酸化物という．

フェリルとはFe^{4+}イオンを指す．

P450$_{cam}$に結合したショウノウ分子では，ヘム鉄に最も近い炭素原子だけがヒドロキシル化される．これからわかるように，ショウノウは基質結合部位に特定の向きで固定される．第96残基チロシンとショウノウのカルボニル基の間でできる水素結合によりショウノウは固定される．

とき，基質結合部位の構造が変わり基質の結合性は200倍も増えてほとんど離れなくなる．還元型P450に酸素が結合するとP450・基質・O$_2$の三者複合体が生成されるが，この状態ではまだ十分な反応性がない．基質を酸化するにはNADHからもう一電子を導入しなければならない．

酸素結合型P450が第二番目の電子で還元されると，スーパーオキソ中間体はペルオキソ中間体Fe^{3+}-O-O$^-$になる．ここにプロトンが流入してFe^{3+}-O-O-Hができる．さらにもう1個のプロトンが流入するとFeO-OH結合は開裂して末端の酸素原子は水分子となって放出される．この段階でようやく酸化活性種であるフェリルオキソ中間体Fe^{4+}=Oができる．ヘム鉄の第六配位座に残った酸素原子は反応性が高く，基質R—Hから水素原子を引き抜きFe^{4+}-OHと基質ラジカルR・をつくり，鉄に結合したOHがR・に結合して基質がヒドロキシル化されると考えられている．ここで酸化当量は基質に移り，酵素はもとの休止状態に戻り反応サイクルは一巡する．結局，P450に結合した酸素分子の一酸素原子は基質に移動し，残りの酸素原子は水に変換される．

電子や酸素分子の供給がなくても，過酸化水素や過酸化物ROOHを基質結合型P450に添加するとオキソ中間体Fe^{4+}=Oができ基質がヒドロキシル化されることが知られている．この反応経路はシャント経路とよばれるペルオキシダーゼ反応である．P450と過酸化物によるシャント経路は試験管の中だけでみられるのではなく，反応が生体反応で使われることがある．トロンボキサン合成酵素はプロスタグランジンH$_2$をトロンボキサンチンA$_2$に変換するP450であるが，外部からの電子と酸素を利用せず，プロスタグランジンH$_2$に内在するペルオキシ基R-O-O-Rを反応に用いてシャント経路で反応を進める．

P450ではチオレート（S⁻）がヘム鉄に結合していることを述べたが，チオレートはチオールよりも電子を供与する能力が高い．反応中間体 Fe^{3+} O–OH の O—O 結合が開裂するとき，チオレートから電子が押しだされて FeO-OH が FeO^+-OH^- に分極する．その結果，FeO-OH 結合の二電子とも OH 側に移動して，FeO-OH は FeO^+ と OH^- にイオン的に開裂する．これをヘテロリシスという．もし FeO-OH 結合の二電子が両側の酸素原子に均等配分されてラジカル的に開裂（ホモリシスという）すれば，有害な活性酸素種の一つであるヒドロキシルラジカル・OH ができてしまう．しかし，チオレートによりヘテロリシスが誘導されヒドロキシルラジカル発生が抑制される．整然とした酸化反応が生体内で起きるために P450 のチオレート構造は重要である．

Key Word

ヘテロリシス heterolysis, ホモリシス homolysis

10.3.3 抱合化による薬物排出

薬物は生体にとっては異物とみなされ酸化，還元，加水分解などの反応を受けて代謝される．ここで薬物とは医薬品だけに限らず，生理活性物質と化学合成物質（食品添加物，農薬，環境汚染物質など）の全般をさす．P450 による薬物代謝反応でヒドロキシル化などが行われる過程を第一相反応という．導入されたヒドロキシル基，カルボキシル基，アミノ基などにさらにアミノ酸やグルクロン酸，グルタチオンなどが結合すると，水溶性化合物である抱合体となる．代謝物が抱合化されて水溶性がさらに高まる過程を第二相反応とよぶ．抱合体は P450 以外の酵素によってつくられる．一般に，水溶性薬物が体内に入ると，すみやかに尿中に排泄される．脂溶性薬物は体内に残留する傾向があり，一部は血流により肝臓に運ばれて水溶性を高めてから尿中に排出される．薬物代謝の酵素系は肝臓や副腎の小胞体に局在する．第一相反応にかかわる P450 はある程度広い基質特異性をもつが，ステロイドホルモン生合成などにかかわる P450 の基質特異性はかなり厳密である．多くの薬物は P450 により薬理作用を失うが，あるものは発がん物質へと活性化される．小胞体ではヒドロキシル化のほかに脱アミノ化，脱ハロゲン化，脱アルキル化などさまざまな反応が起きる．それぞれの反応は一見複雑に見えるが，P450 によりヒドロキシル化された反応中間体がさらに分解して，脱アミノ化反応などが起きると考えられている．肝臓で酸素添加や抱合化を受けにくい農薬や環境ホルモンなどの脂溶性薬物は体内に残留する傾向がある．薬の効き目に個人差があることが多い．これは P450 遺伝子多型によりアミノ酸変異がみられ，P450 活性に差がでるためである．ヒト P450 のうち CYP2C19 で 3〜20％，CYP2C6 で 1〜7％にアミノ酸配列の個人差があるといわれている．

演習問題

問題 10.1 細胞にある電子伝達系に関する次の記述の正誤について，正しい組合せはどれか．

a 電子伝達に関与する一連のタンパク質はミトコンドリアの外膜に埋め込まれている．
b 電子伝達系で，電子は複合体Ⅰ，Ⅱ，Ⅲ，Ⅳの順序で流れる．
c 電子伝達系で，最終的な電子受容体は酸素分子である．
d シトクロム c の酸化還元電位は，複合体Ⅳに比べて低い．
e 電子伝達により，ミトコンドリア膜間に汲みだされたプロトンはヒロドキシルイオンと反応して水分子になる．

	a	b	c	d	e
1	誤	誤	正	正	誤
2	誤	正	誤	誤	正
3	誤	正	誤	正	正
4	正	誤	正	誤	誤
5	正	正	誤	正	誤

問題 10.2 薬物代謝酵素シトクロム P 450 に関する次の記述の正誤について，正しい組合せを選べ．

a P 450 のヘムはヘモグロビンにあるヘムと同じ物質である．
b P 450 は哺乳動物だけでなく植物，細菌にも存在する．
c P 450 のヘム鉄には中性のシステイン残基が結合している．
d 休止状態にある P 450 に基質が結合すると，ヘム鉄の酸化状態が変化する．
e P 450 が機能するにはヘム鉄を還元する必要がある．したがって，P 450 の活性種のヘム鉄は Fe^{2+} 状態にある．

	a	b	c	d	e
1	正	誤	正	正	誤
2	正	正	誤	誤	誤
3	誤	正	誤	正	正
4	正	誤	正	誤	誤
5	正	誤	正	正	誤

問題 10.3 薬物代謝酵素に関する次の記述の正誤について，正しい組合せはどれか．

a シトクロム P 450 (CYP) は肝細胞内の小胞体に多く存在し，サリチル酸のグルクロン酸抱合反応に関与する．
b シトクロム P 450 (CYP) の分子種 CYP 2 C 19 には遺伝的多型があり，代謝活性の低い患者ではオメプラゾールの副作用（皮膚粘膜症候群）の発現率は低下する．
c カルバマゼピンは連用によって代謝酵素の誘導を起こし，同じ投与量を繰り返し投与した場合，血中濃度は上昇する．
d シメチジンはシトクロム P 450 (CYP) のヘム鉄と複合体を形成し，シトクロム P 450 (CYP) の代謝活性を阻害する．

	a	b	c	d
1	正	誤	正	誤
2	誤	誤	正	誤
3	誤	正	誤	正
4	正	正	誤	誤
5	誤	誤	誤	正

解 答

10.1 正解：1
 a 誤．電子伝達系はミトコンドリアの内膜にある．
 b 誤．複合体Ⅱには電子は流れ込まない．
 c 正．複合体Ⅳにある酸素原子とプロトン，電子が反応して水分子ができる．
 d 正．シトクロム c の酸化還元電位は 250 mV．複合体Ⅳでの電子達成成分では 300〜750 mV となり，シトクロム c から電子を受けとりやすい．
 e 誤．このプロトンは ATP 合成酵素を動かし，ATP 生産に使われる．

10.2 正解：2
 a 正．P 450 とヘモグロビンはともにプロトヘムを含む．
 b 正．魚類，酵母にも存在する．

- c 誤．システインの SH がアニオン化してチオレート（S⁻）になっている．
- d 誤．このとき変化するのはスピン状態で，Fe^{3+} イオンのまま高スピン状態になり，還元されやすくなる．
- e 誤．P 450 活性種のヘム鉄は Fe^{4+} のフェリル状態にある．

10.3 正解：5
- a 誤．P 450 は薬物のヒドロキシル化反応を行うが，その後の抱合反応は行わない．抱合反応には UDP-グルクロン酸転移酵素が関与する．
- b 誤．オメプラゾールの代謝では，メチル基ヒドロキシル化に CYP 2 C 19 が関与する．代謝活性の低い個人ではオメプラゾールの血中濃度が上昇して，副作用の発現率は増加する．
- c 誤．カルバマゼピンは P 450 合成を誘導する薬物である．連用すると P 450 が誘導され，カルバマゼピンの血中濃度は低下する．
- d 正．シメチジンはシトクロム P 450（CYP）のヘム鉄に結合する薬剤である．鉄原子をふさがれた P 450 は酵素活性を失う．

11 無機イオンの定性反応

11.1 無機イオンの定性反応の意味

古くから無機イオン，とくに金属イオンが存在するかどうかを簡単に識別する方法が考案され，理科系大学の化学の最初の実験は無機定性反応であった．学問の現代化と共にこの実験は取りあげられなくなった．しかしこの考え方は，これまで学んできた酸・塩基の強さと HSAB 原理を巧みに組み合わせたものであり，いままで学んだ知識を整理し，実感できるためきわめて重要であるのみならず，実際実験してみると試薬をほんの少し加えるだけでカラフルな溶液や沈殿が突如として現れるため，心躍るものを感じるはずである．そして何よりもこれらの反応は化学の基本原理をなしており，未来への化学情報の宝庫といえるものである．第 11 章ではごく簡単に無機イオンの定性反応を学ぶこととする．

11.2 金属イオンの系統的分離

ドイツのフレゼニウスによって考案され，後に多くの研究者によって体系化された金属イオンの分離操作法を図 11.1 に示した．

硫化水素（H_2S）をおもな沈殿試薬とするこの系統的分析法は，ルイス酸としての金属イオンの硬さと軟らかさに基礎をおいている．沈殿試薬の硫化物イオンは分極率の大きな軟らかい塩基であり，しかもプロトンと強く結合する．

たとえば，0.3 mol/L HCl 中に H_2S を通気して，第二属イオンの硫化物を沈殿させる．この反応はプロトン共有下で軟らかい塩基である S^{2-} が軟らかい酸とよく反応するが，硬い酸（第三属と第五属イオン）とは安定な錯体をつくらない性質を利用している．このとき，中間的な性質をもつ

フレゼニウス（Carl Remigius Fresenius, 1818～1897），ドイツの化学者，薬学者．1862 年，*Zeitschrift für Analytische Chemie* 誌を創刊．

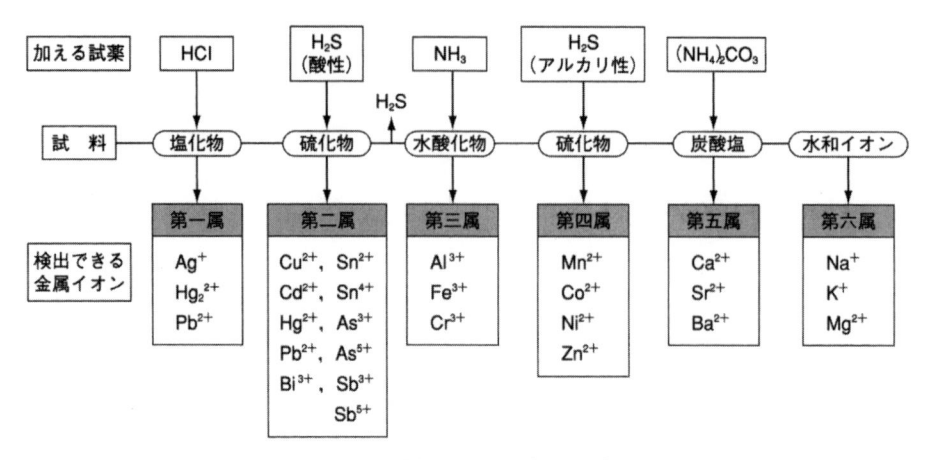

図11.1 金属イオンの系統的分離

加える試薬	HCl	H₂S(酸性)	NH₃	H₂S(アルカリ性)	(NH₄)₂CO₃	
試料	塩化物	硫化物	水酸化物	硫化物	炭酸塩	水和イオン
	第一属	第二属	第三属	第四属	第五属	第六属
検出できる金属イオン	Ag^+, Hg_2^{2+}, Pb^{2+}	Cu^{2+}, Sn^{2+}, Cd^{2+}, Sn^{4+}, Hg^{2+}, As^{3+}, Pb^{2+}, As^{5+}, Bi^{3+}, Sb^{3+}, Sb^{5+}	Al^{3+}, Fe^{3+}, Cr^{3+}	Mn^{2+}, Co^{2+}, Ni^{2+}, Zn^{2+}	Ca^{2+}, Sr^{2+}, Ba^{2+}	Na^+, K^+, Mg^{2+}

酸(第四属イオン)との分離は酸性条件を利用して,S^{2-}イオンの活量を低下させて,第四属イオンの硫化物の生成を抑えている.次に,H_2Sガスを追いだし,アンモニアを加えてアルカリ性にして,硬い酸である第三属イオンを硬い塩基であるOH^-イオンと反応させて水酸化物として沈殿する.沪液に再びH_2Sガスを通気すると,第四属イオンは硫化物として沈殿する.硬い酸であるCa^{2+}やアルカリ金属イオンなどの第五,第六属イオンは硫化物を形成しない.第五属イオンは炭酸塩をつくって沈殿する.

11.3 日本薬局方で用いられている金属イオンの定性反応

医薬品中の金属イオンの検出や医薬品の構造を確認するために,金属イオンとの特徴的な反応が広く用いられている.これらの反応をまとめて巻末の付表6に示した.

演習問題

ヨウ素とデンプンが反応すると下のような包接化合物 (inclusion compound) が生成され,青色を示す.

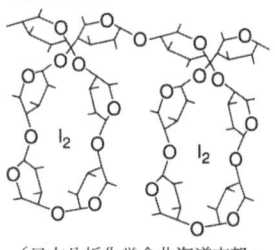

〔日本分析化学会北海道支部・東北支部 共編,『分析化学反応の基礎』,培風館 (1980), p.141 より〕

問題11.1 日本薬局方一般試験法の塩化物の定性反応に関する次の記述の □ の中に入れるべき字句の正しい組合せはどれか.
「塩化物の溶液に硫酸及び a を加えて加熱するとき, b ガスを発し,このガスは潤した c を青変する.」

	a	b	c
1	過マンガン酸カリウム	塩化水素	ヨウ化カリウムデンプン紙
2	重クロム酸カリウム	塩化水素	臭化第二水銀紙
3	過マンガン酸カリウム	塩素	ヨウ化カリウムデンプン紙
4	重クロム酸カリウム	塩化水素	ヨウ化亜鉛デンプン紙
5	強過酸化水素水	塩素	赤色リトマス試験紙

問題11.2 次の記述は,日本薬局方エテンザミドの純度試験に関するものである.この試験の対象となっている不純物はどれか.
「本品0.20gを薄めたエタノール (2→3) 15mLに溶かし,希塩化第二鉄試液2〜3滴を加えるとき,液は紫色を呈しない.」

　　　　　　　　　　　CONH₂
　　　　　　　　　　／￣＼OC₂H₅
　　　　　　　　　　＼＿／

1　サリチルアミド　　2　アニソール　　3　エトキシアニリン
4　ベンズアミド　　　5　アセトアニリド液

問題 11.3　次の記述 a～d は，日本薬局方一般試験法定性反応として記載されている物質ア～ウの確認法に関するものである．正しい組合せはどれか．

　　ア　チオ硫酸塩
　　イ　リン酸塩（正リン酸塩）
　　ウ　硫酸塩

a　試料の硝酸酸性溶液に亜硝酸ナトリウム試液 5～6 滴を加えるとき，液は黄色～赤褐色を呈し，これにクロロホルム 1 mL を加えて振り混ぜるとき，クロロホルム層は黄色～赤褐色を呈する．

b　試料の酢酸酸性溶液にヨウ素試液を滴加するとき，試液の色は消える．

c　試料の中性または希硝酸酸性溶液にモリブデン酸アンモニウム試液を加えて加温するとき，黄色の沈殿を生じ，水酸化ナトリウム試液またはアンモニア試液を追加するとき，沈殿は溶ける．

d　試料の溶液に塩化バリウム試液を加えるとき，白色の沈殿を生じ，希硝酸を追加しても沈殿は溶けない．

	ア	イ	ウ
1	d	c	b
2	c	d	a
3	b	a	c
4	a	b	d
5	b	c	d

解　答

11.1　正解：3
塩化物イオンは強い酸化剤 $KMnO_4$ により酸化されて塩素ガスを発生する．
$2\,KMnO_4 + 10\,Cl^- + 8\,H_2SO_4 \rightleftharpoons 2\,MnSO_4 + K_2SO_4 + 5\,SO_4^{2-} + 8\,H_2O + 5\,Cl_2$
発生した塩素ガスは酸化性があり，ヨウ化物イオンを酸化してヨウ素を生成する．
$Cl_2 + 2\,I^- \rightleftharpoons 2\,Cl^- + I_2$
生成したヨウ素はデンプンと反応して，青色を示す．

11.2　正解：1
塩化鉄(III)によるフェノール性ヒドロキシル基の確認試験であり，不純物にあげられている化合物の構造からみて，フェノール性ヒドロキシル基をもつものは 1 のみである．

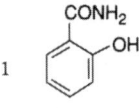

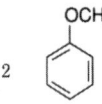

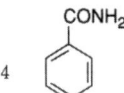

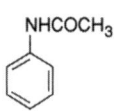

　　　　CONH₂　　　　　OCH₃　　　　　NH₂　　　　　　CONH₂　　　　　NHCOCH₃
1　／￣＼OH　　2　／￣＼　　3　／￣＼OC₂H₅　　4　／￣＼　　5　／￣＼
　　＼＿／　　　　　＼＿／　　　　　＼＿／　　　　　　　＼＿／　　　　　＼＿／

11.3　正解：5
ア　チオ硫酸塩は還元作用がある．
　　$2\,S_2O_3^{2-} + I_2 \rightleftharpoons S_4O_6^{2-} + 2\,I^-$　　（I_2 を脱色する）
イ　リン酸塩はモリブデン酸アンモニウムと反応して黄色沈殿リンモリブデン酸アンモニウム $(NH_4)_3PO_4 \cdot 12\,MoO_3 \cdot 6\,H_2O$ を生成する．
ウ　硫酸塩はバリウムイオンと反応して，難溶性の硫酸バリウム $BaSO_4$ の沈殿を生じる．

12 無機化合物の命名法

12.1 化合物の命名

国際的に共通で，かつ正確に伝えることができる化合物の表示方法は化学式で示すことである．しかし，言葉で表す場合は，いろいろな名付け方があるばかりでなく，国によって異なった名称が用いられている．

国際純正および応用化学連合（The International Union of Pure and Applied Chemistry: IUPAC）は国際的に通用する化合物の命名法に関する規則を制定した．この規則によるIUPAC名が学術雑誌や論文などに正統な命名法として使われている．

日本語名については，日本化学会の化合物命名小委員会が英文のIUPAC名を日本語に翻訳した命名法が用いられている．第12章では基本的な無機化合物の命名法をIUPAC名と日本語名について学ぶこととする．

IUPACの"Nomenclature of Inorganic Chemistry"第2版および日本化学会化合物命名小委員会が定めた日本語の命名法は，日本化学会 編，『化合物命名法 補訂7版』．

12.2 二元化合物

12.2.1 元素の酸化数が一つの場合

化学式の場合と同様に英語名では電気的陽性成分の元素名を最初に書き，次に陰性成分の元素名語幹に-ideの語尾を付けて書く．日本語では英語名とは逆に陰性成分の元素名の語尾の素を化に変えて最初に書き，次に陽性成分の元素名を付ける．

12.2.2 元素の酸化数が二つ以上ある場合

$FeCl_2$ も $FeCl_3$ もともに Fe と Cl からなる二元化合物であるが，別の化合物であり，同じ名前を用いるわけにはいかない．また，窒素と酸素から

1) 硫黄 sulfur は，英国では sulphur が使われるので英国式では sulphide となる．
2) 米国では aluminium の代わりに alminum が使われる．

NaCl	sodium chloride	塩化ナトリウム
LiF	lithium fluoride	フッ化リチウム
HCl	hydrogen chloride	塩化水素
NaBr	sodium bromide	臭化ナトリウム
KI	potassium iodide	ヨウ化リチウム
ZnO	zinc oxide	酸化亜鉛
CaC_2	calcium carbide	炭化カルシウム
Ag_2S	silver sulfide[1]	硫化銀
$AlCl_3$	aluminium chloride[2]	塩化アルミニウム

なる N_2O, NO, N_2O_3, NO_2, N_2O_5 はいずれも酸化窒素であるが異なった化合物である．これらの化合物を区別する方法としては，四つの方式が考えられた．

(a) Stock（ストック）方式

ストックによって考案され，おもに金属元素と非金属元素より構成される化合物の命名法に用いられる方法である．英語名では陽性成分の元素名のすぐあとに酸化数をローマ数字で（ ）に入れて書き，次に陽性成分の元素名語幹に-ide の語尾を付けて書く．同じ元素からなる二種以上の二元化合物も陽性元素の酸化数を明示することにより区別することができる．日本語では英語名とは逆に陽性成分の元素名の語尾の素を化に変えて最初に書き，次に陽性成分の元素名を付ける．

CuCl	copper(I) chloride	塩化銅(I)
$CuCl_2$	copper(II) chloride	塩化銅(II)
FeS	iron(II) sulfide	硫化鉄(II)
Fe_2S_3	iron(III) sulfide	硫化鉄(III)
Hg_2Cl_2	mercury(I) chloride	塩化水銀(I)
$HgCl_2$	mercury(II) chloride	塩化水銀(II)
MnO	manganese(II) oxide	酸化マンガン(II)
MnO_2	manganese(IV) oxide	酸化マンガン(IV)
Mn_2O_7	manganese(VII) oxide	酸化マンガン(VII)
$SnCl_2$	tin(II) chloride	塩化スズ(II)
$SnCl_4$	tin(IV) chloride	塩化スズ(IV)

(b) Ewens-Bassett 方式

この方式はストック方式の陽性成分の酸化数をローマ数字の代わりにアラビア数字と，＋または－の符号を（ ）に入れて書く．ストック方式と混用しないように注意する．

$FeCl_2$	iron(2+) chloride	塩化鉄(2+)
$FeCl_3$	iron(3+) chloride	塩化鉄(3+)
$CuBr_2$	copper(2+) bromide	臭化銅(2+)

（C）元素名にギリシャ語の接頭語をつけて区別する方式

化合物の元素の成分比を表すために英語名ではギリシャ語の数詞を用いる方式で，非金属元素同士よりなる化合物に使われることが多い．ギリシャ語の数詞は表 12.1 に示す通りである．陽性成分元素の元素名の前にそ

表 12.1　倍数接頭辞

1	mono	モノ	19	nonadeca	ノナデカ
2	di(bis)	ジ(ビス)	20	icosa	アイコサ
3	tri(tris)	トリ(トリス)	21	henicosa	ヘニコサ
4	tetra(tetrakis)	テトラ(テトラキス)	22	docosa	ドコサ
5	penta(pentakis)	ペンタ(ペンタキス)	23	tricosa	トリコサ
6	hexa(hexakis)	ヘキサ(ヘキサキス)	30	triaconta	トリアコンタ
7	hepta(heptakis)	ヘプタ(ヘプタキス)	31	hentriaconta	ヘントリアコンタ
8	octa(octakis)	オクタ(オクタキス)	35	pentatriaconta	ペンタトリアコンタ
9	nona(nonakis)	ノナ(ノナキス)	40	tetraconta	テトラコンタ
10	deca(decakis)	デカ(デカキス)	48	octatetraconta	オクタテトラコンタ
11	undeca	ウンデカ	50	pentaconta	ペンタコンタ
12	dodeca	ドデカ	52	dopentaconta	ドペンタコンタ
13	trideca	トリデカ	60	hexaconta	ヘキサコンタ
14	tetradeca	テトラデカ	70	heptaconta	ヘプタコンタ
15	pentadeca	ペンタデカ	80	octaconta	オクタコンタ
16	hexadeca	ヘキサデカ	90	nonaconta	ノナコンタ
17	heptadeca	ヘプタデカ	100	hecta	ヘクタ
18	octadeca	オクタデカ			

N_2O	dinitrogen oxide	酸化二窒素
NO	nitrogen monoxide	一酸化窒素
N_2O_3	dinitrogen trioxide	三酸化二窒素
NO_2	nitrogen dioxide	二酸化窒素
N_2O_4	dinitrogen tetraoxide	四酸化二窒素
N_2O_5	dinitrogen pentaoxide	五酸化二窒素

〈例〉

BrF_3	bromine trifluoride	三フッ化ブロム
SO_2	sulfur dioxide	二酸化硫黄
SO_3	sulfur trioxide	三酸化硫黄
S_2Cl_2	disulfur dichloride	二塩化二硫黄
PCl_3	phosphorus trichloride	三塩化リン
PCl_5	phosphorus pentachloride	五塩化リン
CO	carbon monoxide	一酸化炭素
CO_2	carbon dioxide	二酸化炭素
SiS_2	silicon disulfide	二硫化ケイ素
As_2S_5	diarsenic pentasulfide	五硫化二ヒ素
MnO_2	manganese dioxide	二酸化マンガン
PbO	lead monoxide	一酸化鉛
PbO_2	lead dioxide	二酸化鉛
Fe_3O_4	triiron tetraoxide	四酸化三鉄

の元素の数だけギリシャ語の数詞を付け,次に陰性成分の元素名語幹に-ideの語尾を付けて書く.日本語では英語名とは逆に書く.

先に述べた異なった酸化窒素はこの方式により,前頁に示すように命名することができる.

(d) 陽性元素の語尾変化により区別する方式（ous-ic方式）

陽性元素の酸化状態を区別するのに陽性成分元素名の語尾を変化させて区別する旧方式である.国際命名法としては用いられないが,古くから広く使われており,現在も依然として使われているので知っておくと便利である.この方法は陽性元素の酸化数の低いほうには元素名の語尾にousを付け,高いほうには元素名の語尾にicを付けて区別する方式である.このときの陽性成分の元素名は水銀を除いてラテン名を用いる.日本語名ではferrous chloride：塩化第一鉄,ferric chloride：塩化第二鉄のように第一,第二を付けてよぶ.原子価が二種以下のときには用いてもよいが,IUPACは推奨していない.

元素		酸化数	例		
Fe	iron	2+	$FeCl_2$	ferrous chloride	塩化第一鉄
		3+	$FeCl_3$	ferric chloride	塩化第二鉄
Co	cobalt	2+	CoO	cobaltous oxide	酸化第一コバルト
		3+	Co_2O_3	cobaltic oxide	酸化第二コバルト
Cu	copper	1+	$CuBr$	cuprous bromide	臭化第一銅
		2+	$CuBr_2$	cupric bromide	臭化第二銅
Sn	tin	2+	$SnCl_2$	stannous chloride	塩化第一スズ
		4+	$SnCl_4$	stannic chloride	塩化第二スズ
Hg	mercury	1+	Hg_2Cl_2	mercurous chloride	塩化第一水銀
		2+	$HgCl_2$	mercuric chloride	塩化第二水銀
Pb	lead	2+	PbO	plumbous oxide	酸化第一鉛
		4+	PbO_2	plumbic oxide	酸化第二鉛
Ti	titanium	3+	$TiCl_3$	titanous chloride	塩化第一チタン
		4+	$TiCl_4$	titanic chloride	塩化第二チタン

この方式の弱点は陽性元素が三つ以上の酸化数をもつ場合は命名が難しく,しかも陽性元素のすべての酸化数を記憶しておかなければならないことである.

12.2.3 ハロゲン化水素酸

ハロゲン化水素類は水に溶解すると酸となり,もとの化合物と性質が異なってくるので別の名称が用いられる.酸化物の英語名はhydrogenに陰性成分の元素名語幹に-ideの語尾を付けて書く.日本語では英語名とは逆に書く.その酸の英語名はhydroに陰性成分の元素名語幹に-icの語尾を付け,さらにacidを付けて書く.日本語では英語名とは逆に書く.

	化合物名		酸の名前	
HF	hydrogen fluoride	フッ化水素	hydrofluoric acid	フッ化水素酸
HCl	hydrogen chloride	塩化水素	hydrochloric acid	塩酸
HBr	hydrogen bromide	臭化水素	hydrobromic acid	臭化水素酸
HI	hydrogen iodide	ヨウ化水素	hydroiodic acid	ヨウ化水素酸

HCl の日本語は塩酸であることに注意する．

12.3 三元以上の多元化合物の命名法

陽イオンと異種多元陰イオンとからなる多元化合物には水酸化物，酸素酸とその塩，復塩，錯体などがある．

12.3.1 水酸化物

水酸化物の英語名は陽イオンの元素名を書き，次に陽イオンの名の hydroxide を書く．

NaOH	sodium hydroxide	水酸化ナトリウム
KOH	potassium hydroxide	水酸化カリウム
Ca(OH)$_2$	calcium hydroxide	水酸化カルシウム
NH$_4$OH	ammonium hydroxide	水酸化アンモニウム
KAu(CN)$_2$	gold(I) potassium cyanide potassium gold(I) cyanide	二シアノ金(I)酸カリウム
NaAuCl$_4$	gold(III) sodium choride sodium gold(III) choride	テトラクロロ金(III)酸ナトリウム

12.3.2 オキソ酸

オキソ酸の命名は ous-ic 方式に hypo や per などの接頭語を付けて区

1) 旧名 hypophosphorous acid 次亜リン酸

2) 旧名 phosphorous acid 亜リン酸

H$_3$BO$_3$	boric acid	ホウ酸	H$_2$SO$_4$	sulfuric acid	硫酸
(HBO$_3$)$_n$	metaboric acid	メタホウ酸	H$_2$S$_2$O$_7$	disulfuric acid	二硫酸
H$_4$SiO$_4$	orthosilicic acid	オルトケイ酸	H$_2$S$_2$O$_3$	thiosulfuric acid	チオ硫酸
(H$_3$SiO$_3$)$_n$	metasilicic acid	メタケイ酸	H$_2$S$_2$O$_6$	dithonic acid	ジチオン酸
HOCN	cyanic acid	シアン酸	H$_2$S$_2$O$_4$	dithionous acid	亜ジチオン酸
HONC	fulminic acid	雷酸	H$_2$SO$_3$	sulfurous acid	亜硫酸
HNO$_3$	nitric acid	硝酸	H$_2$CrO$_4$	chromic acid	クロム酸
HNO$_2$	nitrous acid	亜硝酸	H$_2$Cr$_2$O$_7$	dichromic acid	二クロム酸
H$_3$PO$_2$	phosphinic acid[1]	ホスフィン酸	HClO$_4$	perchloric acid	過塩素酸
H$_3$PO$_3$	phosphonic acid[2]	ホスホン酸	HClO$_3$	chloric acid	塩素酸
H$_3$PO$_4$	phosphoric acid orthophosphoric acid	リン酸 オルトリン酸	HClO$_2$ HClO	chlorous acid hypochlorous acid	亜塩素酸 次亜塩素酸
H$_4$P$_2$O$_7$	diphosphoric acid	二リン酸	HIO$_4$	periodic acid	過ヨウ素酸
H$_4$P$_2$O$_6$	hypophosphoric acid	次リン酸	HIO$_3$	iodic acid	ヨウ素酸
(HPO$_3$)$_n$	metaphosphoric acid	メタリン酸	HMnO$_4$	permanganic acid	過マンガン酸
H$_3$AsO$_4$	arsenic acid	ヒ酸	H$_2$MnO$_4$	manganic acid	マンガン酸
H$_3$AsO$_3$	arsenous acid	亜ヒ酸			

別する名称が用いられている．日本語名においても，次，亜や過などの接頭語で区別する名称が用いられる．次にその例をあげる．臭酸およびヨウ素を含む酸素酸は塩素を含む酸素酸に準じて bromous, bromic acid, iodous あるいは iodic acid のように命名する．

12.3.3 陽イオンと異種多原子陰イオンとからなる塩（主として酸素酸塩）

二元化合物の場合と同様に陽イオンの元素名の後に陰イオン名を付けて命名する．陽性元素の酸化数が二つ以上ある場合は 12.2.2 項の二元化合物と同様な方式で区別して命名する．

$MgCO_3$	magnesium carbonate	炭酸マグネシウム
$FeSO_4$	iron(II) sulfate	硫酸鉄(II)
$Fe_2(SO_4)_3$	iron(III) sulfate	硫酸鉄(III)
$(UO_2)_2SO_4$	diuranyl sulfate	硫酸二ウラニル
Na_2SO_3	sodium sulfite	亜硫酸ナトリウム
$NaNO_3$	sodium nitrate	硝酸ナトリウム
$Na_2S_2O_3$	sodium thiosulfate	チオ硫酸ナトリウム
$Na_2S_2O_4$	sodium dithionite	亜ジチオン酸ナトリウム
KNO_2	potassium nitrite	亜硝酸カリウム
$Ca(NO_3)_2$	calcium nitrate	硝酸カルシウム
$Ca(ClO)_2$	calcium hypochlorite	次亜塩素酸カルシウム
$KClO_3$	potassium chlorate	塩素酸カリウム
KIO_4	potassium periodate	過ヨウ素酸カリウム
$KMnO_4$	potassium permanganate	過マンガン酸カリウム
$Mg_3(PO_4)_2$	magnesium phosphate	リン酸マグネシウム
$Ca(HCO_3)_2$	calcium hydrogencarbonate	炭酸水素カルシウム
KCN	potassium cyanide	シアン化カリウム
$KSCN$	potassium thiocyanide	チオシアン化カリウム

12.3.4 酸性塩

酸素酸の酸性塩に当たる四元化合物は，陰イオンの名の前に hydrogen, 日本語名では陰イオン名の後に水素の語を入れる．必要ならば陽イオンまたは水素の数を示すためにその数を数詞で示す．

$NaHCO_3$	sodium hydrogencarbonate	炭酸水素ナトリウム
$NaHSO_3$	sodium hydrogensulfite	亜硫酸水素ナトリウム
$KHSO_4$	potassium hydrogensulfate	硫酸水素カリウム
NaH_2PO_4	sodium dihydrogenphosphate	リン酸二水素ナトリウム
Na_2HPO_4	disodium hydrpgenphosphate	リン酸水素二ナトリウム
$CaHPO_4$	calcium hydrogenphosphate	リン酸水素カルシウム

陽イオンで置換できる水素を含む塩を古くは重炭酸ナトリウム，酸性硫酸ナトリウムのように重または酸性を接頭語として使うよび方をしていたが，現在は正式には使用されていない．

12.3.5 複 塩

複塩の化学式は陽イオンを先に，陰イオンを後に書く．陽イオンや陰イオンが二種以上あるときは，元素記号のアルファベット順に書く．命名するときは英語名の頭文字のアルファベット順に書く．10分子以上の結晶水を含むときは hydrate の代わりに water としてもよい．

日本語名はまず陰イオンの名称を化学式の順に書き，次に陽イオンを化学式中で陰イオンに近いほうから並べて書く．

$KMgF_3$	magnesium potassium fluoride	フッ化マグネシウムカリウム
$KNaCO_3$	potassium sodium carbonate	炭酸ナトリウムカリウム
$NaTl(NO_3)_2$	sodium thallium(I)nitrate	硝酸タリウム(I)ナトリウム
$MgCl(OH)$	magnesium chloride hydroxide	塩化水酸化マグネシウム
$NaNH_4HPO_4 \cdot 4H_2O$	ammonium sodium hydrogenphosphate tetrahydrate	リン酸水素アンモニウムナトリウム・4水和物
$KMgCl(SO_4)$	magnesium potassium chloride sulfate	塩化硫酸マグネシウムカリウム
$AlK(SO_4)_2 \cdot 12H_2O$	aluminium potassium sulfate 12-water	硫酸カリウムアルミニウム・12水和物（ミョウバン）

12.4 配位化合物（錯体）

配位化合物は複雑で構造的にも混み込ったものが多い．その命名法は時代とともに変化してきた．そのため文献ではさまざまな化合物名が使われていて，非常に複雑である．ここでは IUPAC 命名法の比較的重要な部分についていくつか説明する．よく用いられる配位子の一般名，IUPAC 名および略号などを表12.2に示した．

12.4.1 配 位 子

陰イオン性の配位子は，その陰イオンの名称の語尾の -e を -o に変える．

N^{3-}	nitride	nitrido（ニトリド）
S^{2-}	sulfide	sulfido（スルフィド）
N_3^-	azide	azido（アジド）
NH_2^-	amide	amido（アミド）
CO_3^{2-}	carbonate	carbonato（カルボナト）
NO_3^-	nitrate	nitrato（ニトラト）
NO_2^-	nitrite	nitrito（ニトリト）；O で結合しているとき
		nitro（ニトロ）；N で結合しているとき
NCS^-	thiocyanate	thiocyanato-S（チオシアナト-S）；S で結合しているとき
		thiocyanato-N（チオシアナト-N）；N で結合しているとき

表 12.2 一般的な配位子

一般名	IUPAC名	略号
C$_5$H$_5$N (pyridine)	pyridine	py
NH$_2$CH$_2$CH$_2$NH$_2$ (ethylenediamine)	1,2-ethanediamine	en
CH$_3$COCHCOCH$_3^-$ (acetylacetonato)	2,4-pentanediono	acac
C$_5$H$_5$N-C$_5$H$_5$N (2,2'-bipyridine)	2,2'-bipyridil	bipy
($^-$OOCCH$_2$)$_2$NCH$_2$CH$_2$N(CH$_2$COO$^-$)$_2$		EDTA

-ide で終わる陰イオンの場合には，次のような例外がある．

F$^-$	fluoride	fluoro（フルオロ）	
Cl$^-$	chloride	chloro（クロロ）	ほかのハロゲン化合物イオンも同様
CN$^-$	cyanide	cyano（シアノ）	
O^{2-}	oxide	oxo（オキソ）	
OH$^-$	hydroxide	hydroxo（ヒドロキソ）	
O$_2^{2-}$	peroxide	peroxo（ペルオキソ）	
O$_2^-$	superoxide	superoxo（スペルオキソ）	

中性配位子の名称は変化させない．それほど常用されていない分子性配位子は，そのままの名称を用いる．よく用いられる配位子のいくつかには特別な名称を用いるものもある．

H$_2$O	aqua（アクア）
CO	carbonyl（カルボニル）
NO	nitrosyl（ニトロシル）
NH$_3$	ammine（アンミン）；有機化合物のアミン（amine）類の RNH$_2$ や R$_2$NH などと混同しないこと

12.4.2 錯体

錯体の化学式は角括弧でくくって示すが，英語名では配位子名を先にアルファベット順に書き，最後に中心原子の名称を記す．日本語では英語をそのまま字訳する．

(a) 単核錯イオンの名称

(1) 化合物がイオン性であれば，原則として陰イオンから書き始める．

(2) 錯体の名称は，陽イオンあるいは中性のときは，配位子は陰イオン性のものから始めて並べ，ついで中心金属イオンをあげ，最後にその酸化数を（ ）を付けてローマ数字で表す．酸化状態がゼロのときは（0）を用いる．

(3) 錯体が陰イオンであれば，中心金属イオンの名称の語尾を-酸塩とし，その前に酸化数を（ ）を付けて示しておく．

(4) 同種の配位子については，ギリシャ語の接頭語ジ，トリ，テトラ，ペンタ，ヘキサなどを使ってその数を表す．たとえば，次のよ

うになる.

[Co(NH₃)₆]Cl₃	hexaamminecobalt(III)chloride
	ヘキサアンミンコバルト(III)塩化物
[CrCl₂(H₂O)₄]Cl	dichlorotetraaquochromium(III)chloride
	ジクロロテトラアコクロム(III)塩化物
[CoCl(NO₂)(NH₃)₄]NO₃	chloronitrotetraamminecobalt(III)nitrate
	クロロニトロテトラアンミンコバルト(III)硝酸塩
[K₃(Co(CN)₅(NO))]	tripotassium pentacyanonitrosylcobalt(III)
	ペンタシアノニトロシルコバルト(III)酸カリウム

(b) 複雑な配位子の取扱い

配位子自身が長い名称をもっていたり,数の接頭語がついていたりするときは,それを( )で囲み,その前にビス(bis),トリス(tris)など表 12.1 に示した倍数接頭辞を使って表す.

[Coen₃]Cl₃	trisethylenediaminecobalt(III)chloride
	トリス(エチレンジアミン)コバルト(III)塩化物
Na₃[Co(NO₂)₆]	sodium hexanitrocobaltate(III)
	ヘキサニトロコバルト(III)酸ナトリウム

演習問題

問題 12.1 $[Pt^{2+}Cl_2(NH_3)_2]$ の異性体の立体構造を書きなさい.また,それぞれの立体構造について,IUPAC命名法にしたがって英名と日本名を書きなさい.

問題 12.2 次の化合物をIUPAC命名法にしたがって,英名と日本名で書きなさい.
(1) $AgNO_3$, (2) XeF_2, (3) $NaBr_3$, (4) $NaIO_3$, (5) $HClO_4$,
(6) NH_4ClO_4, (7) ClO_3^-, (8) $K_4[Fe(CN)_6]$, (9) $K[PtCl_3NH_3]$,
(10) $[Co(H_2NCH_2CH_2NHCH_2CH_2NH_2)_2]$

解 答

12.1

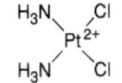

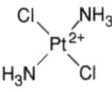

$$\begin{array}{c} H_3N\diagdown\diagup Cl \\ Pt^{2+} \\ H_3N\diagup\diagdown Cl \end{array} \qquad \begin{array}{c} Cl\diagdown\diagup NH_3 \\ Pt^{2+} \\ H_3N\diagup\diagdown Cl \end{array}$$

cis-diamminedichloroplatinum(II)   *trans*-diamminedichloroplatinum(II)
シス-ジアミンジクロロ白金(II)   トランス-ジアミンジクロロ白金(II)

12.2 (1) silver nitrate,硝酸銀
(2) xenon(II)fluoride,フッ化キセノン(II)
(3) sodium hypobromite,次亜臭素酸ナトリウム
(4) sodium iodate,ヨウ素酸ナトリウム
(5) perchloric acid,過塩素酸
(6) ammonium perchlorate,過塩素酸アンモニウム
(7) chlorate ion,塩素酸イオン
(8) potassium hexacyanoferrate(II),ヘキサシアノ鉄(II)酸カリウム
(9) potassium trichloroammineplatina(II),トリクロロアンミン白金(II)酸カリウム
(10) bisdiethylentriaminecobalt(III)nitrate,ビス(ジエチレントリアミン)コバルト(III)硝酸塩

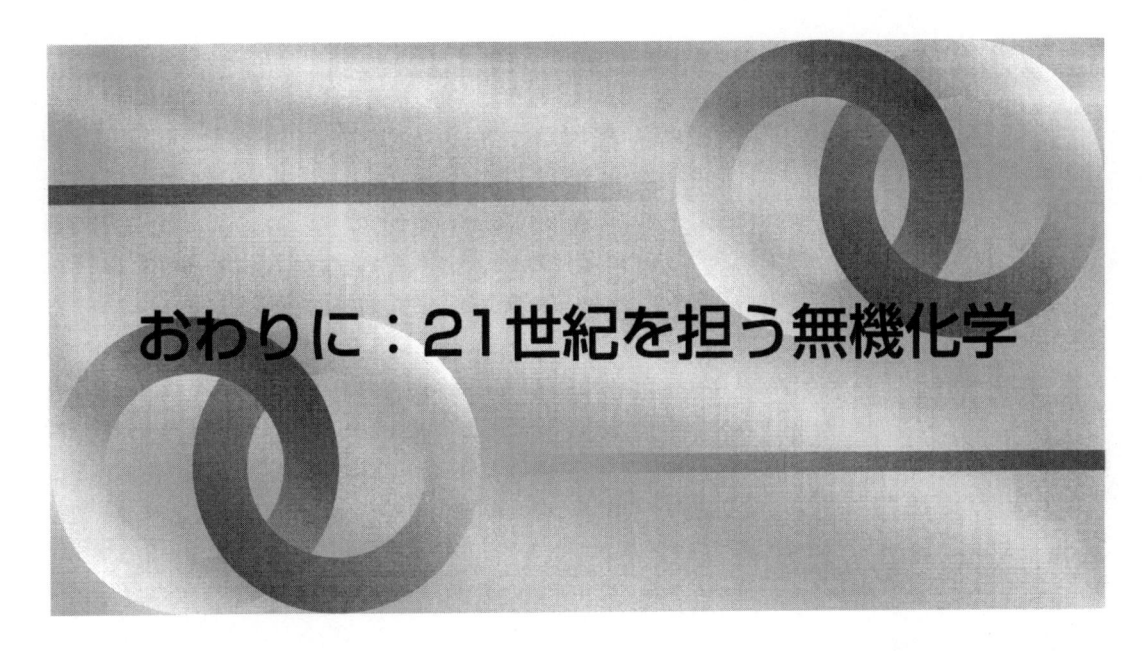

おわりに：21世紀を担う無機化学

　無機化学の歴史は，有史前の金の発見に続く青銅，銅そして鉄の精製に始まった．1826年のウェーラーによる尿素合成を起点とする有機化学の歴史よりもずっと古いにもかかわらず，薬学の中での無機化学はつねに地味な科目としてあり続けてきた．しかし近年，無機化学の領域で革命的な展開が見られるようになった．それらは，無機元素が生命に本質的に重要な役割を果たしていることがわかりかけてきたことと，新機能材料として人類がこれまで経験してきたことのない夢のような物質を見つけつつあることである．前者は，「生物無機化学」という新学問を生みだし，後者は，「超材料化学」ともよぶべき新学問・新技術を生みだしている．医療の中での無機化学を目指す本書では，「生物無機化学」の成果を十分に取り入れた．

　本書の締めくくりとして，21世紀を担う無機化学を展望しながら，無機化学を学ぶ意味を改めて考えてみよう．20世紀の後半から，金属や半金属を含むタンパク質や酵素の発見があいつぎ，これらの構造と機能が密接に関係し，生命にとって本質的に重要な意味をもつことが明らかにされてきた．さらに，金属を含む医薬品が臨床的に用いられ（図1），また，これからも新しい錯体が医薬品として用いられる可能性が示されている．これらの研究の展開により，無機化学は医学・生理化学・生化学・環境化学との接点をもつ必然性が認識され，境界領域の学問として「生物無機化学」が誕生した．無機物質とその化学の法則を学ぶことに重点が置かれていた従来の無機化学とは異なり，21世紀の無機化学ははるかにダイナミックな学問となった．

　もう一度繰り返し述べるが，無機化学はあらゆる学問の中で最も古く，

Key Word
生物無機化学 bioinorganic chemistry, 超材料化学 super material chemistry

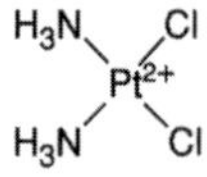

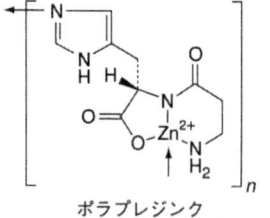

そして重要な学問であることを決して忘れてはならない．物質化学としての無機化合物の構造は，有機化合物の構造をはるかにしのぐ多様性をもっていることが長い歴史の中で明らかにされている．無機化合物の構造解析がされた例を図2に示した．実に多様で夢のある構造を示している．先に述べた金属タンパク質や金属酵素のほとんどは，これらの無機化合物の構造を組み合わせたものである．そして重要なことは，これらの構造がそれぞれの物質やタンパク質の機能を決定することが明らかにされつつあることにある．ところで近年，図2の中に納まりきれない新しい構造をもつ化合物が登場してきた．1985年に発見されたフラーレンがそれである．炭素のみを含む化合物には，正四面体構造をとる巨大分子ダイヤモンドと六角形の網目状にならんだ黒鉛とがあることは古くから知られていた．ところが，英国のクロトーと米国のスモーリーとカールは黒鉛にレーザー光を当てて生成する炭素クラスターの中から，炭素原子60個からなるフラーレン分子を発見した．本書の『はじめに』の図4（p.5）に示すようにサッカーボールのように五角形（五員環）と六角形（六員環）の多面体の頂点に炭素原子を置いた球状分子である．この分子の直径はおよそ1 nm（10^{-9} m）である．フラーレンの結晶にアルカリ金属やアルカリ土類金属を挿入することもでき，これらは外部から電子を受けとる性質が現れる．電子を受けとり陰イオンとなったフラーレンのことをフラーリドとよんでいる．研究のはじめには，この分子のユニークな構造に注目が集められていたが，その後，この物質の特徴が次第に明らかにされていった．

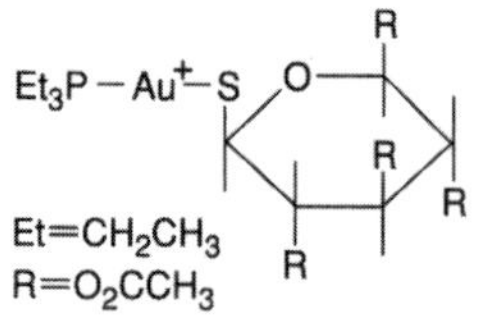

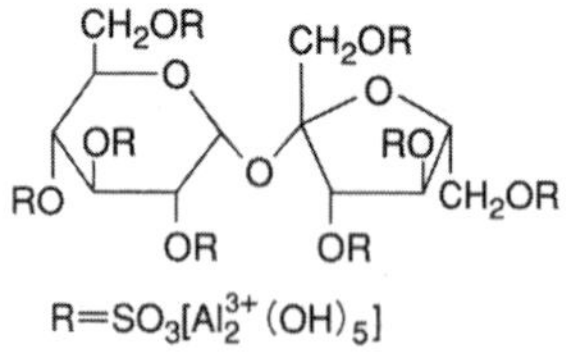

フラーレンには水に溶ける分子も合成され，光を当てると酸素を活性化することがわかった．この性質を利用すると，フラーレンを血液中に注射し，がん細胞に集めて光を当てて活性酸素をつくり，周囲のがん細胞を攻撃し，がん細胞を破壊できるのではないかと期待される．つまり，抗がん剤として用いられる可能性が示されている．また，フラーレンは熱に強い

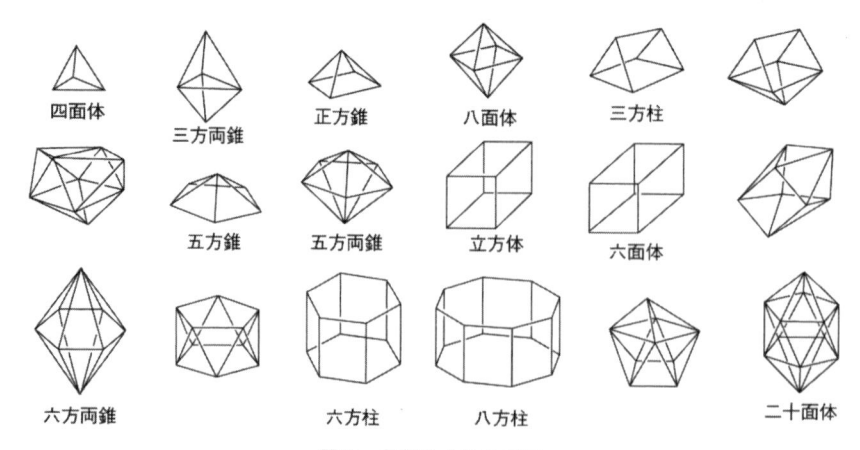

図1　金属を含む医薬品

図2　無機化合物の構造

ため，ほかの物質を混ぜると300℃以上になっても変形しない樹脂をつくることができる．

こうしてフラーレンの物理化学的性質が明らかになる一方，1975年わが国の遠藤守信により新種の炭素繊維が発見され，1991年には飯島澄男によりカーボンナノチューブ構造をもっていることが明らかにされた．この物質は直径数nmから数10 nmで長さは数μm以上の円筒状をしており，鉄よりも20倍強い．そして銅よりも電気をよく通す性質をもっているため，携帯用の燃料電池の開発へ向けて研究が進められている．さらに，この物質は冷やすと水素分子を吸着し，過熱するとそれを放す性質があるため，燃料電池用の「水素タンク」への応用が期待されている．

フラーレンやカーボンナノチューブのような1 nmから数10 nmの大きさの物質をまとめてナノカーボン材料とよばれている．そしてナノメートルサイズの物質を研究する技術には，新たにナノテクノロジー（超微細加工技術）という名称が与えられ，世界的に注目されるようになった．このような新しい無機化学の発展を受けて，2000年には当時のクリントン米大統領は「国家ナノ戦略」を決定した．一方，わが国も2001年に政府の「総合科学技術会議」はナノテクノロジーを情報通信，環境，生命科学と共に，次世代の基盤技術として位置づけた．

ナノカーボン材料からスタートしたナノテクノロジーは，21世紀には，その分野を広げている．直径1.2 nmの鉄ポルフィリン錯体や直径6.4 nmのヘモグロビン分子などのタンパク質を含む巨大生体分子もナノ分子とよばれるようになった．たとえば，直径200 nmのカプセルをつくり，その中に酸素分子を運搬するヘモグロビンを入れて人工赤血球を開発する試みがされている．ここでは，これまでの生物無機化学の成果とナノテクノロジーが合流し，これまでに発想されてこなかった新しい理念と技術が生まれようとしている．一方，Fe_2O_3を含むナノサイズの生体磁石と医薬品と結合させることにより，体外の磁石を用いて医薬品を標的細胞や組織に到達させ，そこで薬理作用を発揮させる試み，すなわちDDSへの応用への発展も期待されている．この例も，無機物質の特性と医薬品化学を合流させ，これまでにない発想を生みだそうとしている．

以上，いくつかの例を示したように無機化学はつねに発展し続けている．新しい時代の無機化学には無限の可能性が秘められているように思われる．しかし，これらの新しい可能性は無機化学の基礎知識に基づいていることを忘れないで欲しい．

最後に，無機化学の長い歴史（表1）を改めて振り返り，基礎知識を再確認していただきたいと思う．そして，新しい医療を考えていくための礎を自ら築いていただきたいと念願する．

おわりに：21世紀を担う無機化学

表1　化学の歴史

元素・物質の発見	年代	原理・法則・学説
C, S, Au, Ag, Cu, Fe, Hg, Sn, Pb（古代） P, As, Sb, Bi, Zn（3～17世紀，錬金術師）		ボイルの法則（1662，ボイル） フロギストン（燃素）説（1703，シュタール）
H, N, O, Cl（1766～1774，キャベンディッシュ，ラザフォード，シェーレ，プリーストリら） 硫化水素（1777，シェーレ）	—1760—	質量保存の法則（1774，ラヴォアジェ）
U, Y, Cr（1789～1797，クラップロート，ガドリン，ホークラン）	—1780—	電気組成の決定（1783，キャベンディッシュ） シャルルの法則（1787，シャルル）
水の電気分解（1800，ニコルソン） Na, K, Mg, Ca, Sr, Ba, I（1897～1811，デービー，クールトア）	—1800—	ボルタの電池（1800，ボルタ），ドルトンの分圧の法則（1801，ドルトン），原子説（1803，ドルトン），ヘンリーの法則（1803，ヘンリー），気体反応の法則（1808，ゲーリュサック），アボガドロの法則（1811，アボガドロ）
過酸化水素（1818，テナール） ベンゼン（1825，ファラデー） Al（1827，ウェーラー）	—1820—	原子量の精密測定（1818，ベルセリウス）
	—1840—	電気分解の法則（1833，ファラデー） ヘスの法則（1840，ヘス）
	—1860—	鉛電池（1859，ブランデ）
ダイナマイト（1866，ノーベル） He（1868，ロッキャーら）		ベンゼンの構造式（1865，ケクレ），質量作用の法則（1867，グルドベルグ），元素の周期律（1869，メンデレーエフ）実在気体の状態方程式（1873，ファン・デル・ワールス）
F（1886，モアッサン）	—1880—	平衡移動の原理（1884，ル・シャトリエ），希薄溶液の理論（1887，ファント・ホッフ），電離説（1887，アレニウス），浸透圧（1887，ファント・ホッフ），溶解度積（1889，ネルンスト）
Ar（1894，ラムゼー，レイリー） 空気の液化（1895，リンデ） 電子（1897，トムソン） Ra, Po（1898，キュリー夫妻） Ne, Kr, Xe（1898，ラムゼー，トラバス）		配位説（1895，ウェルナー） X線の発見（1895，レントゲン）
	—1900—	pHの理論（1909，セーレンセン），原子核の存在（1911，ラザフォード），X線による結晶構造の解析（1912，ブラッグ父子），分子の極性（1912，デバイ），原子模型（1913，ボーア），同位体の存在比（1919，アストン）
	—1920—	酸・塩基の定義（1923，ブレンステッドとローリー），共有結合の概念（1923，シジウィック），酸・塩基の定義（1923，ルイス），イオン結晶半径（1927，ポーリング）
重水素（1931，ユーリー） 中性子（1932，チャドウィック） イオン交換樹脂（1935，アダムスら）		電気陰性度（1932，ポーリング）
ダイヤモンドの合成（1955，アメリカ）	—1940— —1960—	^{12}Cを原子量の基準（1961，国際化学連合）
高温超伝導体（1986，ミューラーら） 新種の炭素繊維発見（1975，遠藤，1991，飯島：カーボンナノチューブと命名）フラーレン発見（1965，クロトー，スモーリー，カール）	—1990—	HSAB理論（1968，ピアソン） 104から109番までの元素名の決定（1998，国際化学連合）
	—2000—	110番目の元素名（ダームスタチウム）を決定（2003，国際化学連合） 111番目の元素名（レントゲニウム）を決定（2004，国際化学連合） 112番目の元素名（コペルニシウム）を決定（2010，国際化学連合）

参考図書

〈1章〉
1) 鈴木晋一郎，中尾安男，櫻井　武 著，『ベーシック無機化学』，化学同人 (2004).
2) 平尾一之，田中勝久，中平　敦 著，『無機化学――その現代的アプローチ』，東京化学同人 (2002).
3) 荻野　博，飛田博実，岡崎雅明 著，『基本無機化学』，東京化学同人 (2000).
4) 三吉克彦 著，『はじめて学ぶ大学の無機化学』，化学同人 (1998).
5) 久保田晴寿，桜井　弘 編著，『無機医薬品化学 第3版』，廣川書店 (1997).
6) 井口洋夫 著，『元素と周期律』，裳華房 (1993).

〈2章〉
1) 基礎錯体工学研究会 編，『新版 錯体化学――基礎と最新の展開』，講談社サイエンティフィク (2002).
2) J. A. Cowan 著，小林　宏，鈴木春男 監訳，『無機生化学』，化学同人 (1998).
3) 桜井　弘，田中　久 編著，『生物無機化学 第2版』，廣川書店 (1993).
4) S. J. Lippard, J. M. Berg 著，松本和子 監訳，坪村太郎，棚瀬知明，酒井　健 訳，『生物無機化学』，東京化学同人 (1997).

〈3章〉
1) 浜口　博，菅野　等 訳，『リー 無機化学』，東京化学同人 (1982).
2) 荻野　博，飛田博実，岡崎雅明 著，『基本無機化学』，東京化学同人 (2000).
3) 福田　豊，海崎純男，北川　進，伊藤　翼 編，『詳説 無機化学』，講談社サイエンティフィク (1996).

〈4章〉
1) 伊藤　翼，『金属元素が拓く21世紀の新しい化学の世界』，第17回 大学と科学 公開シンポジウム講演収録集，クバプロ (2004).
2) 糸川嘉則 編，『ミネラルの事典』，朝倉書店 (2003).
3) 糸川嘉則 著，『最新ミネラル栄養学』，健康産業新聞社 (2000).
4) 桜井　弘 編，『元素111の新知識』，講談社 (1997).
5) 桜井　弘，田中英彦 編，『生体微量元素』，廣川書店 (1994).

〈5章〉
1) 基礎錯体工学研究会 編，『新版 錯体化学――基礎と最新の展開』，講談社サイエンティフィク (2002).
2) 水町邦彦，福田　豊 共著『プログラム学習 錯体化学』，講談社サイエンティフィク (1991).
3) 渡辺正利，矢野重信，碇屋隆雄 著，『錯体化学の基礎――ウェルナー錯体と有機金属錯体』，講談社サイエンティフィク (1989).
4) 山崎一雄，中村大雄 共著，『錯体化学』，裳華房 (1984).

〈6章〉
1) 基礎錯体工学研究会 編，『新版 錯体化学――基礎と最新の展開』，講談社サイエンティフィク (2002).
2) J. A. Cowan 著，小林　宏，鈴木春男 監訳『無機生化学』，化学同人 (1998).
3) 桜井　弘，田中　久 編著，『生物無機化学 第2版』，廣川書店 (1998).
4) S. J. Lippard, J. M. Berg 著，松本和子 監訳，坪村太郎，棚瀬知明，酒井　健 訳，『生物無機化学』，東京化学同人 (1997).
5) 桜井　弘 著，『ESRの技法』，日本学会事務センター (2003).
6) 桜井　弘，横山　陽 編，『放射薬品学概論』，廣川書店 (1995).

〈7章〉
1) 水町邦彦 著,〈化学サポートシリーズ〉『酸と塩基』, 裳華房 (2003).
2) 桜井 弘 編,『薬学のための分析化学』, 化学同人 (1999).
3) 大滝仁志, 田中元治, 舟橋重信 著,『溶液反応の化学』, 学会出版センター (1980).
4) 田中元治 著,『酸と塩基』, 裳華房 (1971).

〈8章〉
1) 桜井 弘, 田中 久 編著,『生物無機化学 第2版』, 廣川書店 (1993).
2) 上野昭彦 著,『超分子の科学』, 産業図書 (1993).
3) W. Kaim, B. Schwederski, "Bioinorganic Chemistry," Wiley (1994).

〈9章〉
1) 桜井 弘, 田中 久 編著,『生物無機化学 第2版』, 廣川書店 (1993).
2) R. W. Hay 著, 太田次郎, 竹内敬人, 室伏きみ子 共訳,『生体無機化学』, オーム社 (1986).
3) 荻野 博, 飛田博実, 岡崎雅明 著,『基本無機化学』, 東京化学同人 (2000).
4) 今井 弘 著,『生体関連元素の化学』, 培風館 (1997).

〈10章〉
1) S. T. Lippard, J. M. Berg 著, 松本和子 監訳, 坪村太郎, 棚瀬知明, 酒井 健 訳,『生物無機化学』, 東京化学同人 (1997).
2) 武森重樹, 小南思郎 著,『チトクロム P-450』, 東京大学出版会 (1990).
3) 月原冨武, 酒井宏明 著,『タンパク質の姿, 形とその働き』, 大阪大学出版会 (2001).

〈11章〉
1) 京都大学総合人間学部 編,『無機定性分析実験』, 共立出版 (1994).
2) 日本分析化学会北海道支部・東北支部 共編,『分析化学反応の基礎――演習と実験』, 培風館 (1994).

〈12章〉
1) 久保田晴寿, 桜井 弘 編著,『無機医薬品化学』, 廣川書店 (1997).
2) IUPAC, "Nomenclature of Inorganic Chemistry 2nd Ed.," ed. by G. J. Leigh, Pergamon (1990).
3) G. J. Leigh 編, 山崎一雄 訳,『無機化学命名法――IUPAC 1990 年勧告』, 東京化学同人 (1993).
4) 日本化学会 編,「化学便覧 改訂5版（I）」, 丸善 (2003).

付表 1 元素の共有結合半径

族\周期	1	2	3	4	5	6	7	8	9	10	11	12	13	14	15	16	17	18
1	H ~0.30																	He 1.20
2	Li 1.23	Be 0.89											B 0.80	C 0.77	N 0.74	O 0.74	F 0.72	Ne 1.60
3	Na 1.57	Mg 1.36											Al 1.25	Si 1.17	P 1.10	S 1.04	Cl 0.99	Ar 1.91
4	K 2.03	Ca 1.74	Sc 1.44	Ti 1.32	V 1.22	Cr 1.17	Mn 1.17	Fe 1.17	Co 1.16	Ni 1.15	Cu 1.17	Zn 1.25	Ga 1.25	Ge 1.22	As 1.21	Se 1.14	Br 1.14	Kr 2.00
5	Rb 2.16	Sr 1.91	Y 1.62	Zr 1.45	Nb 1.34	Mo 1.29	Tc —	Ru 1.24	Rh 1.25	Pd 1.28	Ag 1.34	Cd 1.41	In 1.50	Sn 1.40	Sb 1.41	Te 1.37	I 1.33	Xe 2.30
6	Cs 2.35	Ba 1.98	La* 1.69	Hf 1.44	Ta 1.34	W 1.30	Re 1.28	Os 1.26	Ir 1.26	Pt 1.29	Au 1.34	Hg 1.44	Tl 1.55	Pb 1.46	Bi 1.52	Po	At	Rn
7	Fr	Ra	Ac†	Rf	Db	Sg	Bh	Hs	Mt	Ds	Rg	Cn	Nh	Fl	Mc	Lv	Ts	Og

*ランタノイド	Ce 1.65	Pr 1.65	Nd 1.64	Pm —	Sm 1.66	Eu 1.85	Gd 1.61	Tb 1.59	Dy 1.59	Ho 1.58	Er 1.57	Tm 1.56	Yb 1.70	Lu 1.56
†アクチノイド	Th	Pa	U	Np	Pu	Am	Cm	Bk	Cf	Es	Fm	Md	No	Lr

単位はÅ. 希ガスについての値は原子半径を示す. すなわち非結合半径で, 共有結合半径ではなくファンデルワールス半径に対応する.

付表2 イオン半径

族\周期	1	2	3	4	5	6	7	8	9	10	11	12	13	14	15	16	17	18
1	H 2.08 (−1)																	He
2	Li 0.60 (+1)	Be 0.31 (+2)											B 0.20 (+3)	C 2.60(−4) 0.15(+4)	N 1.71(−3) 0.11(+5)	O 1.40(−2) 0.09(+6)	F 1.36(−1) 0.07(+7)	Ne
3	Na 0.95 (+1)	Mg 0.65 (+2)											Al 0.50 (+3)	Si 2.71(−1) 0.41(+4)	P 2.12(−3) 0.34(+5)	S 1.84(−2) 0.29(+6)	Cl 1.81(−1) 0.26(+7)	Ar
4	K 1.33 (+1)	Ca 0.99 (+2)	Sc 0.81 (+3)	Ti 0.90(+2) 0.68(+4)	V 0.74(+3) 0.59(+5)	Cr 0.69(+3) 0.52(+6)	Mn 0.80(+2) 0.46(+4)	Fe 0.76(+2) 0.64(+3)	Co 0.74(+2) 0.63(+3)	Ni 0.72(+2) 0.62(+3)	Cu 0.96(+1) 0.69(+2)	Zn 0.74 (+2)	Ga 1.13(+1) 0.62(+3)	Ge 0.93(+2) 0.53(+4)	As 2.22(−3) 0.47(+5)	Se 1.98(−2) 0.42(+6)	Br 1.95(−1) 0.39(+7)	Kr
5	Rb 1.48 (+1)	Sr 1.13 (+2)	Y 0.93 (+3)	Zr 0.80 (+4)	Nb 0.70 (+5)	Mo 0.68(+4) 0.62(+6)	Tc	Ru 0.69(+3) 0.67(+4)	Rh 0.86 (+2)	Pd 0.86 (+2)	Ag 1.26 (+1)	Cd 0.97 (+2)	In 1.31(+1) 0.81(+3)	Sn 1.12(+2) 0.71(+4)	Sb 2.45(−3) 0.62(+5)	Te 2.21(−2) 0.56(+6)	I 2.16(−1) 0.50(+7)	Xe
6	Cs 1.69 (+1)	Ba 1.35 (+2)	La* 1.15 (+3)	Hf 0.81 (+4)	Ta 0.73 (+5)	W 0.64(+4) 0.68(+6)	Re	Os 0.69 (+4)	Ir 0.66 (+4)	Pt 0.96 (+2)	Au 1.37 (+1)	Hg 1.10 (+2)	Tl 1.40(+1) 0.95(+3)	Pb 1.20(+2) 0.84(+4)	Bi 1.20(+3) 0.74(+5)	Po	At	Rn
7	Fr 1.76 (+1)	Ra 1.40 (+2)	Ac† 1.18 (+3)	Rf	Db	Sg	Bh	Hs	Mt	Ds	Rg	Cn	Nh	Fl	Mc	Lv	Ts	Og

* ランタノイド	Ce	Pr	Nd	Pm	Sm	Eu	Gd	Tb	Dy	Ho	Er	Tm	Yb	Lu
† アクチノイド	Th	Pa	U	Np	Pu	Am	Cm	Bk	Cf	Es	Fm	Md	No	Lr

単位はÅ. ( ) 内は原子価を示す.

付表3　元素の第一イオン化エネルギー

周期＼族	1	2	3	4	5	6	7	8	9	10	11	12	13	14	15	16	17	18
1	H 1312 13.60																	He 2373 24.59
2	Li 520 5.39	Be 899 9.32											B 801 8.30	C 1086 11.26	N 1402 14.53	O 1314 13.62	F 1681 17.42	Ne 2080 21.56
3	Na 496 5.14	Mg 738 7.65											Al 578 5.99	Si 786 8.15	P 1012 10.49	S 1000 10.36	Cl 1251 12.97	Ar 1521 15.76
4	K 419 4.34	Ca 590 6.11	Sc 631 6.54	Ti 658 6.82	V 650 6.74	Cr 653 6.77	Mn 718 7.44	Fe 759 7.87	Co 758 7.86	Ni 737 7.64	Cu 746 7.73	Zn 906 9.39	Ga 579 6.00	Ge 762 7.90	As 947 9.81	Se 941 9.75	Br 1140 11.81	Kr 1351 14.00
5	Rb 403 4.18	Sr 550 5.70	Y 616 6.38	Zr 660 6.84	Nb 664 6.88	Mo 685 7.10	Tc 702 7.28	Ru 711 7.37	Rh 720 7.46	Pd 805 8.34	Ag 731 7.58	Cd 867 8.99	In 559 5.79	Sn 708 7.34	Sb 834 8.64	Te 869 9.01	I 1008 10.45	Xe 1170 12.13
6	Cs 375 3.89	Ba 503 5.21	La* 538 5.58	Hf 675 7.0	Ta 761 7.89	W 770 7.98	Re 760 7.88	Os 840 8.7	Ir 880 9.1	Pt 870 9.0	Au 891 9.23	Hg 1007 10.44	Tl 590 6.11	Pb 716 7.42	Bi 703 7.29	Po 812 8.42	At 915 9.5	Rn 1067 10.75
7	Fr 370 3.83	Ra 509 5.28	Ac† 665 6.9	Rf	Db	Sg	Bh	Hs	Mt	Ds	Rg	Cn	Nh	Fl	Mc	Lv	Ts	Og

* ランタノイド														
Ce 528 5.47	Pr 523 5.42	Nd 530 5.49	Pm 536 5.55	Sm 543 5.63	Eu 547 5.67	Gd 591 6.13	Tb 564 5.85	Dy 572 5.93	Ho 581 6.02	Er 589 6.10	Tm 596 6.18	Yb 603 6.25	Lu 524 5.43

† アクチノイド														
Th 670 6.95	Pa	U 590 6.1	Np	Pu 560 5.8	Am 580 6.0	Cm	Bk	Cf	Es	Fm	Md	No	Lr

上段の数値の単位は kJ mol^{-1}，下段の数値の単位は eV である．

付表 4　ポーリングの電気陰性度値

族 / 周期	1	2	3	4	5	6	7	8	9	10	11	12	13	14	15	16	17	18
1	H 2.1																	He
2	Li 1.0	Be 1.5											B 2.0	C 2.5	N 3.0	O 3.5	F 4.0	Ne
3	Na 0.9	Mg 1.2											Al 1.5	Si 1.8	P 2.1	S 2.5	Cl 3.0	Ar
4	K 0.8	Ca 1.0	Sc 1.3	Ti 1.5	V 1.6	Cr 1.6	Mn 1.5	Fe 1.8	Co 1.8	Ni 1.8	Cu 1.9	Zn 1.6	Ga 1.6	Ge 1.8	As 2.0	Se 2.4	Br 2.8	Kr
5	Rb 0.8	Sr 1.0	Y 1.2	Zr 1.4	Nb 1.6	Mo 1.8	Tc 1.9	Ru 2.2	Rh 2.2	Pd 2.2	Ag 1.9	Cd 1.7	In 1.7	Sn 1.8	Sb 1.9	Te 2.1	I 2.5	Xe
6	Cs 0.7	Ba 0.9	La* 1.1	Hf 1.3	Ta 1.5	W 1.7	Re 1.9	Os 2.2	Ir 2.2	Pt 2.2	Au 2.4	Hg 1.9	Tl 1.8	Pb 1.8	Bi 1.9	Po 2.0	At 2.2	Rn
7	Fr 0.7	Ra 0.9	Ac† 1.1	Rf	Db	Sg	Bh	Hs	Mt	Ds	Rg	Cn	Nh	Fl	Mc	Lv	Ts	Og

* ランタノイド	Ce	Pr	Nd	Pm	Sm	Eu	Gd	Tb	Dy	Ho	Er	Tm	Yb	Lu
† アクチノイド	Th 1.3	Pa 1.5	U 1.7	Np	Pu	Am	Cm	Bk	Cf	Es	Fm	Md	No	Lr

付表5　代表的な無機の酸

名　称	構造式	特　徴
塩化水素，塩酸	HCl	HClは25℃では気体であり，水に溶けやすい．塩化水素の水溶液を塩酸という． $HCl(気体) + H_2O \rightleftharpoons H_3O^+ + Cl^-$
硫酸	H_2SO_4	25℃で液体で，密度が大きい（1Lの質量は約1.84 kg）．水に溶けて，二段階で解離する． $H_2SO_4 + H_2O \rightleftharpoons H_3O^+ + HSO_4^-$ $HSO_4^- + H_2O \rightleftharpoons H_3O^+ + SO_4^{2-}$
硝酸	HNO_3	うすい水溶液は，$HNO_3 + H_2O \rightleftharpoons H_3O^+ + NO_3^-$ のように完全に解離する．濃硝酸は太陽光で分解する． $2 HNO_3 \longrightarrow 2 NO_2 + H_2O + 1/2 O_2$ このため濃硝酸は褐色ビンに入れて保存する．硝酸はタンパク質と強く反応し，皮膚に付くと黄色になる（キサントプロテイン反応）．HNO_3の蒸気を吸い続けると呼吸器に慢性的な炎症を起こす．
亜硝酸	HNO_2	亜硝酸は安全性が低いため，純粋な化合物としては得られないが，水溶液としては存在する． $HNO_2 + H_2O \rightleftharpoons H_3O^+ + NO_2^-$ しかし，水溶液でも分解していく． $3 HNO_2 \longrightarrow H_2O^+ + NO_3^- + 2 NO$
塩素酸	$HClO_3$	塩素酸は水溶液としてのみ存在する．塩素酸ナトリウム（$NaClO_3$）は除草剤としても用いられる．
次亜塩素酸	HClO	純粋には存在せず，水溶液も不安定であり，分解して酸素ガスを発生する． $2 HCl \longrightarrow 2 H^+ + Cl^- + O_2$ 強い酸化力をもち，漂白や殺菌に用いる．
次亜塩素酸ナトリウム	NaClO	0.6%のNaClOを含む水酸化ナトリウム水溶液は家庭用漂白剤やカビ取り剤として用いる．塩酸と反応して塩素ガスを発生する． $HClO + HCl \longrightarrow Cl_2 + H_2O$ 塩素ガスは有毒である．トイレの洗剤は塩酸を含んでいるためNaClOと混ぜて使うときは注意する．
硫化水素	H_2S	硫化水素は水に少し溶け，その水溶液を硫化水素酸という． $H_2S + H_2O \rightleftharpoons H_3O^+ + HS^-$ $HS^- + H_2O \rightleftharpoons H_3O^+ + S^{2-}$ 硫化水素は空気中に0.02 ppm存在しても悪臭を感ずる．硫化水素ガスをは猛毒であるため，硫化水素ガスを発生する火山地帯では注意を要する．
亜硫酸	H_2SO_3	一般には，二酸化硫黄（SO_2）を水に溶かしてつくる． $SO_2 \cdot nH_2O + H_2O \rightleftharpoons H_3O^+ + HSO_3^- + (n-1)H_2O$ HNO_3^-は水中では亜硫酸イオン（SO_3^{2-}）に解離する． $HNO_3^- + H_2O \rightleftharpoons H_3O^+ + SO_3^{2-}$ 亜硫酸ナトリウム（Na_2SO_3）は漂白作用があり，紙パルプ工業に用いる．
リン酸	H_2PO_4	リン酸は植物の三大栄養素の一つである．動物の骨や歯の主成分はリン酸カルシウムであり，ATP，DNA，RNAはリン酸を構成成分として含んでいる．
三リン酸	$H_5P_3O_{11}$	三リン酸は繊維に浸透しやすいため，染色や洗浄の補助剤として用いられていた．リン酸は高エネルギー化合物ATPの重要な構成成分である．

（次頁へつづく）

名称	構造式	特徴
炭酸	H_2CO_3	水に溶けて炭酸水となるが，実際は次の反応をする． $CO_2 + 2H_2O \rightleftharpoons H_3O^+ + HCO_3^-$ $HCO_3^- + H_2O \rightleftharpoons H_3O^+ + CO_3^{2-}$ 酸解離定数（$K_1 = 4.31 \times 10^{-7}$ mol/L，$K_2 = 5.62 \times 10^{-11}$ mol/L）は小さいため，炭酸水は酸っぱい味はほとんどしない．
シアン化水素	HCN	シアン化水素は気体であり，この水溶液をシアン化水酸素という．毒作用が有名である． $HCN + H_2O \rightleftharpoons H_3O^+ CN^-$
ケイ酸	H_4SiO_4	ケイ酸は水に溶けにくく，弱い酸である．アルミニウム，カルシウム，鉄，マグネシウム，カリウムなどの金属イオンと結合して，ケイ酸塩鉱物として存在する．
ホウ酸	H_3BO_3	通常の条件では固体である．水に溶けて水酸化ホウ素となる． $H_3BO_3 + 2H_2O \rightleftharpoons H_3O^+ + B(OH)_4^-$ 固体では平面状に水素結合してポリマー状として存在する．

代表的な無機の塩基

名称	構造式	特徴
水酸化ナトリウム	$NaOH$	水に溶けやすい潮解性の白色固体である． $NaOH + H_2O \longrightarrow Na^+ + OH^- + H_2O$ 空気中で二酸化炭素を吸収する．
水酸化カリウム	KOH	水に溶けやすい白色固体である． $KOH + H_2O \longrightarrow K^+ + OH^- + H_2O$ 空気中で二酸化炭素を吸収する．角質軟化腐食作用があり，うおのめなどの治療に用いる．
水酸化カルシウム	$Ca(OH)_2$	水にはあまり溶けない（0.185 g/100 g H_2O）固体である．セメント，モルタルなどの建築材料や殺虫剤に用いられる．一般には消石灰といわれる．胃の制酸作用がある．
水酸化マグネシウム	$Mg(OH)_2$	水にはほとんど溶けない（0.9 mg/100 g H_2O）固体である．制酸・緩下作用があり，胃腸疾患に用いられる．
水酸化バリウム	$Ba(OH)_2$	水にあまり溶けない（4.79 g/100 g H_2O）固体であるが，強い塩基性（$K_b = 4.4$ mol/L）を示す． $Ba(OH)_2 \rightleftharpoons Ba(OH)^+ + OH^-$
アンモニア	NH_3	気体で水に溶けやすい．アンモニアの水溶液はアンモニア水という． $NH_3 + H_2O \rightleftharpoons NH_4^+ + OH^-$ 肥料や硝酸の製造原料である．アンモニア水は，昆虫の刺・咬傷時に塗布する．

付表6　無機物質の定性反応

金属イオン	試液	反応と特徴	応用
亜鉛塩 (Zn^{2+})	ヘキサシアノ鉄(II)酸カリウム試液 ($K_4[Fe(CN)_6]$)	白色沈殿 $Zn_3K_2[Fe(CN)_6]_2$	硫酸マグネシウム中のZn（純度試験）
	硫化ナトリウム (Na_2S)または硫化アンモニウム	白色沈殿 ZnS	塩化メチルロザニリン中のZn（純度試験）
アルミニウム塩 (Al^{3+})	アルカリ ｛硫化ナトリウム 塩化アンモニウム 水酸化ナトリウム アンモニア｝	白色ゲル状沈殿 $Al(OH)_3$	沈殿はNaOHまたはNa_2Sをさらに加えると溶ける
安息香酸塩	塩化鉄(III)試液 ($FeCl_3$)	淡黄赤色沈殿 $C_6H_5CO[(OH)_2Fe_3(C_6H_5CO_2)_6]$	さらに希塩酸を加えると錯体は分解し安息香酸の白色沈殿を生じる．（安息香酸ナトリウムの確認試験）
塩化物 (Cl^-)	過マンガン酸カリウム試液（$KMnO_4$）＋硫酸（H_2SO_4）	塩素ガス（Cl_2）発生	発生するCl_2ガスはヨウ化カリウムデンプン紙を青変する．$Cl_2 + 2I^- \longrightarrow 2Cl^- + I_2$（デンプン青変）
	硝酸銀試液 ($AgNO_3$)	白色沈殿 AgCl	塩化物試験法 酸素フラスコ燃焼法
過マンガン酸塩 (MnO_4^-)（赤紫色）	過酸化水素試液 (H_2O_2)	泡立ち脱色	泡立ち発生するガスはO_2
	シュウ酸試液 $H_2C_2O_4$	脱色	
カルシウム塩 (Ca^{2+})	シュウ酸アンモニウム試液	白色沈殿 CaC_2O_4	クエン酸中のCa（純度試験）
サリチル酸塩	ソーダ石灰 (CaO)	フェノールのにおい	ソーダ石灰により脱炭酸
臭化物 (Br^-)	塩素試液 (Cl_2)	黄褐色（Br_2）を示す ($2Br^- + Cl_2 \longrightarrow Br_2 + 2Cl^-$)	黄褐色溶液にクロロホルムを加えるとクロロホルムに転溶（黄褐色〜赤褐色）．フェノールを加えると白色沈殿
シュウ酸塩 ($C_2O_4^{2-}$)	過マンガン酸カリウム試液（$KMnO_4$）（硫酸酸性）	試液の色が消える	$5C_2O_4^{2-} + 2MnO_4^- + 16H^+ \longrightarrow 10CO_2 + 2Mn^{2+} + 8H_2O$
	塩化カルシウム試液 ($CaCl_2$)	白色沈殿 (CaC_2O_4)	酒石酸，クエン酸中のシュウ酸塩（純度試験）
第一鉄塩 (Fe^{2+})	1,10-フェナントロリン一水和物	濃赤色	鉄試験法
	ヘキサシアノ鉄(III)酸カリウム試液 ($K_3[Fe(CN)_6]$)	青色沈殿 ($KFe(II)[Fe(III)(CN)_6]$)	鉄試験法

（次頁へつづく）

金属イオン	試　液	反応と特徴	応　用
第二鉄塩 (Fe^{3+})	スルホサリチル酸試液	紫色	
	ヘキサシアノ鉄(II)酸カリウム試液 ($K_4[Fe(CN)_6]$)	青色沈殿 ($KFe(II)[Fe(II)(CN)_6]$)	
第二銅塩 (Cu^{2+})	アンモニア試液	淡青色沈殿 $[Cu(OH)_2]$	次硝酸ビスマス中のCu（純度試験）
	ヘキサシアノ鉄(II)酸カリウム試液 ($K_4[Fe(CN)_6]$)	赤褐色沈殿 ($Cu[Fe(CN)_6]$)	
鉛塩（Pb^{2+}）	硫化ナトリウム試液 (Na_2S)	黒色沈殿 (PbS)	重金属試験法
ホウ酸塩 (BO_3^{3-})	硫酸 + メタノール（点火）	緑色の炎	
	クルクマ紙	赤色	
マグネシウム塩 (Mg^{2+})	リン酸水素二ナトリウム試液(Na_2HPO) + アンモニウム塩	白色結晶性沈殿 ($MgNH_4PO \cdot 6H_2O$)	塩化カリウム中のCaまたはMg（純度試験）
硫化物 (S^{2-})	希塩酸	硫化水素のにおい	発生するガスは潤した酢酸鉛紙を黒変する． $H_2S + (CH_3COO)_2Pb \longrightarrow PbS$（黒色）$+ 2CH_3COOH$
硫酸物 (SO_4^{2-})	塩化バリウム試液 ($BaCl_2$)	白色沈殿 ($BaSO_4$)	
リン酸塩	モリブデン酸アンモニウム試液	黄色沈殿 (($NH_4)_3PO_4 \cdot 12MoO \cdot 6H_2O$)	リン酸リボフラビンナトリウム中の遊離リン酸（純度試験）
ニッケル塩 (Ni^{2+})	ジメチルグリオキシム試液	赤色 (Ni^{2+}-ジメチルグリオキシム錯体)	キシリトール，D-マンニトール中のNi（純度試験）（製造の際に利用する触媒のラネー Niによる混入を調べるため）
クロム酸塩 (CrO_4^{2-}) 重クロム酸塩 ($Cr_2O_7^{2-}$)	酢酸エチル 過酸化水素試液	酢酸エチル層は青色	$HCrO_4^- + 2H_2O + H^+$ $\rightleftharpoons 3H_2O + CrO_5$（青色） クロム酸塩の溶液の色…黄色 重クロム酸塩の溶液の色…赤黄色
乳酸塩	過マンガン酸カリウム試液 ($KMnO_4$)（硫酸酸性）	アセトアルデヒド臭	$CH_3CH(OH)CO_2H + 1/2 O_2$ $\longrightarrow CO_2 + H_2O + CH_3CHO\uparrow$

索 引

A〜Z

Ca²⁺ ポンプ　calcium pump　*132*
Ca²⁺-ATP アーゼ　*132*
CNO サイクル　*2*
DDS　*181*
d 軌道　*11*
d-ブロック元素　d-block element　*14*
d-d 遷移　d-d transition　*88*
DNA　deoxyribonucleic acid　*29*
EDTA　*83*
Ewens-Bassett 方式　*170*
f 軌道　*11*
f-ブロック元素　f-block element　*14*
H2ブロッカー　H2 blocker　*132*
H⁺, K⁺-ATP アーゼ　H⁺, K⁺-ATPase　*131*
HSAB 論　*110*
IUPAC　*169*
Mg-Al サイクル　*2*
MRI 画像　*129*
Na⁺, K⁺ ポンプ　*131*
Na⁺, K⁺-ATP アーゼ　*131*
Ne-Na サイクル　*2*
ous-ic 方式　*172*
p 軌道　*11*
p-ブロック元素　p-block element　*14*
P450cam　*158*
pH 緩衝液　*118*
pH の定義　*116*
pH 分布　*117*
Q バンド　*128*
RNA　ribonucleic acid　*29*
s 軌道　*11*
s-ブロック元素　s-block element　*14*
sp 混成軌道　*21*
sp² 混成軌道　*21*
sp³ 混成軌道　*21*

Stock 方式　*170*

あ

亜塩素酸　*52*
アクチノイド　actinoide　*14,53*
L-アスコルビン酸　L-ascorbic acid　*36*
アセチルコリン　*132*
アマルガム　amalgam　*57*
亜硫酸　*50*
亜リン酸　*48*
アルカリ　alkali　*109*
アルカリ金属　alkali metal　*14,40*
アルカリ土類金属　alkali earth metal　*14,41*
アルカン　*45*
アルコキシド　alkoxide　*41*
アルゴン　*52*
アルミナ　alumina　*44*
アレニウス酸・塩基　*109*
安定度定数　stability constant　*91*
イオノホア　ionophore　*133*
イオノマイシン　ionomycin　*133*
イオン運搬体　ion carrier　*131*
イオン化エネルギー　ionization energy　*16*
イオン化傾向　ionization tendency　*139*
イオン強度　ionic strength　*104*
イオン結合　ionic bond　*18*
イオン結合性水素化物　*40*
イオン-双極子相互作用　*108*
イオン半径　ionic bond radius　*15*
胃酸　*132*
異性体　isomer　*90*
イタイイタイ病　Itai-itai disease　*74*
一塩基酸　monobasic acid　*114,117*
一原子酸素添加酵素　monooxygenase　*158*
一重項酸素　singlet oxygen　*33*

1日の元素摂取量　*77*
一酸化炭素　*45*
一酸化窒素　*47*
一酸化二窒素　*47*
糸球体　glomerulus　*75*
イリジウム　*59*
ウィルキンソン錯体　Wilkinson's complex　*59*
ウイルソン病　*113*
宇宙　space　*2*
永久双極子　permanent dipole　*107*
栄養所要量　recommended dietary allowance　*73,76*
栄養素　nutrient　*72*
液体アンモニア　liquid ammonia　*41*
エネルギー準位　energy level　*9*
塩化アルミニウム　*44*
塩化銀　*106*
塩基　base　*109*
塩基性の緩衝液　*119*
塩基性陽子溶媒　protophilic solvent　*124*
炎色反応　flame reaction　*40*
延性　ductility　*43*
塩素酸　*52*
エンテロバクチン　enterobactin　*134*
王水　aqua regia　*59*
オキシドール　oxydol　*49*
オキソ酸　oxoacid　*47,173*
オクタエチルポルフィリン　octaethylporphyrin　*128*
オストワルト法　Ostwald method　*47*
オスミウム　*59*
オゾン　ozone　*35,49,67*
オゾン層　ozone layer　*35,67*
オーラノフィン　auranofin　*6,60,99,180*
オルトリン酸　*48*

索引

か

解糖系 glycolytic pathway	*151*
過塩素酸	*52*
化学結合 chemical bond	*18*
化学種	*117*
化学進化 chemical evolution	*67*
化学的性質 chemical property	*3*
角運動量 angular momentum	*9*
核酸 nucleic acid	*29*
核反応 nuclear reaction	*2*
過酸化脂質	*33*
過酸化水素 hydrogen peroxide	*33,34,49*
過酸化物 peroxide	*41,156,160*
過剰障害	*70*
加水分解 hydrolysis	*68*
硬い酸・塩基 hard acid and base	*111,112*
カタラーゼ catalase	*35,68,97*
活性酸素種 reactive oxygen species（ROS）	*5,33,68*
活性部位 active site	*123*
活量係数 activity coefficient	*116*
カーディオライト cardiolyte	*101*
カドリニウム gadolinium	*101*
カーボンナノチューブ carbon nanotube	*5,45,181*
過ヨウ素酸	*52*
ガラス電極 glass electrode	*116*
カルボキシルイオノホア carboxyl ionophore	*133*
カルボニル化合物 carbonyl compound	*45*
環境汚染物質 pollutant	*73*
緩衝液 buffer solution	*118*
環状ポリエーテル cyclic polyether	*123*
幾何異性 geometrical isomerism	*90*
希ガス rare gas	*14,52*
貴金属 noble metal	*53*
貴金属元素	*54,59*
キセノン	*52*
気体定数 gas constnat	*116*
基底状態 ground state	*8*
希土類元素 rare earth element	*53,57*
希土類磁石	*58*
球状タンパク質 globular protein	*123*
強磁性 ferromagnetism	*89*
共通イオン効果 common ion effect	*106*
共鳴構造 resonance structure	*5*
共役 conjugation	*110*
共有結合 covalent bond	*18*
共有結合性水素化物	*40*
共有結合半径 covalent bond radius	*15*
極性 polarity	*106*
極性分子 polar molecule	*107*
許容上限摂取量 tolerable upper intake level	*76*
キレート化合物 chelate compound	*83*
キレート環 chelate ring	*83*
キレート効果 chelate effect	*92*
金	*59*
銀	*59*
銀アンモニウム錯体	*106*
近位尿細管 proximal tubule	*75*
銀-塩化銀電極	*116*
金属イオンの系統的分離	*165*
金属結合 metallic bond	*18*
金属結合半径 metallic bond radius	*15*
金属酵素 metalloenzyme	*66,95*
金属酵素モデル化合物 metalloenzyme model compound	*123*
金属錯体 metal complex	*81*
金属タンパク質 metalloprotein	*66,95*
金属類似水素化物	*40*
金チオリンゴ酸ナトリウム	*60*
空軌道 vacant orbital	*84*
空孔 hole	*126*
クエン酸回路 citric acid cycle	*151*
クラウンエーテル crown ether	*123,125*
クラスター cluster	*108*
グラファイト graphite	*44,45*
グラミシジンS gramicidin S	*133*
クリステ crista	*152*
グリニャール試薬 Grignard reagent	*42*
クリプトン	*52*
グルタチオンペルオキシダーゼ glutathione peroxidase	*36,68*
クロロフィル chlorophyll	*28,92,128*
クーロン反発 Coulomb repulsion	*88*
クーロン力 Coulomb force	*107*
軽金属 light metal	*43*
結晶場分裂エネルギー crystal field splitting energy	*88*
結晶場理論 crystal field theory	*5,86*
血清 serum	*67*
欠乏 deficiency	*69*
欠乏障害	*70*
解毒 detoxification	*50*
原子 atom	*7*
原子核 atomic nucleus	*3,7*
原子価結合理論 valence bond theory	*5,83*
原子軌道 atomic orbital	*11*
原子番号 atomic number	*3,7*
原子容 atomic volume	*3*
原子量 atomic weight	*3,104*
元素 element	*1,2,7*
元素間相互作用 inter-element interaction	*75*
元素誕生	*2*
元素発見の歴史	*4*
光学異性体 optical isomer	*90*
抗がん剤 anticancer agent	*60,180*
抗酸化酵素 antioxidative enzyme	*35*
抗酸化剤 antioxidant	*137*
抗酸化性物質 antioxidative substance (antioxidant)	*35*
恒常性（ホメオスタシス）	*99*
甲状腺腫 goiter	*108*
高スピン錯体 high-spin complex	*88*

索引 195

光線動力学的治療法
　photodynamic therapy　128
呼吸鎖　respiratory chain　151
黒鉛　　180
国際純正および応用化学連合　169
国際単位系　Le Système
　International d'Unites　103
国民栄養調査　National nutrition
　survey, Japan　69
骨軟化症　osteomalacia　75
コファクター　29
孤立電子対　lone pair　82
混合溶媒　mixed solvent　124
混成　hybridization　21
混成軌道　hybrid orbital　21,85

さ

サイクリックボルタンメトリー
　cyclic voltammetry　142
最低副作用出現量　lowest
　observed adverse effect level
　(LOAEL)　73
最適濃度範囲　optimum
　concentration range　72
細胞膜　cell membrane　123
錯イオン　complex ion　55
錯イオン効果　complex ion effect
　　106
錯体　complex　110,175
殺菌　pasteurization　44
殺菌薬　34
さらし粉　bleaching powder　52
酸　acid　109
三塩基酸　118
酸化亜鉛　57
酸解離定数　acid dissociation
　constant　114
酸化還元　oxidation-reduction　68
酸化還元対　oxidation-reduction
　couple　139
酸化物　oxide　41
三酸化硫黄　50
三酸化二ヒ素　48
三重項酸素　33
参照電極　reference electrode
　　116

酸性塩　174
酸性陽子溶媒　protogenic solvent
　　124
酸素　49
酸素添加反応　157
酸素分子　molecular oxygen　32
酸素分子運搬　oxygen carrier　67
酸素分子貯蔵　oxygen storage　67
三大栄養素　72
三フッ化ホウ素　44
次亜塩素酸　51
シアノコバラミン
　cyanocobalamin　28
シアノバクテリア　cyanobacteria
　　67
磁化率　magnetic susceptibility　89
磁気共鳴画像診断　magnetic
　resonance imaging　101
磁気共鳴造影法　magnetic
　resonance imaging　129
磁気量子数　magnetic quantum
　number　12
軸索　axon　132
四酸化二窒素　47
脂質　lipid　31,72
脂質二重層　lipid bilayer　123
シス-トランス異性　cis-trans-
　isomerism　90
シスプラチン　cisplatin
　　6,60,81,99,180
磁性　magnetism　32,87
質量　mass　104
質量数　mass number　7
シデロホア　siderophore　134
自転（スピン）　spin　12
シトクロム酸化酵素　cytochrome
　oxidase　155
シトクロム c　cytochrome c
　　97,155
シトクロム P450　cytochrome
　P450　96
シナプス　synapse　132
ジボラン　diborane　43
シメチジン　cimetidine　132
遮蔽　shielding, screening　58
遮蔽効果　shielding effect　16
シャント経路　shunt pathway　160

周期表　periodic table　3,14
周期律　periodic law　14
15族元素　46
13族元素　43
14族元素　44
17族元素　50
集団元素中毒　74
自由電子　free electron　20
12族元素　57
重量対容量パーセント　percent
　weight in volume　104
重量パーセント　percent weight
　by weight　104
重量モル濃度　molality　104
16族元素　48
縮退　degeneracy　87
主要成分　64
主量子数　principal quantum
　number　9,12
シュレーディンガーの波動方程式
　Schrödinger wave equation　11
昇華　sublimation　46
常磁性　paramagnetism　47,89
ショウノウ　camphor　158
上皮　epithelium　75
小胞体　endoplasmic reticulum
　　157
少量成分　64
食事摂取基準　dietary reference
　intakes　77
食物連鎖　food chain　74
シラン　silane　45
シリカ　silica　46
シリカゲル　silica gel　46
ジルコニウム　56
人工酸素運搬体　128
人工赤血球　181
侵食　invasion　51
親水的　hydrophilic　123
人体内の元素濃度　64
水酸化アルミニウムリチウム
　lithium aluminium hydride　41
水酸化物　hydroxide　41,173
推奨栄養所要量　recommended
　daily amount (RDA)　76
水性ガス　water gas　40
水素　hydrogen　2,39

水素イオン濃度　hydrogen ion concentration　116
水素化物　hydride　40
水素化ホウ素ナトリウム　sodium borohydride　41
水素結合　hydrogen bond　20, 49, 107
水素タンク　181
推定平均必要量　estimated average requirement (EAR)　76
水平化効果　leveling effect　114, 125
水和　hydration　108
スクラルファート　sucralfate　6, 100, 180
スズ　tin　45
ステンレス鋼　stainless steel　55
ストレス　stress　65
スーパーオキシドアニオンラジカル　superoxide anion radical　33, 68
スーパーオキシドジスムターゼ　superoxide dismutase　36, 68, 97
スーパーオキソ中間体　160
スピン状態　spin state　89, 159
スピン量子数　spin quantum number　12
生活習慣症　life style-related disease　69
生成定数　formation constant　91
正電荷　positive charge　3
生物進化　biological evolution　67
生物信号　biological signal　68
生物濃縮　biological condensation　74
生物無機化学　179
生命科学　life science　81
生理作用　physiological action　65, 70
石英　quartz　46
摂取安全域　safe range of nutrient intake　77
絶対温度　absolute temperature　116
セーレンセン　116
全安定度定数　overall stability constant　91
遷移金属元素　5

遷移元素　transition element　14, 53, 82
造影剤　102
双極子　dipole　20, 107
双極子-双極子相互作用　dipole-dipole interaction　107, 108
双極子モーメント　dipole moment　107
双極子-誘起双極子相互作用　108
疎水的　hydrophobic　123
ソフト性　27
ソーレー帯　Soret band　128

た

第一遷移系列元素　54
第一相反応　161
大気汚染　air pollution　47
第二および第三遷移系列元素　56
第二相反応　161
ダイヤモンド　diamond　44, 45, 180
多塩基酸　polybasic acid　115
多座配位子　multidentate ligand　83
脱水素説　157
脱水素反応　dehydrogenation　157
脱分極　depolarization　133
炭化水素　hydrocarbon　45
タングステン　56
単座配位子　monodentate ligand　82
炭酸水素塩　hydrogencarbonate　46
炭素繊維　181
単体　simple substance　41
タンタル　56
単糖類　30
タンパク質　protein　25, 72
ターンブルブルー　Turnbull's blue　55
チオエーテル結合　thioether linkage　155
チオ硫酸　50
チオレート　thiolate　158
逐次安定度定数　stepwise stability constant　91
チーグラー・ナッタ触媒　Ziegler-Natta catalyst　54

チャンネル形成イオノホア　channel-forming ionophore　133
チャンネル形成体　channel former　131
中間の酸・塩基　112
中性子　neutron　2, 7
超材料化学　179
長鎖脂肪酸　31
超酸化物　superoxide　41, 160
超伝導　superconductivity　45
超微量元素　ultratrace element　63
超微量成分　64
超分子化学　supramolecular chemistry　125
沈殿　precipitate　105
低スピン錯体　low-spin complex　88
テクネチウム　technetium　56, 101
鉄-硫黄クラスター　iron-sulfur cluster　153
鉄-硫黄タンパク質　iron-sulfur protein　153
鉄族元素　55
鉄ポルフィリン錯体　181
テトラフェニルポルフィリン　tetraphenylporphyrin　128
電気陰性度　electronegativity　17, 107
電気伝導性（率）　electric conductivity　44
典型元素　representative element　14, 39
電子　electron　2, 7
電子移動　electron transfer　67
電子受容体　electron acceptor　84
電子親和力　electron affinity　17
電子遷移　electronic transition　88
電子対　electron pair　13
電子対供与体　electron donor　84
電子伝達系　electron transport system　151
電子配置　electron configuration　83
展性　malleability　43
電離定数　ionization constant　114
同位体　39
糖質　saccharide, sugar　30, 72

同素体 allotrope 46, 49	白金 59	標準水素電極 standard hydrogen electrode 139
銅代謝異常疾患 113	ハード性 27	漂白剤 bleaching reagent 51
投与量 dose 72	ハーバー-バイス反応 Haber-Weiss reaction 34	ビラジカル biradical 32
毒素元素 toxic element 5	ハーバー-ボッシュ法 Haber-Bosch method 40	微量栄養素 72
α-トコフェロール α-tocopherol 36	ハフニウム 56	微量成分 64
ドライアイス dry ice 46	パラジウム 59	貧血 anemia 65
トランスフェリン transferrin 98	バリノマイシン valinomycin 133	ファラデー定数 Faraday constant 116

な

内部遷移元素 inner transition element 14, 53	ハロゲン halogen 14, 50	ファンデルワールス半径 van der Waals radius 15
ナトリウムポンプ sodium pump 131	ハロゲン化水素酸 172	ファンデルワールス力 van der Waals force 20, 107
ナノテクノロジー 181	ハロゲン化物 halide 42	フィラメント filament 56
二塩基酸 118	ハロゲン間化合物 52	封鎖剤 masking reagent 83
ニオブ 56	半金属 semimetal 46	フェリオキサミン ferrioxamin 134
ニクロム nichrome 55	反磁性 diamagnetism 47, 89	フェリクロム ferrichrome 134
ニゲリシン nigercin 133	ハンダ（半田）solder 45	フェリチン ferritin 98
二元化合物 169	半導体 5	フェリルオキソ中間体 156, 160
二酸化硫黄 49	ピアソン 110	フェロセン ferrocen 55
二酸化ケイ素 46	光触媒作用 6	不活性溶媒 innert solvent 124
二酸化炭素 46	非共有電子対 unshared electron pain, lone pair 19, 82	不均化反応 disproportionation, dismutation 68
二酸化窒素 47	非（無）極性 nonpolarity 106	複塩 174
ニューランズ 3	非極性分子 nonpolar molecule 108	複合体I〜IV 152
二リン酸 48	非金属 nonmetal 42	副作用非発現量 no observed adverse effect level（NOAEL）72
ネオン 52	非水溶媒 nonaqueous solvent 123	
熱分解 pyrolysis, thermal decomposition 42	ヒスタミン受容体 histamine receptor 132	物質輸送 material transport 67
ネルンスト 138	ビタミンB₁₂ vitamin B₁₂, cyanocobalamine 28, 55, 128	物理化学 physical chemistry 1
燃料電池 181	ビッグバン big bang 2	プラトー plateau 72
	必須元素 essential element 55, 70	フラーリド 180
	必須微量元素 essential trace element 63, 66	フラーレン fullerene 5, 44, 45, 180

は

配位化合物 coordination compound 81, 175	必要量 requirement 76	プランク（Planck）定数 8
配位結合 coordination bond 19, 83	8-ヒドロキシグアニン 35	フリーデル-クラフツ反応 Friedel-Crafts reaction 44, 113
配位子 ligand 81, 175	ヒドロキシルラジカル hydroxyl radical 6, 34	プルシアンブルー Prussian blue 55
配位数 coordination number 82	ヒドロニウムイオン hydronium ion 114	フレゼニウス 165
ハイゼンベルクの不確定性原理 Heisenberg uncertainty principle 10	ヒドロホウ素化 hydroboration 43	ブレンステッド 109
パウリの排他律 Pauli exclusion principle 12	百万分率 parts per million 104	プロトポルフィリン protoporphyrin 127
波数 wave number 8	非陽子性溶媒 aprotic solvent 123, 124	プロトンポンプ 156
波長 wavelength 3	標準酸化還元電位 standard oxidation-reduction potential 138	分極 polarization 111, 133
		分光化学系列 spectrochemical series 86

分子　molecule	7
分子軌道法　molecular orbital theory	89
分子軌道理論　molecular orbital theory	5
分子認識化学　molecular recognition chemistry	125
分子量　molecular weight	104
フントの規則　Hund's rule	13, 84
平衡定数　equilibrium constant	91
ヘテロリシス　heterolysis	161
D-ペニシラミン	113
ペプチド　peptide	25
ヘム　heme	28, 81, 127
ヘムエリトリン　hemerythrin	129
ヘモグロビン　hemoglobin	55, 81, 95, 181
ヘモシアニン　hemocyanin	96, 129
ヘリウム	52
ペルオキシダーゼ　peroxidase	97
ペルオキシナイトライト　peroxynitrite	34
ペルオキソ中間体	160
ヘンダーソン-ハッセルバルクの式	119
ボーアの半径　Bohr radius	9
方位量子数　azimuthal quantum number	12
抱合体	161
ホウ酸	44, 105
放射性医薬品　radiopharmaceutics	100
放射性同位体	40
包接化合物　inclusion compound, clathrate compound	51
飽和カロメル電極, 飽和甘こう電極　saturated calomel electrode	116, 141
飽和溶液　saturated solution	104
補酵素(Q)　coenzyme (Q)	28, 153
蛍（ホタル）石　fluorite	51
ポビドン　popidone	51
ポビドンヨード	51
ホメオスタシス　homeostasis	72
ホモリシス　homolysis	161
ポラプレジンク　polaprezinc	6, 100, 180
ボラン	43
ポルフィリン　porphyrin	81, 127
ポルフィリン環	95

ま

マイヤー	3
麻酔薬　narcotic drug, anesthetic drug	47
マトリックス　matrix	152
魔法の数　magic number	3
ミオグロビン　myoglobin	55, 95
ミクロソーム　microsome	157
ミトコンドリア　mitochondria	152
水俣病　Minamata disease	74
無機化学　inorganic chemistry	1
無機化合物の構造	180
無機定性反応	165
ムギネ酸　mugineic acid	134
命名法	169
メタロチオネイン　metallothionein	98
メチル水銀　methylmercury	75
めっき　plating	55
メンデレーエフ	3
モーズリーの法則	3
モリブデン	56
モル　mole	103
モル濃度　molarity	104
モル分率　molar fraction	104

や

薬学のための無機化学　inorganic chemistry in pharmaceutical sciences	2
軟らかい酸・塩基　soft acid and base	111, 112
有機化学　organic chemistry	1
誘起双極子-誘起双極子相互作用　induced dipole-induced dipole interaction	108
誘電率　dielectric constant	107
有毒元素　toxic element	72, 73
ユビキノン　ubiquinone	153
溶液　solution	103

溶解度　solubility	105
溶解度積　solubility product	106
陽子　proton	2, 7
陽子性溶媒, プロトン溶媒　protic solvent	123
溶質　solute	103, 106
溶質-溶媒相互作用	108
ヨウ素	108
ヨウ素酸	52
ヨウ素デンプン反応　iodo-starch reaction	51
溶媒　solvent	103, 106
溶媒和　solvation	108
容量パーセント　volume percent	104

ら

ランタノイド　lanthanoide	5, 14, 53, 57
ランタノイド収縮　lantanoid contraction	58
リスク参照値（推定安全値）　reference dose（RfD）	76
リチウム化合物	100
立体化学　stereochemistry	90
リトマス紙　litmus paper	109
硫化水素	165
硫酸	50
硫酸ナトリウム	105
硫酸バリウム	42
リュードベリ定数	8
量子化　quantize	9
量子数	12
両性元素　amphoteric element	43
両性陽子溶媒　amphiprotic solvent	123
リン	48
リングサイクロトロン　ring cyclotron	2, 3
ルイス酸・塩基	110
ルチル　rutile	54
ルテニウム	59
励起状態　excited state	8, 33
レニウム	56
ロジウム	59
ローリー	109

著者略歴

石津　隆（いしづ　たかし）
- 1954年　福岡県に生まれる
- 1983年　九州大学大学院薬学研究科
　　　　　博士課程修了
- 現　在　福山大学薬学部教授
- 専　攻　有機化学，NMR分光学
- 薬学博士

津波古充朝（つはこ　みつとも）
- 1942年　沖縄県に生まれる
- 1968年　神戸大学大学院理学研究科
　　　　　修士課程修了
- 現　在　神戸薬科大学名誉教授
- 専　攻　生物無機化学
- 理学博士

中山　尋量（なかやま　ひろかず）
- 1956年　兵庫県に生まれる
- 1985年　大阪大学大学院理学研究科
　　　　　博士課程修了
- 現　在　神戸薬科大学薬学部教授
- 専　攻　機能性分子化学
- 理学博士

樋口　恒彦（ひぐち　つねひこ）
- 1956年　宮城県に生まれる
- 1984年　東京大学大学院薬学系研究科
　　　　　博士課程中退
- 現　在　名古屋市立大学大学院薬学研究科教授
- 専　攻　生体機能化学，生物無機化学
- 薬学博士

桜井　弘（さくらい　ひろむ）
- 1942年　京都府に生まれる
- 1971年　京都大学大学院薬学研究科
　　　　　博士課程修了
- 現　在　京都薬科大学名誉教授
- 専　攻　生物無機化学，ESR分光学
- 薬学博士

鐵見　雅弘（てつみ　ただひろ）
- 1942年　福岡県に生まれる
- 1967年　大阪工業大学大学院工学研究科
　　　　　修士課程修了
- 現　在　前摂南大学薬学部教授
- 専　攻　分析化学，糖鎖の溶液物性
- 工学博士

根矢　三郎（ねや　さぶろう）
- 1953年　奈良県に生まれる
- 1982年　京都大学大学院工学研究科
　　　　　博士課程修了
- 現　在　千葉大学名誉教授
- 専　攻　生物無機化学，薬品物理化学
- 工学博士

宮岡　宏明（みやおか　ひろあき）
- 1962年　長野県に生まれる
- 1990年　東京薬科大学大学院薬学研究科
　　　　　博士課程修了
- 現　在　東京薬科大学薬学部教授
- 専　攻　有機化学
- 薬学博士

第1版　第1刷　2005年3月30日
第17刷　2025年2月10日

検印廃止

JCOPY〈出版者著作権管理機構委託出版物〉
本書の無断複写は著作権法上での例外を除き禁じられています。複写される場合は，そのつど事前に，出版者著作権管理機構（電話 03-5244-5088, FAX 03-5244-5089, e-mail: info@jcopy.or.jp）の許諾を得てください．

本書のコピー，スキャン，デジタル化などの無断複製は著作権法上での例外を除き禁じられています．本書を代行業者などの第三者に依頼してスキャンやデジタル化することは，たとえ個人や家庭内の利用でも著作権法違反です．

薬学のための無機化学

- 編著者　桜井　弘
- 発行者　曽根良介
- 発行所　㈱化学同人

〒600-8074　京都市下京区仏光寺通柳馬場西入ル
編集部　Tel 075-352-3711　Fax 075-352-0371
企画販売部　Tel 075-352-3373　Fax 075-351-8301
振替　01010-7-5702
E-mail　webmaster@kagakudojin.co.jp
URL　https://www.kagakudojin.co.jp

印刷・製本　大村紙業株式会社

Printed in Japan　© Hiromu Sakurai et al. 2005　ISBN 978-4-7598-0988-6
乱丁・落丁本は送料小社負担にてお取りかえします．　　無断転載・複製を禁ず

原子の電子配置

周期	元素	K	L		M			N				O				P			Q
		1s	2s	2p	3s	3p	3d	4s	4p	4d	4f	5s	5p	5d	5f	6s	6p	6d	7s
1	1 H	1																	
	2 He	2																	
2	3 Li	2	1																
	4 Be	2	2																
	5 B	2	2	1															
	6 C	2	2	2															
	7 N	2	2	3															
	8 O	2	2	4															
	9 F	2	2	5															
	10 Ne	2	2	6															
3	11 Na	2	2	6	1														
	12 Mg	2	2	6	2														
	13 Al	2	2	6	2	1													
	14 Si	2	2	6	2	2													
	15 P	2	2	6	2	3													
	16 S	2	2	6	2	4													
	17 Cl	2	2	6	2	5													
	18 Ar	2	2	6	2	6													
4	19 K	2	2	6	2	6		1											
	20 Ca	2	2	6	2	6		2											
	21 Sc	2	2	6	2	6	1	2											
	22 Ti	2	2	6	2	6	2	2											
	23 V	2	2	6	2	6	3	2											
	24 Cr	2	2	6	2	6	5	1											
	25 Mn	2	2	6	2	6	5	2											
	26 Fe	2	2	6	2	6	6	2											
	27 Co	2	2	6	2	6	7	2											
	28 Ni	2	2	6	2	6	8	2											
	29 Cu	2	2	6	2	6	10	1											
	30 Zn	2	2	6	2	6	10	2											
	31 Ga	2	2	6	2	6	10	2	1										
	32 Ge	2	2	6	2	6	10	2	2										
	33 As	2	2	6	2	6	10	2	3										
	34 Se	2	2	6	2	6	10	2	4										
	35 Br	2	2	6	2	6	10	2	5										
	36 Kr	2	2	6	2	6	10	2	6										
5	37 Rb	2	2	6	2	6	10	2	6			1							
	38 Sr	2	2	6	2	6	10	2	6			2							
	39 Y	2	2	6	2	6	10	2	6	1		2							
	40 Zr	2	2	6	2	6	10	2	6	2		2							
	41 Nb	2	2	6	2	6	10	2	6	4		1							
	42 Mo	2	2	6	2	6	10	2	6	5		1							
	43 Tc*	2	2	6	2	6	10	2	6	5		2							
	44 Ru	2	2	6	2	6	10	2	6	7		1							
	45 Rh	2	2	6	2	6	10	2	6	8		1							
	46 Pd	2	2	6	2	6	10	2	6	10									
	47 Ag	2	2	6	2	6	10	2	6	10		1							
	48 Cd	2	2	6	2	6	10	2	6	10		2							
	49 In	2	2	6	2	6	10	2	6	10		2	1						
	50 Sn	2	2	6	2	6	10	2	6	10		2	2						
	51 Sb	2	2	6	2	6	10	2	6	10		2	3						
	52 Te	2	2	6	2	6	10	2	6	10		2	4						

第一遷移元素（21 Sc～29 Cu）

第二遷移元素（39 Y～47 Ag）